安全生产监管监察培训教材

安全生产监察员培训教材

刘言刚　主编

图书在版编目(CIP)数据

安全生产监察员培训教材/刘言刚主编. ——北京：气象出版社，2010.3(2015.10重印)

ISBN 978-7-5029-4947-1

Ⅰ.①安… Ⅱ.①刘… Ⅲ.①安全生产-监督管理-中国-技术培训-教材 Ⅳ.①X924

中国版本图书馆 CIP 数据核字(2010)第 041009 号

Anquan Shengchan Jianchayuan Peixun Jiaocai
安全生产监察员培训教材
刘言刚　主编

出版发行：	气象出版社			
地　　址：	北京市海淀区中关村南大街 46 号	邮政编码：	100081
总 编 室：	010-68409142	发 行 部：	010-68408042
网　　址：	www.qxcbs.com	E-mail：	qxcbs@cma.gov.cn
责任编辑：	彭淑凡　张盼娟	终　　审：	章澄昌
封面设计：	燕　彤	责任技编：	吴庭芳
印　　刷：	三河市鑫利来印装有限公司		
开　　本：	787 mm×1092 mm　1/16	印　　张：	17.25
字　　数：	388 千字		
版　　次：	2010 年 3 月第 1 版	印　　次：	2015 年 10 月第 5 次印刷
定　　价：	48.00 元		

本书如存在文字不清、漏印以及缺页、倒页、脱页等，请与本社发行部联系调换

前言
INTRODUCTION

  安全生产监察队伍建设直接关系到我国安全生产监管水平，更关系到人民的生命安全和社会安康。为了进一步贯彻《安全生产法》和相关法规*，落实国家安监局《关于做好安全生产监察员培训考核和证书管理工作的通知》的精神，提高全国安全生产监察员队伍素质和行政执法能力，切实加强安全生产监察员队伍建设，做到依法行政、持证上岗，特此组织编写了《安全生产监察员培训/复训教材》。本教材介绍了行政执法基础知识、安全生产法律法规、安全生产技术、安全评价基础知识、重大危险源监控与应急救援预案、事故调查与处理、现代安全生产管理理论与方法等内容。

  本教材坚持"从对象出发，从问题出发，从实践出发"，旨在为安全监督管理人员设置一套理论与实践相结合的"套餐"，通过"短、频、快"的培训内容，加速提升安全监察队伍的执法水平。

  教材共分七章，内容简介如下。

  第一章：从分析安全生产当前的形势和任务入手，介绍了安全生产的工作体系和安全生产历史、安全生产重点，介绍了我国安全监管体制、机构和职能，旨在让安全生产监督管理人员明确安全生产监督管理是什么、为什么、怎么做、由谁做、做什么等工作问题。

  第二章：讲述了行政执法基础知识、我国的依法行政的有关法律、安全生产监督管理行政执法具体程序。旨在让安全生产监察员了解有关行政执法的基本知识，掌握安全生产监察的基本内容与行政执法程序。

  第三章：讲述了《安全生产法》、《矿山安全法》、《危险化学品安全管理条例》、《煤矿安全监察条例》等有关安全生产的重要法律法规，以便安全生产监察员掌握我国有关安全生产的方针、政策和安全生产工作的重点。

  第四章：讲述了通用安全技术，包括电气、起重、机械、锅炉压力容器、防火防爆和建筑施工安全技术；讲述了危害辨识、安全评价与风险控制措施。以便安全生产监察员掌

---

  * 本书内容根据最新安全生产法律法规予以更新，包括但不限于《立法法》（2015年修订）、《安全生产法》（2014年修订）、《国家赔偿法》（2012年修订）、《安全生产许可条例》（2014年微修订）、《安全生产监管监察职责和行政执法责任追究的暂行规定》（2015年修订，并升级为正式规定）、《安全生产行政执法文书》（2010年修订）、《危险化学品安全管理条例》（2011年修订）、《职业病防治法》（2011年修订）、《工伤保险条例》（2011年修订）等法律法规。

握基本的安全技术知识；掌握危害辨识、安全评价与风险控制的基本步骤和危险危害因素分类方法；了解主要系统风险分析及评价方法和制定风险控制措施的一般原则。

第五章：主要讲述了重大危险源辨识、申报登记、重大危险源监控、应急救援预案及其编制方法；以便安全生产监察员熟练掌握我国重大危险源辨识标准，了解有关应急救援预案要素的知识及其编制要点，了解我国现阶段重大危险源监控系统。

第六章：讲述了伤亡事故分类标准、伤亡事故的报告、调查与处理、伤亡事故责任追究制度、工伤保险、有关消防、民航、铁路、内河、海上、道路交通事故调查与处理的法律、法规和部门规章，以便安全生产监察员掌握我国安全生产事故的调查处理规则。

第七章：讲述了安全原理、传统安全管理与现代安全管理的比较、现代安全管理的新观念及特点、职业安全健康管理体系的基本内容及其实施要点，以便安全生产监察员了解安全管理的新思维，掌握安全管理的要点。

本教材由刘言刚、李月青、和贵山、张彦敏等人组织编写。本教材中，每章开始之前都列出主要内容和学习要求，并且在每章之后提出关键概念、问题和问答，使学员可以在学习前了解内容和要求，学习后复习和思考，全面加强学习的效果。

本书的编写过程，广泛参考了有关专家学者的研究成果，除在本书后面附注了参考文献外，有些内容未能一一注明，在此特向他们表示感谢。不当之处，请有关专家和读者批评指正。

编者

2010 年 3 月

目录

CONTENTS

前言

第一章 安全生产监督概述 ……………………………………………（1）

　第一节 安全生产概述 ………………………………………………（1）
　　一、安全生产形势 …………………………………………………（1）
　　二、指导支撑我国安全生产工作的五个体系 …………………（2）
　　三、安全生产历史 …………………………………………………（3）
　　四、安全工作重点 …………………………………………………（10）
　第二节 安全生产监督管理体制 ……………………………………（11）
　　一、安全生产监督管理机构 ………………………………………（11）
　　二、安全生产监督管理职能 ………………………………………（13）
　　三、我国安全生产管理体制 ………………………………………（17）
　　关键概念 ……………………………………………………………（18）
　　问题与问答 …………………………………………………………（18）

第二章 安全生产行政执法 ……………………………………………（19）

　第一节 行政执法基础 ………………………………………………（19）
　　一、我国的立法体制 ………………………………………………（19）
　　二、我国的法律效力 ………………………………………………（22）
　　三、行政法 …………………………………………………………（23）
　第二节 依法行政相关法律 …………………………………………（31）
　　一、行政许可 ………………………………………………………（31）
　　二、行政处罚 ………………………………………………………（34）
　　三、行政复议 ………………………………………………………（37）
　　四、行政诉讼 ………………………………………………………（38）
　　五、国家赔偿 ………………………………………………………（40）

第三节　安全生产行政执法 ………………………………………………（44）
　　　一、安全生产许可 …………………………………………………（44）
　　　二、安全生产违法行为行政处罚 …………………………………（46）
　　　三、《安全生产行政复议规定》 …………………………………（53）
　　　四、《安全生产监管监察职责和行政执法责任追究的规定》 …（58）
　　第四节　安全生产监督行政执法文书 ……………………………（66）
　　　一、安全生产行政执法文书的含义和特点 ………………………（66）
　　　二、几种重要的安全生产行政执法文书 …………………………（67）
　　　关键概念 ………………………………………………………………（73）
　　　问题与问答 ……………………………………………………………（73）

第三章　安全生产法律法规 …………………………………………（75）

　　第一节　我国安全生产法律法规体系 ……………………………（75）
　　　一、安全生产法律法规体系 ………………………………………（75）
　　　二、安全生产法律法规体系的层级关系 …………………………（76）
　　　三、安全生产法律法规体系的主要法律制度 ……………………（78）
　　第二节　安全生产法 …………………………………………………（80）
　　　一、《安全生产法》的总则规定了立法目的、适用范围 ………（81）
　　　二、关于生产经营单位的安全生产保障 …………………………（81）
　　　三、关于从业人员的安全生产权利义务 …………………………（82）
　　　四、关于安全生产的监督管理 ……………………………………（82）
　　　五、关于生产安全事故的应急救援与调查处理 …………………（84）
　　　六、关于法律责任 …………………………………………………（84）
　　第三节　其他安全生产相关法律法规 ……………………………（84）
　　　一、《矿山安全法》关于安全生产的有关规定 …………………（84）
　　　二、《煤矿安全监察条例》关于安全生产的有关规定 …………（87）
　　　三、《危险化学品安全管理条例》关于安全生产的有关规定 …（91）
　　　四、《职业病防治法》关于安全生产的有关规定 ………………（99）
　　　五、《劳动法》关于安全生产的有关规定 ………………………（102）
　　　六、《消防法》关于安全生产的有关规定 ………………………（104）
　　　七、《特种设备安全监察条例》有关安全生产的有关规定 ……（107）
　　　关键概念 ………………………………………………………………（109）
　　　问题与问答 ……………………………………………………………（110）

第四章　安全生产技术 …………………………………………………（111）

　　第一节　通用安全技术 ………………………………………………（111）

一、机械安全技术 …………………………………………………… (111)
　　二、电气安全技术 …………………………………………………… (115)
　　三、防火防爆安全技术 ……………………………………………… (121)
　　四、起重机械安全技术 ……………………………………………… (129)
　　五、锅炉安全技术 …………………………………………………… (138)
　　六、压力容器安全技术 ……………………………………………… (142)
　　七、建筑施工安全技术 ……………………………………………… (144)
　第二节 危险有害因素辨识与控制 ……………………………………… (148)
　　一、危险有害因素的定义 …………………………………………… (148)
　　二、危险有害因素的分类 …………………………………………… (148)
　　三、危险有害因素辨识 ……………………………………………… (151)
　第三节 安全评价 ………………………………………………………… (156)
　　一、安全评价概述 …………………………………………………… (156)
　　二、安全评价内容和分类 …………………………………………… (157)
　　三、安全评价的原则 ………………………………………………… (159)
　　四、安全评价程序 …………………………………………………… (161)
　　五、安全评价依据 …………………………………………………… (163)
　第四节 常用安全评价方法 ……………………………………………… (165)
　　一、安全评价单元的划分 …………………………………………… (166)
　　二、安全评价方法的选用 …………………………………………… (167)
　　三、常用评价方法介绍 ……………………………………………… (169)
　关键概念 ………………………………………………………………… (176)
　问题与问答 ……………………………………………………………… (176)

第五章　重大危险源管理与应急救援 …………………………………… (178)

　第一节 重大危险源辨识 ………………………………………………… (178)
　　一、重大危险源辨识 ………………………………………………… (178)
　　二、重大危险源的监督管理 ………………………………………… (182)
　第二节 重大危险源申报登记 …………………………………………… (183)
　　一、意义和依据 ……………………………………………………… (184)
　　二、目标和任务 ……………………………………………………… (184)
　　三、重大危险源申报登记的范围 …………………………………… (185)
　　四、重大危险源的登记与评估 ……………………………………… (185)
　第三节 重大危险源监控 ………………………………………………… (186)
　　一、重大危险源宏观监控系统 ……………………………………… (186)
　　二、重大危险源实时监控预警技术 ………………………………… (188)

第四节　应急管理与应急预案编写 ·· (191)
　　一、事故应急管理 ·· (191)
　　二、事故应急救援的基本任务及特点 ·· (192)
　　三、事故应急预案的策划与编制 ·· (193)
　　四、应急预案的编制过程 ·· (196)
　　五、重大事故应急预案核心要素及编制要求 ···································· (196)
　关键概念 ··· (202)
　问题与问答 ··· (202)

第六章　事故调查与处理 ·· (203)

第一节　事故分类 ·· (203)
　　一、按伤害程度分类 ··· (204)
　　二、按事故类别分类 ··· (206)
　　三、按受伤性质分类 ··· (208)
第二节　事故报告、调查与处理 ·· (209)
　　一、《生产安全事故报告和调查处理条例》事故报告的规定 ··············· (209)
　　二、事故调查 ·· (210)
　　三、事故处理 ·· (214)
第三节　安全生产责任追究 ··· (215)
　　一、安全生产责任追究相关法律 ·· (215)
　　二、行政责任 ·· (215)
　　三、刑事责任 ·· (217)
　　四、民事责任 ·· (219)
第四节　事故统计 ·· (219)
　　一、事故统计的基本任务 ·· (219)
　　二、事故统计的目的 ··· (219)
　　三、事故统计的步骤 ··· (220)
　　四、事故统计指标体系 ··· (220)
　　五、目前我国事故报告 ··· (223)
第五节　工伤保险与赔付 ·· (225)
　　一、工伤保险概念 ·· (225)
　　二、工伤保险特点 ·· (225)
　　三、工伤的认定 ··· (226)
　　四、劳动能力鉴定 ·· (226)
　　五、工伤保险的赔偿 ··· (227)
第六节　调查处理相关法律 ··· (229)

一、消防事故调查处理相关法律 …………………………………… (229)
　　二、民航事故调查处理相关法律 …………………………………… (229)
　　三、铁路事故调查处理相关法律 …………………………………… (229)
　　四、内河事故调查处理相关法律 …………………………………… (230)
　　五、海上事故调查处理相关法律 …………………………………… (230)
　　六、道路交通事故调查处理相关法律 ……………………………… (230)
　　七、特种设备事故调查处理相关法律 ……………………………… (230)
　关键概念 ……………………………………………………………… (230)
　问题与问答 …………………………………………………………… (230)

第七章　现代安全管理 …………………………………………………… (231)

第一节　安全原理 …………………………………………………… (231)
　　一、传统安全管理与现代安全管理理念的转变 …………………… (231)
　　二、事故频发倾向论 ………………………………………………… (233)
　　三、因果连锁理论 …………………………………………………… (234)
　　四、轨迹交叉理论 …………………………………………………… (236)
　　五、综合论的事故模型 ……………………………………………… (238)
　　六、能量意外转移理论 ……………………………………………… (239)
　　七、人失误事故模型 ………………………………………………… (240)
　　八、动态变化理论 …………………………………………………… (243)
　　九、扰动起源事故理论 ……………………………………………… (243)

第二节　现代安全管理制度 ………………………………………… (244)
　　一、安全生产责任制 ………………………………………………… (244)
　　二、安全生产管理机构与人员 ……………………………………… (245)
　　三、安全生产投入 …………………………………………………… (246)
　　四、安全生产培训教育 ……………………………………………… (247)
　　五、建设项目"三同时" ……………………………………………… (250)
　　六、安全生产检查 …………………………………………………… (251)

第三节　职业健康安全管理体系 …………………………………… (252)
　　一、职业健康安全管理体系的概念与运行模式 …………………… (253)
　　二、职业健康安全管理体系的基本要素 …………………………… (253)
　关键概念 ……………………………………………………………… (262)
　问题与问答 …………………………………………………………… (262)

参考文献 …………………………………………………………………… (263)

第一章

安全生产监督概述

> **本章主要内容：**
> ◆ 阐述我国安全生产的支撑体系
> ◆ 介绍我国安全生产发展的历史和思想内涵
> ◆ 介绍我国安全生产监督管理体制
>
> **学习要求：**
> ◆ 了解我国安全生产发展历程
> ◆ 熟悉我国安全生产监督管理体制
> ◆ 掌握我国安全生产发展的重点方向

第一节 安全生产概述

一、安全生产形势

2014年全国安全生产实现了"三个继续下降、两个进一步好转"，安全生产工作进一步加强，全国安全生产状况持续改善。一是事故总量继续下降，全国事故起数和死亡人数同比分别下降3.5%和4.9%。二是重特大事故继续下降，全国重特大事故起数和死亡人数同比下降17.6%和13.5%。三是主要相对指标继续下降，2014年亿元GDP事故死亡率同比下降13.7%，工矿商贸10万从业人员事故死亡率下降12.5%，煤矿百万吨死亡率同比下降12.2%，道路交通万车死亡率下降7.7%。四是煤矿等重点行业领域安全生产状况进一步好转，煤矿事故起数和死亡人数同比分别下降16.3%和14.3%，重特大事故同比分别下降12.5%和10.5%，已连续21个多月没有发生特别重大事故。五是各地区安全生产状况进一步好转，全国32个省级统计单位中，有30个单位事故量在控制范围以内，16个单位实现事故起数和死亡人数双下降，天津、内蒙古、上海等10个单位没有发生重特大事故。

但是形势依然严峻，安全生产工作任务艰巨繁重。主要表现：事故总量仍然偏大，一些相对指标还比较落后，一些行业领域事故多发的现状尚未扭转。

主要原因：
- 部分企业安全生产主体责任不落实；
- 一些地方安全监管力度层层衰减；
- 影响安全生产的诸多深层次问题尚未解决。

现阶段我国的安全生产的突出特征，表现为总体稳定、趋于好转的发展态势与依然严峻的现状并存。

安全生产是工业化过程中必然遇到的问题，先进工业化国家普遍经历了从事故多发到逐步稳定、下降的发展周期。研究表明，安全状况相对于经济社会发展水平，呈非对称抛物线函数关系，可划分为4个阶段：
- 工业化初级阶段，工业经济快速发展，生产安全事故多发；
- 工业化中级阶段，生产安全事故达到高峰并逐步得到控制；
- 工业化高级阶段，生产安全事故快速下降；
- 后工业化时代，事故稳中有降，死亡人数很少。

安全生产的这种阶段性特点，揭示了安全生产与经济社会发展水平之间的内在联系。当人均国内生产总值处于快速增长的特定区间时，生产安全事故也相应地较快上升，并在一个时期内处于高位波动状态，我们把这个阶段称为生产安全事故的"易发期"。但"易发"并不必然等于事故高发、频发。

我国安全生产具有政治、制度优势和后发优势，通过借鉴先进工业化国家的经验教训，可以取长补短、后来居上。

二、指导支撑我国安全生产工作的五个体系

（一）以"安全发展"为核心的安全生产理论体系

胡锦涛总书记在中央政治局第30次集体学习会上的重要讲话，温家宝总理在2006年全国安全生产工作会议上的讲话和《政府工作报告》中的相关论述，全面系统地阐述了安全生产的重要意义、指导原则、方针政策和重大举措。党的十六届五中全会确立了安全发展的科学理念和指导原则，六中全会把安全生产纳入构建社会主义和谐社会的总体布局，这些都构成了安全生产理论体系框架：

(1)"安全发展"的科学理念和指导原则。
(2)"安全第一、预防为主、综合治理"的方针。
(3)"两个主体"和"两个负责制"。
(4) 依法治安、重典治乱，建立规范的安全生产法治秩序。
(5) 用科技教育引领支撑安全生产。
(6) 依靠人民群众，形成广泛的参与和监督机制。

（二）安全生产法律法规体系

2002年国家颁布了《安全生产法》（2014年修订），标志着我国安全生产开始步入法制轨道。此外在《劳动法》、《煤炭法》、《矿山安全法》、《职业病防治法》、《道路交通安全法》等十余部专门法律中，都有安全生产方面的规定。国务院相继颁布了《生产安全事故

报告和调查处理条例》、《关于特大安全事故行政责任追究的规定》、《安全生产许可证条例》、《煤矿安全监察条例》、《关于预防煤矿生产安全事故的特别规定》、《铁路交通事故应急救援和调查处理条例》等近百部行政法规。各地都制定出台了一批地方性安全生产法规和规章。

（三）以12项治本之策为内容的安全生产政策体系

国务院第116次常务会议决定：从安全规划、行业管理、安全投入、科技进步、经济政策、教育培训、安全立法、激励约束考核、企业主体责任、事故责任追究、社会监督参与、安全监管及应急体制等12个方面，采取一系列标本兼治、重在治本的政策措施。国务院有关部门相继出台了50多部具体实施的规范性文件。

（四）安全生产控制考核指标体系

安全生产控制考核指标体系，由事故死亡人数总量控制指标、绝对指标、相对指标、重大和特大事故起数控制考核指标4类、27个具体指标构成。

（五）中央和地方相结合、综合监管与行业监管互动的安全生产监管体系

国家层面上的安全管理职责格局是：在国务院领导下，国务院安全生产委员会为非常设机构，国家安全监管总局对全国安全生产实施综合监管。

在地方层面，到2006年底，各省（区市）、各市（地）以及92%以上的县级人民政府，已建立了专门的安全生产监管机构；全国共有监管人员约5.5万人。

"政府统一领导，部门依法监督，企业全面负责，群众监督参与，社会广泛支持"的安全生产工作格局，以及"国家监察、地方监管、企业负责"的煤矿安全生产责任体系，已经形成并逐步完善。

三、安全生产历史

（一）十一届三中全会之前

1. 新中国成立初期

毛泽东同志高度重视安全生产、劳动保护工作。

新中国成立之初，我国在迅速恢复国民经济。毛泽东同志高度重视安全生产、劳动保护工作，并作出了关于"……必须注意职工的安全……"的著名批示。

新中国一成立，中央人民政府就成立了劳动部，下设劳动保护司，各地劳动部门设劳动保护处、科，作为安全生产、劳动保护的专管机构。政府明确要求由劳动部负责"管理劳动保护工作，监督检查国民经济各部门的劳动保护、安全技术和工业卫生工作，领导劳动保护监督机构的工作，检查企业中的重大事故并且提出结论性的处理意见"。

在厂矿企业中，东北各国营厂矿都在厂长或生产副厂长领导下建立了技术保安科（股），较小的厂配备了保安负责人；在车间中，由车间主任担任保安主任，下设专职或兼职的保安员；在职工群众中，也成立了保安小组。在全国其他地区，较大的国营厂矿都建立了相应的安全生产专管机构，配备了专职干部。全国初步建立起由劳动部门综合监管、

行业部门具体管理的安全生产、劳动保护工作框架体制。

1949年11月，燃料工业部召开第一次全国煤矿工作会议，提出了"煤矿生产，安全第一"。1950年2月27日，河南新豫煤矿公司宜洛煤矿发生特别重大瓦斯爆炸，死亡174人，时任河南省人民政府主席吴芝圃等6人分别受到警告、记过、撤职或送司法机关惩办等处分，是新中国成立后第一次省部级高级领导干部因生产安全事故受行政处分的事件。

1950年5月3日，政务院财经委员会发布了《全国公私营厂矿职工伤亡报告办法》。1950年5月31日，劳动部公布试行《工厂安全卫生暂行条例（草案）》。

1951年，劳动部提出了"安全与生产是统一的，也必须统一；管生产的要管安全，安全与生产要同时搞好"的指导思想，拟定了《加强劳动保护工作的决定》《工厂安全卫生条例》、《保护女工暂行条例》、《工时休假条例》等文件草案。

2. "一五"计划阶段

《宪法》确定国家加强劳动保护的基本政策

1953年，政务院财经委员会提出了各产业部门所属企业在编制生产技术财务计划的同时，必须编制安全技术措施计划的要求。

1953年4月3日，劳动部、中华全国总工会共同决定定期出版《劳动保护通讯》（即现在的《劳动保护》杂志前身）。

1954年9月15日至28日，我国第一部宪法——《中华人民共和国宪法》通过。宪法把改善劳动条件作为国家加强劳动保护的基本政策确定下来。

1955年6月批准在劳动部设立国家锅炉检查总局。

1956年，国务院发布著名的三大安全规程：《工厂安全卫生规程》、《工人职员伤亡事故报告规程》、《建筑安装工程安全技术规程》，以及《国务院关于防止厂、矿企业中矽尘危害的决定》。

3. "二五"计划阶段

安全生产的曲折发展过程

在"二五"计划阶段（1958—1965年）这8年中，党的工作在指导方针上有过严重失误，经历了曲折的发展过程。由于全局决策的失误，违背经济发展的客观规律，导致新中国成立以来的第一次伤亡事故高峰出现。

1958年，卫生部、劳动部、中华全国总工会联合发布《工厂防止矽尘危害技术措施暂行办法》、《矿山防止矽尘危害技术措施暂行办法》、《矽尘作业工人医疗预防措施暂行办法》和《产生矽尘的厂矿企业防痨工作暂行办法》。

1963年3月30日，国务院发布了《关于加强企业生产中安全工作的几项规定》（简称"五项规定"，即：安全生产责任制、关于安全技术措施计划、关于安全生产教育、关于安全生产的定期检查、关于伤亡事故的调查处理）。

1962年7月24日，国家计委、卫生部颁布《工业企业设计卫生标准》，从1963年4月1日起正式实施。

4. 十年动乱阶段

"十年动乱"阶段（1966—1977 年），1966 年 5 月至 1976 年 10 月的"文化大革命"不仅使党、国家和人民遭到新中国成立以来最严重的挫折和损失，更让安全生产领域的综合管理和法制建设陷入瘫痪状态，导致新中国成立以来的第二次伤亡事故高峰出现。

（二）邓小平时代

在邓小平理论中提出社会主义的根本任务是发展生产力，"发展才是硬道理"、"改革并完善党和国家各方面的制度"、"现在的世界是开放的世界"、"实行开放政策，学习世界先进科学技术"等思想，还有民主法制思想，均为我国的安全生产工作指明了方向。

1. 安全生产也是生产力

邓小平同志在进一步总结中国发展的经验和教训的基础上，强调社会主义的根本任务是发展生产力，"发展才是硬道理"；提出"一切工作都要有利于生产力发展，有利于人民生活富裕幸福，有利于国家繁荣昌盛"的判断标准。加强安全生产、劳动保护工作不仅有利于促进与保护生产力的发展，有利于人民生活富裕幸福，有利于国家繁荣昌盛，而且由于人是生产力中最重要的因素，因而保护人的安全也是保护生产力。所以，邓小平同志关于发展生产力的思想在安全生产工作中的集中体现，就是安全生产也是生产力。

2. 劳动保护科学技术迅猛发展

邓小平同志于 1978 年 3 月 18 日在全国科学大会开幕式上的讲话中指出："四个现代化，关键是科学技术现代化。"在小平同志的重要思想指引下，我国的安全生产、劳动保护科学技术事业迅猛发展。

(1) 安全生产、劳动保护科学技术事业得到恢复并逐步加强

各省份逐步建立劳动保护科学研究所，全国产业系统中原化工部、原冶金部、原水电部、原地矿部等也分别恢复或建立了劳动保护（安全技术）科学研究所。

(2) 成立中国劳动保护科学技术学会

中国劳动保护科学技术学会由原国家劳动总局、中华全国总工会、卫生部、原煤炭工业部、原冶金工业部、交通部、原航空工业部、原机械工业部、原兵器工业部、原石油工业部等单位联合发起，于 1983 年 9 月 17 日成立。

(3) 开始建立我国的安全科学学科与安全科学学科体系

安全科学于 20 世纪 80 年代在我国学术界被提出之后，经过反反复复的艰难科学论证，终于在 1992 年被国家正式确立为综合学科的一级学科。我国的安全科学学科体系，是由 5 个二级学科、27 个三级学科组成的学科群，是一个开放型的学科体系结构。

3. 学习世界先进的安全生产管理与科学技术

邓小平同志提出了"现在的世界是开放的世界"的科学论断；提出了"要实现四个现代化，就要善于学习，大量取得国际上的帮助。要引进国际上的先进技术、先进装备，作为我们发展的起点"。在邓小平同志对外开放政策的指引下，我国的安全生产工作开始对外开放，开展国际间的安全生产管理与安全生产科学技术交流活动；学习国外先进的安全生产管理与安全生产科学技术；引进国际上先进的安全生产技术与装备。

4. 为我国的安全生产法制建设指明了方向

邓小平理论中的加强民主与法制建设的思想对我国安全生产法制建设的指导，一方面体现在我国1978年及1982年先后修订的《宪法》，以及1979年制定的《刑法》上，修订的《宪法》与制定的《刑法》中都列入了劳动保护方面的专门条款；另一方面体现在严肃处理重大伤亡事故中。

1979年11月25日，原石油工业部海洋石油勘探局"渤海2号"钻井船，由于严重违章指挥，在渤海湾内翻沉，造成船上作业职工72人死亡，直接经济损失3700万元的重大伤亡事故。1980年8月25日，国务院作出严肃处理的决定，解除宋振明石油工业部部长的职务，对国务院主管石油工业的副总理康世恩同志，给予记大过处分。国务院对这一重大责任事故的严肃处理，说明在加强民主与法制建设的实践中，安全生产法制建设进一步加强。

1980年4月2日，经国务院批准，确定5月为"全国安全月"，广泛开展安全生产活动。同时，确定以后每年5月都要开展安全活动，使之经常化、制度化。

1981年1月1日，成立国家矿山安全监察局。1982年，国务院发布了《矿山安全条例》《矿山安全监察条例》和《锅炉压力容器安全监察暂行条例》。1985年1月3日，经国务院批准，正式成立了全国安全生产委员会，它的主要任务是在国务院领导下，研究、统筹、协调、指导关系全局的重大安全生产问题，组织重要的安全活动。

1986年6月21日，最高人民法院和最高人民检察院就《刑法》第114条规定的犯罪主体适用范围发出联合通知。通知指出，《刑法》第114条关于重大责任事故罪的犯罪主体，既包括国营和集体的工厂、矿山、林场、建筑企业或其他企业、事业单位的职工，也包括群众合作经营组织或个体经营户的从业人员。同年7月4日，国务院发出《关于加强工业企业管理若干问题的决定》，要求企业"认真抓好安全生产工作，维护国家财产，保障职工人身安全。厂长（或经理）对企业的安全生产负有全面责任"。

（三）江泽民时代

1. 以江泽民"三个代表"重要思想为指导的安全生产工作

江泽民同志作为党的第三代领导集体的核心，坚持解放思想、实事求是、与时俱进，创造性地提出了"三个代表"的重要思想。

"三个代表"重要思想对安全生产工作的指导，集中反映在要"对人民负责"、"责任重于泰山"、"不能保一方平安的领导，不是称职的领导"、"必须始终坚持安全第一的指导方针"等一系列观点的阐述中。

2. "十年规划"及"五年计划"中提出了安全生产工作目标

（1）"八五"计划中列入"加强劳动保护"专篇

1990年12月通过的"八五"计划中列入了"加强劳动保护"的专门篇章，提出：认真贯彻"安全第一,预防为主"的方针,强化劳动安全卫生监察,努力改善劳动条件,大力降低企业职工伤亡事故率和职业病发病率。加强安全技术政策、劳动保护科学技术的研究和科技成果推广,努力完善检验、监测手段。

(2)"九五"计划纲要中列入与安全生产工作有关的内容

1996年,我国开始实施的《国民经济和社会发展"九五"计划和2010年远景目标纲要》中,列入了"建立和健全社会保障制度"、"防治职业病"、"坚持改革、发展与法制建设紧密结合,继续制定实施与经济社会发展相适应的法律法规"、"完善各种治安管理和安全防范制度"等与安全生产工作有关的内容。

(3)"十五"计划纲要进一步提出了安全生产工作的新目标与任务

3. 在加强宏观调控和发挥市场作用中强化安全生产工作责任

党的十三届四中全会以后的13年,我国正处于社会主义市场经济体制逐步建立的过程中。针对这一阶段由于我国市场经济体制不完善而出现的安全生产问题,"八五"与"九五"期间,我国颁布、实施了《矿山安全法》、《劳动法》等法律及有关法规;通过安全生产管理体制建设,逐步完善、明确了"企业负责、行业管理、国家监察、群众监督"的体制,加强了企业的安全生产责任,强调了行业管理中的安全生产责任,进一步强调了代表国家履行安全生产监察的主管部门责任,以及各级工会组织代表职工群众进行安全生产监督的责任。

4. 加强安全生产法制建设力度,加快法制建设步伐

(1)"八五"期间,颁布实施了《劳动法》《矿山安全法》等一批法律法规与规章

在"八五"期间,国务院及有关部门还颁布实施了一批安全生产法规与规章,主要有:国务院发布的《特别重大事故调查程序暂行规定》、《尘肺病防治条例》、《国务院关于加强交通运输安全工作的决定》、《国务院关于加强内河乡镇运输船舶安全管理的通知》、《内河交通安全条例》、《女职工劳动保护规定》、《关于加强安全生产管理的紧急通知》等;同时,最高人民检察院、原劳动人事部发出《关于印发〈关于查处重大责任事故的几项暂行规定〉的通知》。

(2)"九五"期间,颁布实施了《煤炭法》《消防法》等一批法律法规

在"九五"期间,国务院及有关部门还颁布实施了一批安全生产、劳动保护法规与规章,主要有:国务院发布的《矿山安全法实施条例》、《煤矿安全监察条例》、《国务院办公厅关于认真贯彻消防法进一步加强消防工作的通知》、《企业职工伤亡事故报告和处理规定》、《水库大坝安全管理条例》等,以及原劳动部颁发的《建设项目(工程)劳动安全卫生预评价管理办法》,原煤炭部与全国总工会颁发的《关于落实煤矿工人行使安全生产权利的通知》,交通部颁发的《水路危险货物运输规则(第一部分)》、《水路包装危险货物运输规则农药管理条例实施办法(修正)》、《港口中转仓库防火管理规定》等,国家烟草专卖局、公安部颁发的《烟草行业消防安全管理规定》,原商业部颁发的《商业仓库消防安全管理办法》,农业部颁发的《乡镇企业消防管理规定》等。

(3) 初步形成了有中国特色的社会主义法律体系

《安全生产法》由第九届全国人民代表大会常务委员会第二十八次会议于 2002 年 6 月 29 日通过，自 2002 年 11 月 1 日起施行。在"十五"的开端，国务院及有关部门还颁布实施了一批安全生产法规与规章，主要有：2001 年国务院令第 302 号《国务院关于特大安全事故行政责任追究的规定》，2002 年 4 月 30 日国务院第 57 次常务会议通过的《使用有毒物品作业场所劳动保护条例》，2002 年 1 月 9 日国务院第 52 次常务会议通过的《危险化学品安全管理条例》等，以及 2002 年由原国家经贸委颁发的《危险化学品登记管理办法》、《危险化学品经营许可证管理办法》、《危险化学品包装物、容器定点生产管理办法》等。

5．依法治国、严肃法纪，做好安全生产工作

依法治国和以德治国是"三个代表"重要思想在法治与德治领域的具体体现，是以江泽民同志为核心的党的第三代领导集体对邓小平法制思想的完善和全新发展。

(1) 明确安全生产管理体制

20 世纪 90 年代以前，为了与当时的计划经济管理模式相适应，我国采取了"国家监察、行业管理、群众监督"的安全生产管理体制。1993 年，国务院决定实行"企业负责、行业管理、国家监察、群众监督"的安全生产管理体制，进一步明确企业是安全生产工作的主体。

1998 年 3 月，全国安全生产管理机构体制发生重大变革。原属劳动部的安全生产综合管理和监督职能划归国家经贸委；锅炉压力容器和压力管道的监察职能划归国家质量技术监督局；职业病防治的职能由卫生部负责；工伤保险和女职工劳动保护的职能由新成立的劳动和社会保障部负责。2000 年 1 月 10 日，在原国家煤炭工业局的基础上加挂国家煤矿安全监察局牌子，组建国家煤矿安全监察局，实行统一垂直管理，建立了全国垂直管理的煤矿安全监察体系。2001 年初，组建了国家安全生产监督管理局，与国家煤矿安全监察局"一个机构、两块牌子"。

国务院于 2001 年 3 月 17 日成立了国务院安全生产委员会，其成员由经贸委、公安部、监察部、全国总工会等部门的主要负责人组成。

(2) 强化安全生产宣传教育培训工作

国务院开展"安全生产周"活动

国务院决定从 1991 年起恢复开展全国"安全生产周"活动。此后，全国"安全生产周"活动共持续了 11 年，收到了明显效果。从 2002 年起，"安全生产周"扩展成"安全生产月"，每年的 6 月份被确定为全国"安全生产月"。

安全生产教育培训工作逐步走向法制化、规范化和制度化

1991 年 9 月 20 日，原劳动部颁发了《特种作业人员安全技术培训考核管理规定》。1994 年 7 月 5 日颁布的《劳动法》，为进一步明确企业必须加强职工劳动安全卫生教育提供了法律依据。

1995 年 11 月 8 日，劳动部根据《劳动法》的有关规定制定颁发了《企业职工劳动安全卫生教育管理规定》：一是进一步对企业生产岗位职工与管理人员分别提出安全教育的具体要求，规定从事特种作业的人员必须经过专门的安全知识与安全操作技能培训，并经过考核，取得特种作业资格，方可上岗工作；企业新职工上岗前必须进行厂级、车间级、班组级三级安全教育，新职工应按规定通过三级安全教育并经考核合格后方可上岗；企业职工调整工作岗位或离岗一年以上重新上岗时，必须进行相应的车间级或班组级安全教育；企业在实施新工艺、新技术或使用新设备、新材料时，必须对有关人员进行相应的有针对性的安全教育；企业法定代表人和厂长、经理，企业安全卫生管理人员必须经过安全教育并经考核合格后方能任职。二是规定企业必须开展安全教育，普及安全知识，倡导安全文化，建立、健全安全教育制度，这是在安全生产领域，首次将倡导安全文化纳入了安全教育制度。

2002年6月29日，《安全生产法》的颁布实施，将安全教育和培训进一步纳入国家安全生产监督管理部门的监督指导职责之中，违者要被依法追究法律责任。

安全生产宣传教育培训工作列入安全生产规划目标

1996年4月23日劳动部颁发了《〈关于"九五"期间安全生产规划的建议〉的通知》，进一步将安全生产宣传教育培训工作列入我国1996—2000年安全生产宣传教育培训工作的目标，这些具体工作目标内容如下：

——安全生产宣传教育广泛深入，"安全生产周"活动有效开展率达90%以上。

——安全文化被社会普遍认识和接受，提高全民的安全意识和素质。

——地（市）、县级主管安全和劳动局长安全管理培训率达90%以上。

——劳动安全卫生教育培训机构的资格认证率达100%。

——坚持检测检验单位和检验员资格认可制度，实现100%持证检验。

——企业定期对职工进行安全生产教育。对新入厂的职工，必须实行厂、车间、班组（岗位）三级安全生产教育，对变换岗位的职工，进行相应岗位的安全生产教育，以使他们树立安全生产意识，掌握安全生产技能。特种作业人员按国家有关规定接受培训和考核，做到持证上岗。

——企业特种作业人员和厂、矿长（经理）劳动安全卫生考核认证率达80%以上；特种作业人员按国家有关规定接受培训和考核，做到持证上岗；企业法定代表人必须通过安全生产技术知识考核，对本企业的安全生产全面负责。

(3) 提高领导干部对安全工作的重视程度

要求领导干部必须从"三个代表"的高度来对待安全工作

要求各级领导干部必须认识到，安全生产决不是一般的生产问题，它直接关系到党的工作大局。重大特大事故不仅会造成严重的直接经济损失，而且对发生事故地区和单位的经济发展也会造成重大的负面影响；重大特大事故还可能造成恶劣的社会影响，引发许多复杂的社会问题，如果处理不当，还会酿成社会动荡；重大特大事故往往造成群死群伤，给人民生命财产造成严重损失，甚至使群众缺少安全感，严重损害党和政府的形象。由此可见，安全生产既是经济问题，又是严肃的政治问题。

落实安全生产责任制

◆ 江泽民同志强调要落实各级安全生产责任制。1996年11月9日,《人民日报》发表了江泽民同志的重要讲话,指出:"隐患险于明火,防范胜于救灾,责任重于泰山。"他不仅强调了"预防为主"的方针,而且强调领导干部在安全生产工作中的关键作用。江泽民同志当时作为上海市市长,以身作则抓安全,真正负起安全生产的责任,为各级领导做出表率。

◆ 将企业安全生产责任制明确纳入国家安全生产法制建设的轨道。

《劳动法》第52条规定:"用人单位必须建立、健全劳动安全卫生制度,严格执行国家劳动安全卫生规程和标准,对劳动者进行劳动安全卫生教育,防止劳动过程中的事故,减少职业危害。"

《矿山安全法》第20条规定:"矿山企业必须建立、健全安全生产责任制。"

《消防法》第14条规定:"机关、团体、企业、事业单位应当履行下列消防安全职责:(一)制定消防安全制度、消防安全操作规程;(二)实行防火安全责任制,确定本单位和所属各部门、岗位的消防安全责任人……"

《建筑法》第44条规定:"建筑施工企业必须依法加强对建筑安全生产的管理,执行安全生产责任制度,采取有效措施,防止伤亡和其他安全生产事故的发生。建筑施工企业的法定代表人对本企业的安全生产负责。"

2002年1月1日起实施的《安全生产法》更是明确了:"生产经营单位的主要负责人对本单位的安全生产工作全面负责……国务院和地方各级人民政府应加强对安全生产工作的领导,支持、督促各有关部门依法履行安全生产监督管理职责。"

◆ 企业安全生产责任制成为"建立现代企业制度和加强管理基本规范"的一项重要条件。

四、安全工作重点

(1) 深入贯彻落实"安全发展"科学理念和指导原则,健全完善考核奖惩、激励约束机制。

要把安全发展作为一个重要理念,纳入社会主义现代化建设的总体战略,做到安全生产与经济社会发展各项工作同步规划、同步部署、同步推进。继续促进各地区、各部门切实落实"十一五"规划的安全生产目标、任务和措施。要教育各级干部,坚持以人为本、执政为民,摆正安全生产与发展经济的关系,增强抓好安全生产工作的自觉性。要树立正确的政绩观,把安全工作绩效作为评价政府和企业工作、评价使用干部的重要依据。从高层领导直到基层干部都要牢固树立重视安全生产的高度责任心,促使"两个主体"、"两个负责制"真正落实到位。

(2) 狠抓煤矿安全这个重中之重,深入开展瓦斯治理和整顿关闭。

影响我国煤矿安全的两大突出问题:一个是瓦斯灾害严重、重特大瓦斯事故多发;另一个就是小煤矿过多过滥、非法违法屡禁不止。

(3) 开展重点行业和领域安全生产隐患排查治理专项行动，坚决防范遏制重特大事故。

(4) 加强应急救援工作，提高防范处置重特大事故的能力。

要加强预案工作，抓紧建立覆盖所有企业和基层单位的应急预案体系，搞好培训演练，落实预案责任和防范措施；加强三级安全生产应急救援机构建设；规范事故信息的收集、报送和处理，提高应急能力和事故处置效率；加强各部门、各地区应急管理机构之间的联系，建立"统一指挥、反应灵敏、协调有序、运转高效"的安全生产应急救援工作机制。

(5) 完善安全生产监管体制机制，加强监管监察队伍自身建设。

进一步理顺安全监管、煤矿安全监察和行业管理的职责关系。总结推广一些地方的成功做法，鼓励各地从加强安全生产工作的实际需要出发，把安全监管机构延伸到乡镇农村、城镇工业园区和街道，建立安全生产执法队伍。提高履职能力，做到公正执法、严格执法、廉洁执法，树立和维护良好的队伍形象。

第二节　安全生产监督管理体制

一、安全生产监督管理机构

目前，我国的安全生产监督管理机构基本上由四个层次组成：

◆ 国家安全生产管理委员会；
◆ 代表政府和安委会行使职能的国家安全生产监督管理总局；
◆ 地方政府和所属安全生产监督管理机构；
◆ 企业自我监管的有关部门。

（一）国家安全生产管理委员会

国家安全生产委员会由一名国家副总理具体分管，国务院有关部门领导成员参加，具体任务是在国务院指挥下，研究、统筹、协调、指导关系全局的重大安全生产问题，具体工作由各部门分别管理。安委会办公室设在国家安全生产监督管理总局，具体工作由总局负责协调督办。全国各省、市、区、县乃至乡镇、社区都相应成立安委会，统筹协调各地安全生产管理和地方公共安全。

（二）国家安全生产监督管理总局

国家安全生产监督局成立于2000年12月，2005年3月改为总局，由副部级升格为正部级。国家安全生产监督管理总局的主要职责是：

①负责制定安全安全生产方面的综合性法律文件和行政法规，拟订有关政策及工矿商贸企业安全生产规章、规程和安全技术标准。

②综合管理全国安全生产工作，分析和预测全国安全生产形势，拟订全国安全生产工

作规划,依法行使国家安全生产监督管理职权,指导、协调和监督质量技术监督等有关部门承担的专项安全监察、监督工作。

③依法行使国家煤矿安全监察职权,实施对设在各地的煤矿安全监察局及其煤矿安全监察办事处的管理。

④负责发布全国安全生产信息,综合管理全国伤亡事故统计工作,组织、协调重大、特大事故统计工作,组织、协调重大、特大事故的调查处理,受国务院委托对特大事故调查报告进行批复。

⑤指导、协调全国安全生产检测检验工作,组织实施对工矿商贸企业安全生产条件和有关设备(由其他有关部门承担的锅炉、压力容器、电梯、防爆电器等设备除外)进行检测检验、安全评价、安全培训、安全咨询等社会中介组织的资格认可工作,并负责监督检查。

⑥组织全国安全生产方面宣传教育和本系统安全生产监察人员、煤矿安全监察人员的培训考核工作,依法组织、指导并监督特种作业人员的考核工作和企业主要经营管理者的安全资格考核工作。

⑦监督工矿商贸企业贯彻执行安全生产法律、法规情况与安全生产条件情况,以及有关设备、材料和劳动防护用品的安全管理工作。

⑧负责新建、改建、扩建工程项目的安全设施与主体工程同时设计、同时施工、同时投产使用(简称"三同时")的安全监督检查工作,按照职业安全法规和标准监督检查工矿商贸企业职业危害的防治工作,依法监督检查重大危险源的监控和重大事故隐患的整改工作,组织对不具备安全生产基本条件的生产经营单位的查处工作。组织、指导和协调煤矿救护、化学事故应急救援等工作。

⑨拟订安全生产科研规划,组织、指导安全生产重大科学技术研究和技术示范工作。

⑩开展安全生产方面的国际交流与合作。

(三)地方政府及其安全生产监督管理机构

根据国务院在特大安全事故方面应承担责任追究的规定,地方政府及其安全生产管理监督机构承担相应职责:

①认真贯彻党和政府有关安全工作的方针政策,对本地区安全工作依法实施监督处理。

②负责制定本地区特大安全事故应急处理预案,对本地区特大安全事故的防范负责。

③组织有关部门对特大安全事故隐患进行查处,每季度至少召开一次防范特大事故的工作会议。

④组织有关部门对容易发生特大安全事故的单位、设施和场所明确责任,采取防范措施。

⑤按照规定的时限报告特大安全事故,并组织特大安全事故救助工作。

⑥各级人民政府负责发布特大安全事故消息。

⑦各级人民政府负责对特大安全事故人员做出处理决定（必要时由国务院做出）。

（四）企业自我监管机构

企业自我监督管理的主要任务是：
①建立相应的监管机构，并配备相应的专业人员；
②制定本企业安全生产的规章制度；
③负责安全生产的隐患排查和专项整治工作；
④负责抢险和重大责任事故的协调处理等。

二、安全生产监督管理职能

（一）安全生产监督管理的目标

1．总体目标

认真贯彻党的十六届三中、四中、五中全会精神，适应全面建设和谐社会的要求，建立安全生产的长效机制，通过不断的努力，形成高效运作的安全生产监管体系，健全的安全生产法律体系和企业安全生产的自我完善和约束机制，使重特大事故得到有效控制，工矿企业事故总量逐年下降，实现全国安全生产状况的稳定好转。

建立安全生产长效机制，主要从四个层面着手：**努力构建政府统一领导、部门依法监管、企业全面负责、社会监督支持的安全生产工作新格局。**

◆ 政府：各级政府要加强对安全生产工作的领导，依法建立健全安全生产监管体系和安全生产法律法规体系，形成强有力的安全生产工作组织领导和协调管理机制。

◆ 部门：各级安全生产监管部门要认真履行综合监管的职责，依法加大行政制服力度，加强执法监督。

◆ 企业：各类企业要建立健全安全生产责任制和各项规章制度，依法保障必要的安全投入，形成自我约束、不断完善的安全生产工作机制。

◆ 社会：大力营造"关爱生命、关注安全"的社会舆论氛围，形成舆论监督、群众监督机制。

2．具体目标

安全生产的监督管理是一个系统工程，许多事情是相互关联、相互依存的，许多事故的发生，看似偶然，其实有其内在的必然性。对事故的防范，尤其是对重大、特大安全事故的防范，绝不能头痛医头、脚痛医脚，就事论事，局限于某一个狭窄的范围，停留于表面。监督管理可以从以下方面实施：

◆ 建立完善有效的规章制度，使安全生产监督管理工作有章可循、有法可依，为安全生产监督管理工作的规范化创造条件。

◆ 加强安全生产法制建设，尽快形成以《安全生产法》为主干，以有关法规、规章、规程和标准，以及地方性法规、规章等相配套的、有中国特色的安全生产法律体系，使安全生产的各个方面、各个环节，都有法可依，有章可循。

◆ 强化依法行政，做到执法必严，违法必究。

要综合运用法律的、经济的和必要的行政手段，通过法律约束、政策导向和行政监管等多种途径、加大安全生产监察执法的力度。

（二）安全生产监督管理分类

安全生产监督管理主要分为以下三类。

1. 一般性监督管理

一般性监督管理是依照安全生产政策与法规，对企业进行的全面监督和检查。其内容包括组织管理、安全技术、劳动卫生、安全控制指标等，也可以是一项或几项专题检查，由监督管理机构根据工作需要，有计划地进行。这类监督管理活动具有全面性、集中性和灵活性等特点，有利于把生产的全过程和安全生产的各方面置于国家监督管理之下，全面地发挥监督管理的作用。

2. 专门性监督管理

专门性监督管理是针对安全生产工作中的某环节，按照专门规范进行的定时定项的监督和检查。其主要内容有：对潜在的危险性大的特种设备和生产过程建立定期检查和监督制度，例如年检制度；对尘毒、有害作业场所，按国家有关的危害程度分级标准进行分级和评价，实行定期检查、限期治理等监督制度；对特种作业人员的安全技术培训和定期考核、发证及定期复试复审监督检查；授权专门机构对安全性能要求较高的产品进行检验和认证；对新建、扩建、改建企业和重大技术改造工程的设计、施工和验收投产建立审查和监督制度等。

3. 事故的监督管理

对企业伤亡事故情况进行综合统计和报告，按照"四不放过"的原则组织、协调事故的调查、分析和处理工作。

（三）安全生产监督管理职能

安全生产监督管理的主要职能概括起来，主要表现在安全监察和反馈信息两个方面。

1. 安全监察

依据安全监察法规授予的权限，对各部门和企事业单位贯彻安全生产方针和遵守安全法规的情况进行监督检查；揭露事故预防工作中存在的问题，分析产生的原因，督促、指导这些部门和单位改正违反法规行为，消除隐患；对违反法规而又拒不改正的实行干预，强制其改正；在处理事故或其他有关安全事项中，对有关各方的争议进行仲裁。此外，安全监察在客观上对于调整劳动关系，改善企业管理，提高经济效益，改进生产技术也能起到一定的作用。

2. 反馈信息

监察机关和监察人员在实施安全监察的过程中，通过调查研究、监察活动、统计分析，沟通情报等各种渠道能广泛收集到各类信息。对这些信息应该有目的地进行分类、比较、分析、综合，去伪存真，去粗取精，提出有价值的意见和对策，或者反映给领导机关，供决策参考；或者提供给部门和单位，帮助他们改进工作。

安全监察和反馈信息，这两方面的职能是互相依存、互相促进的。监察职能是强调依法行事，而信息职能则是强调实行的效果，检查、判断既定目标的得失，总结经验教训，及时调整对策，不断把事故预防工作提到新的高度。

安全生产监督管理的具体职能，主要有以下六个方面：

◆ 监察经济管理、生产管理部门和企事业单位对国家安全生产法律、法规的贯彻执行情况。

◆ 对新建工程的监察

对新建、改建、扩建和重大技术改造项目的监察，主要是通过"三同时"审查和验收来实现。通过参加可行性研究、审查初步设计的安全生产专篇和参加竣工验收，来保证新建、改建、扩建和技术改造项目中的安全健康设施与主体工程同时设计审查、同时施工制造、同时验收投产。另外，对一些职业危害严重的行业和工艺，要制定劳动安全健康设计规定，完善技术标准，逐步实现对设计工作的安全监察。

◆ 对新制造设备、产品的监察

作为被监察对象的新制造设备，是指生产厂家制造的可能产生特别危险和危害的生产设备、安全专用仪器仪表、特种防护用品等。对这些产品，通过制定强制性的安全标准，通过建立国家的安全认证制度来对设计、制造、销售和使用把关。

◆ 对在用特种设备的监察

对锅炉、压力容器、起重机、冲压机械、厂内机动车辆等对职工和周围设施、人员有重大危险的设备，其安装、使用、维修和改造都要制定专门的安全规程和标准。国家监察部门要有计划地、分门别类地进行建档建卡，分级管理，定期检验或抽查。合格的发证，不合格的限期改进，到期仍不合格的进行经济处罚或查封。

◆ 对有职业危害作业场所的监察

对危险程度很高、尘毒噪声危害非常严重的作业场所，依据国家颁布的各种职业危害程度的分级标准，通过定期检测和采用监察手段来进行监督；通过分级和评价区别和划分治理的重点和期限；通过检查、考评和限期治理、经济处罚、停止生产等强制性措施来完成监察。

◆ 对特殊人员的监察

对企业领导和特种作业人员，主要通过建立培训、考核、发证和持证操作制度，来实现对人的行为的监督。企业领导是企业事故预防工作的决策人物，他们的决策对职工的安全与健康起着决定性作用。通过进行安全生产方针、政策等方面的教育，使他们在生产严格的培训和考核，合格的才能上岗指挥生产，没有通过培训考核的，无权指挥生产。特种作业人员的作业可能是一些重大事故的直接责任者，增强特种作业人员的安全意识，丰富他们的安全技术知识，使他们能掌握熟练、过硬的操作技能，对减少事故是至关重要的。因此，必须对培训、教育、考核发证把好关。

（四）安全生产监督管理人员的权限

◆ 凭监督管理证有权随时进入所辖范围内任何作业场所进行安全监督管理，检查任何单位的安全生产情况。

◆ 发现安全隐患，有权要求有关部门限期解决。对逾期不解决的，有权责令其停止作业，并对责任者处以罚款。发现紧急情况时，有权发出停止作业令，要求撤出人员，采取必要的紧急措施。

◆ 有权参加企业有关安全生产的各种会议，查阅有关文件、资料和图纸，向有关单位和个人了解情况，有关单位和人员不得拒绝。同时也必须为企事业单位保守技术秘密。

◆ 有权制止违章指挥和违章作业，对发生事故的单位及责任者有权提出处罚意见，对为安全生产做出重大贡献的单位和个人提出奖励建议。

◆ 有权根据技术标准的规定，对工程进行审核，并对不按质量标准施工的人员追究责任。

◆ 对拒不接受安全监督、坚持违章作业或进行打击报复的人员有权越级上告。

◆ 随时向企事业单位的主管部门和安全生产监督管理机构反映情况，提出建议。

（五）安全生产监督管理运行机制

安全生产监督管理运行机制主要体现在以下六个方面。

1. 规则使其不能

安全生产监督管理，是通过法律、法规实现的，有了规矩就有了方圆。建立规章制度就必须做到各负其责，各尽其能，才能保证安全生产。

2. 教育使其不违

有了规则，接着就要让广大干部职工都知道。不仅要让他们知道自己的安全职责，而且还要让他们知道哪些行为不安全、不能做，为什么不安全、不能这样做，从而使其自觉遵守。"行为来自思想"，通过思想教育、安全生产方针政策教育、安全知识教育、典型事故案例教育来提高职工安全技术水平和防范事故的能力。

3. 监督使其不易

体制是机制的载体，我国安全管理体制为"企业负责，行业管理，国家监察，群众监督，劳动者遵章守纪"，为安全管理机制建设提供了先决条件。根据国外和我国的成功经验，有效的监督应包括：群众监督，行业监督，国家监督，舆论监督等。

4. 严惩使其不敢

如果对在安全生产方面未能尽职尽责和违反安全生产法律、法规、规章、标准的领导和职工没有惩罚，规则就是空文，监督便是空谈。有效的惩罚应坚持三点：

（1）要有力度，即对违规者的处罚要大大超出违规者所占的便宜，使其感到得不偿失。正如原李毅中局长强调的"对党员干部，要让其受处分，丢帽子；对职业经理人，要罢免其资格，丢位子；对黑心矿主，要让其倾家荡产，丢票子"。

(2) 要及时，切不可等发生了事故才惩处。

(3) 要高效，尽量减少漏网之鱼，对发生率高的违规行为，既不可以以"法不责众"而放之，也不可只抓典型，杀鸡吓猴。只有这样，才能把违章行为变成一种高成本、高风险的行为选择。

5．明赏使其不怠

对认真履行其安全职责并在安全生产上成绩突出的领导和职工，应有明文规定的奖励、提供发展机会等。通过明赏，使更多的人乐于遵章守纪，维护法律、法规的尊严。

6．信息使其不误

安全管理工作主要依据安全信息。它包括事故及职业伤害的记录、分析、统计；职业安全卫生设备的研究、设计、生产及检验技术；法律、规章、技术标准及其变化动态；教育、培训、宣传及社会活动；国内外新技术动态、隐患评价及技术经济分析、咨询、决策系统等。安全信息系统的建立、完善及运行状况是安全管理技术水平的一个重要标志。

三、我国安全生产管理体制

我国目前实行的安全生产管理体制是"生产经营单位负责、职工参与、政府监管、行业自律和社会监督"，强调了"管生产必须管安全"的原则和"安全第一、预防为主、综合治理"的方针。

（一）生产经营单位负责

生产经营单位负责是指生产经营单位要依法做好安全生产方方面面的工作，切实保证本单位的安全生产。各类生产经营单位要建立健全安全生产责任制和各项规章制度，依法保障必需的安全生产投入，按照本法和有关法律法规的规定，加强安全生产管理，做好安全生产各项工作，形成自我约束、不断完善的安全生产工作机制。生产经营单位负责的范围既包括对单位内部的安全责任，保护员工在生产经营过程中的生命健康，避免财产损失；又包括对单位外部的安全责任，保护人员生命、财产、社会和环境安全等。

（二）职工参与

生产经营单位是安全生产的责任主体，职工是安全生产工作最直接的受益者，也是安全生产工作最直接的参与者，从某种程度上可以说职工是安全生产工作的决定性因素，是安全生产发生变化的内因，决定着安全工作的好坏。

（三）政府监管

政府监管是指安全生产工作必须在各级人民政府的领导下，建立健全安全监管体系和安全生产法律法规体系，把安全生产纳入经济发展规划和指标考核体系，形成强有力的安全生产工作组织领导和协调管理机制。各级政府和负有安全生产监督管理职责的部门要依法履行安全生产监督管理职责，采取适时抽查、定期检查、专项检查等方式，对生产经营单位的安全生产工作加强监督检查，依法加大行政执法力度。

（四）行业自律

这是一个行业自我规范、自我协调的行为机制，也是维护市场秩序、保持公平竞争、促进行业健康发展、维护行业利益的重要措施。《安全生产法》（2014年修订版）将"行业自律"写入安全生产工作机制，在法律层面予以固定

（五）社会监督

这是安全生产监督管理的重要内容，是保障职工群众民主权益的重要途径。加强安全生产工作，加快推进安全生产形势根本好转，需要全社会的广泛支持和积极参与。

关键概念

安全发展　　　安全生产12项治本之策　　企业安全生产监督主要任务
安全生产监督管理的具体目标　　　　　　安全生产监督管理总体目标
我国安全生产监督管理机构四级层次划分

问题与问答

1. 你认为我国安全生产现阶段存在的问题主要是什么？
2. 按照经济发展的理论，安全生产状况可以分为几个阶段，你认为中国处于哪个阶段，请按照这个理论对中国安全生产作出展望？
3. 我国现在已经建立起"安全发展"为核心的理论体系，请联系你的工作进行诠释。
4. 根据你的工作，谈我国的安全生产控制考核指标体系，并且与国家安全生产监督管理总局网站对照。
5. 新中国成立后因为生产安全事故受到处分的第一位省部级高级领导干部是哪位？
6. 我国的第一次"全国安全月"在哪一年？
7. 作为一名安全生产监察员，你认为安全生产宣传教育培训如何考核才可以保证落实到位？
8. 试述安全生产监察员的权限。

第二章

安全生产行政执法

本章主要内容：
- 介绍我国立法体制、法律效力和行政法相关知识
- 介绍具体行政行为和行政行为程序
- 阐述我国安全生产具体行政行为和程序
- 列出常用的安全生产执法文书

学习要求：
- 了解我国立法体制和法律冲突解决规则
- 掌握我国行政执法的内容和程序
- 熟悉我国安全生产执法内容和程序
- 熟悉我国安全生产执法文书的制作

第一节 行政执法基础

一、我国的立法体制

（一）我国立法体制的特征

同当今世界普遍存在的单一的立法体制、复合的立法体制、制衡的立法体制相比，中国现行立法体制独具特色。

- 在中国，立法权不是由一个政权机关甚至一个人行使的，因而不属于单一的立法体制。
- 在中国，立法权由两个以上的政权机关行使，是指中国存在多种立法权，如国家立法权、行政法规立法权、地方性法规立法权，它们分别由不同的政权机关行使，而不简单是同一个立法权由几个政权机关行使，因而也不属于复合的立法体制。
- 中国立法体制也不是制衡的立法体制，不是建立在立法、行政、司法三权既相互

分立又相互制约的原则基础上的，国家主席和政府总理都产生于全国人大，国家主席是根据人大的决定公布法律，总理不存在批准或否决人大立法的权力，行政法规不得与人大法律相抵触，地方性法规不得与法律和行政法规相抵触，人大有权撤销与其所制定的法律相抵触的行政法规和地方性法规，这些只表明中国立法体制内部的从属关系、统一关系、监督关系，不表明制衡关系。

中国现行立法体制是特色甚浓的立法体制。从立法权限划分的角度看：它是中央统一领导和一定程度分权的，多级并存、多类结合的立法权限划分体制。**最高国家权力机关及其常设机关统一领导，国务院行使相当大的权力，地方行使一定权力，是中国现行立法权限划分体制突出的特征。**

一方面，**最重要的立法权亦即国家立法权——立宪权和立法律权，属于中央，并在整个立法体制中处于领导地位**。国家立法权只能由最高国家权力机关及其常设机关行使，地方没有这个权力，其他任何机关都没有这个权力。行政法规、地方性法规都不得与宪法、法律相抵触。虽然自治法规可以有同宪法、法律不完全一致的例外规定，但制定自治法规作为一种自治权必须依照宪法、民族区域自治法和立法法所规定的权限行使，并须报全国人大常委会批准或备案。这些制度实质上确保了国家立法权对自治法规制定权的领导地位。

另一方面，它是**国家的整个立法权力，由中央和地方多方面的主体行使**。这是中国现行立法体制最深刻的进步或变化。

（二）中国现行立法体制的国情依据

（1）中国是人民当家做主的国家，法是人民意志的反映，由体现全国人民最高意志的最高国家权力机关全国人大及其常委会行使国家立法权，统一领导全国立法，制定、变动反映国家和社会的基本制度、基本关系的法律，中国立法的本质才符合国情的要求。

（2）中国幅员广大，人口众多，各地区、各民族经济、文化发展很不平衡，不可能单靠国家立法来解决各地复杂的问题，许多情况国家立法不好规定，规定粗了不能解决问题，规定细了又不可能。因此，要适应国情需要，除了要用国家立法作为统一标准解决国家基本问题外，还有必要在立法上实行一定程度的分权，让有关方面分别制定行政法规、地方性法规、自治法规和特区规范性法律文件等。

（3）现阶段，中国经济上实行以国有经济为主导的多种经济形式并存发展的市场经济结构，政治上实行民主集中制。经济、政治上的特点加上地理、人口、民族方面的特点和各地不平衡的特点，决定了国家在立法体制上一方面必须坚持中央统一领导；另一方面，必须充分发扬民主，使多方面参与立法，特别是要正确处理中央与地方的关系。

（4）从历史的和现今的经验来看，1954年宪法改变了新中国成立初期各大行政区和各省甚至市、县有权制定有关法令、条例的体制，实行立法的集权原则。这在当时对实现和巩固国家的统一、反对分散主义是必要的。但由于将立法权过分集中，既不利于地方发展，也分散了中央的精力，还容易助长上级机关的官僚主义。历史经验表明：有必要在立法上实行一定程度的分权制度。另一方面，这些年来国家、社会和公民生活的发展特别是市场经济的迅速发展，提出了大量的立法要求，紧迫而又繁重的立法工作单靠行使国家立法权的机关不可能完成。近年来，正是由于在立法体制上采取改革措施，实行现行立法体制，才解决了许多实际问题，推动了国家的经济建设和民主、法制建设。

（5）特别重要的是，中国国情中的历史沉淀物也要求实行相当程度分权的立法体制。

（三）我国立法现状

全国人大及其常委会行使国家立法权。全国人大修改宪法，制定和修改刑事、民事、国家机构的和其他的基本法律。全国人大常委会制定和修改除应当由全国人大制定的法律以外的其他法律；在全国人大闭会期间，对全国人大制定的法律进行部分补充和修改，但是不得同该法律的基本原则相抵触。1982年宪法赋予全国人大常委会制定法律的权力，是我国立法体制的一个重要改革。20多年来，我国的多数法律是由全国人大常委会制定的。

国务院根据宪法和法律制定行政法规。根据立法法的规定，行政法规可以就下列两个方面的事项作出规定：一是为执行法律的规定需要制定行政法规的事项；二是宪法第89条规定的国务院行政管理职权的事项。此外，国务院还可以根据实际需要，经全国人大及其常委会授权，对属于全国人大及其常委会专属立法权而尚未制定法律的事项，制定行政法规。但犯罪和刑罚、对公民政治权利的剥夺和限制人身自由的强制措施和处罚、司法制度等事项除外，这些事项只能由法律作规定，不能由行政法规作规定。

省、自治区、直辖市人大及其常委会在不同宪法、法律、行政法规相抵触的前提下，可以制定地方性法规。省、自治区人民政府所在地的市、经济特区所在地的市和其他经国务院批准的较大的市的人大及其常委会根据本市的具体情况和实际需要，在不同宪法、法律、行政法规和本省、自治区的地方性法规相抵触的前提下，可以制定地方性法规，报省、自治区人大常委会批准后施行。根据立法法的规定，地方性法规可以就以下两个方面的事项作出规定：一是为执行法律、行政法规的规定，需要根据本行政区域的实际情况作具体规定的事项；二是属于地方性事务需要制定地方性法规的事项。同时，《立法法》还规定，除应当由全国人大及其常委会制定法律的事项外，其他事项国家尚未制定法律或者行政法规的，省、自治区、直辖市和较大的市根据本地方的具体情况和实际需要，可以先制定地方性法规。

海南省、深圳市、厦门市、汕头市、珠海市人大及其常委会按照全国人大的授权，根据经济特区的具体情况和实际需要，遵循宪法的规定以及法律和行政法规的基本原则，制定在各自的经济特区范围内实施的法规。

民族自治地方（即自治区、自治州、自治县）的人民代表大会有权依照当地民族的政治、经济和文化的特点，制定自治条例和单行条例。自治区的自治条例和单行条例，报全国人大常委会批准后生效；自治州、自治县的自治条例和单行条例，报省、自治区、直辖市的人大常委会批准后生效。自治条例和单行条例可以依照当地民族的特点，对法律和行政法规的规定作出变通规定,但不得违背法律或者行政法规的基本原则,不得对宪法和民族区域自治法的规定以及其他有关法律、行政法规专门就民族自治地方所作的规定作出变通规定。

国务院各部、各委员会、中国人民银行、审计署和具有行政管理职能的直属机构根据法律和国务院的行政法规、决定、命令,在本部门的权限范围内,制定规章。

省、自治区、直辖市和较大的市(包括省、自治区人民政府所在地的市、经济特区所在地的市和经国务院批准的较大的市)的人民政府根据法律、行政法规和本省、自治区、直辖市的地方性法规,制定规章。

这样,在当今中国,就形成了一个由国家立法权、行政法规立法权、地方性法规立法权、自治条例和单行条例立法权、规章立法权、授权立法权、特别行政区立法权所构成的,一个较先前体制有重大发展的新的立法权限划分体制。

二、我国的法律效力

(一)法的效力位阶

法的效力位阶是指不同国家机关制定的规范性文件在法律渊源体系中所处的效力位置和等级。在法的位阶中处于不同或相同的位置和等级,其效力也是不同或相同的,据此,可以分为上位法、下位法和同位法。上位法是指相对于其他规范性文件,在法的位阶中处于较高效力位置和等级的那些规范性文件。下位法,是指相对于其他规范性文件,在法的位阶中处于较低效力位置和等级的那些规范性文件。同位法,是指在法的位阶中处于同一效力位置和等级的那些规范性文件。

我国《立法法》根据法的效力原理规定了法的位阶问题,详细规定了属于不同位阶的上位法与下位法和属于同一位阶的同位法之间的效力关系。即:**下位法不得与上位法的规定相抵触;同位法之间具有同等效力,在各自的权限范围内施行。**

我国法律效力的有关规定如下:

◆《立法法》第八十七条规定:"宪法具有最高的法律效力,一切法律、行政法规、地方性法规、自治条例和单行条例、规章都不得同宪法相抵触。"

◆《立法法》第八十八条规定:"法律的效力高于行政法规、地方性法规、规章。行政法规的效力高于地方性法规、规章。"

◆《立法法》第八十九条规定:"地方性法规的效力高于本级和下级地方政府规章。省、自治区的人民政府制定的规章的效力高于本行政区域内的设区的市、自治区的人民政府制定的规章。"可见,这些法律渊源之间属于上位法和下位法的关系。

◆《立法法》第九十一条还规定:"部门规章之间、部门规章与地方政府规章之间具有同等效力,在各自的权限范围内施行。"也就是说,这些法律渊源之间属于同位法的关系。

（二）一般法与特别法、新法与旧法的效力

在一般法和特别法的效力问题方面，法理上适用的是"特别法优于一般法"的原则。在新法和旧法的效力问题方面，法理上适用的是"新法优于旧法"的原则。

我国《立法法》根据法的效力原理和法理的原则，具体规定了一般法和特别法、新法和旧法的效力关系。

《立法法》第九十二条规定："同一机关制定的法律、行政法规、地方性法规、自治条例和单行条例、规章，特别规定与一般规定不一致的，适用特别规定；新的规定与旧的规定不一致的，适用新的规定。"

对于由同一机关制定的各种规范性文件，优先适用特别规定而不是一般规定，是因为：一般规定是对普遍的、通常的问题进行规定的，而特别规定是对具体的特定的问题进行规定，有明确的针对性，所以当它们处于同一位阶时，应当优先适用特别法。对于由同一机关制定的各种规范性文件，优先适用新的规定而不是旧的规定，是因为：当同一机关就同一问题进行了新的规定，也就意味着对旧的规定进行了修改或补充，当然应当适用新法。

（三）法的效力的裁决

《立法法》还对各种规范性文件之间出现不一致，不能确定如何适用时，规定了效力的裁决程序。

《立法法》第九十四条规定："法律之间对同一事项的新的一般规定与旧的特别规定不一致，不能确定如何适用时，由全国人民代表大会常务委员会裁决。行政法规之间对同一事项的新的一般规定与旧的特别规定不一致，不能确定如何适用时，由国务院裁决。"

《立法法》第九十五条规定："地方性法规、规章之间不一致时，由有关机关依照下列规定的权限作出裁决：（一）同一机关制定的新的一般规定与旧的特别规定不一致时，由制定机关裁决。（二）地方性法规与部门规章之间对同一事项的规定不一致，不能确定如何适用时，由国务院提出意见，国务院认为应当适用地方性法规的，应当决定在该地方适用地方性法规的规定；认为应当适用部门规章的，应当提请全国人民代表大会常务委员会裁决。（三）部门规章之间、部门规章与地方政府规章之间对同一事项的规定不一致时，由国务院裁决。根据授权制定的法规与法律规定不一致，不能确定如何适用时，由全国人民代表大会常务委员会裁决。"

三、行政法

（一）行政法的概念、特征和分类

1. 概念

一般行政法，指具有以下内容的法律法规：规定国家行政管理的基本原则、方针、政策；国家机关及其负责人的地位、职权和职责；国家机关工作人员的任免、考核、奖惩；

有关行政体制改革和提高行政机关的工作效率，等等。

特别行政法，指规范各专门行政职能部门如教育、民政、卫生、统计、邮政、财政、海关、人事、土地、交通等方面的管理活动的法律、法规。

作为行政法调整对象的行政关系主要包括四类：

(1) 行政管理关系。即行政机关、法律法规授权的组织等行政主体在行使行政职权的过程中，与公民法人和其他组织等行政相对人之间发生的各种关系。行政主体与行政相对人之间形成的行政管理关系，是行政关系中的主要部分。行政主体的大量行政行为，如行政许可、行政征收、行政给付、行政裁决、行政处罚、行政强制等，大部分都是以行政相对人为对象实施的，从而与行政相对人之间产生行政关系。

(2) 行政法制监督关系。即行政法制监督主体在对行政主体及其公务人员进行监督时发生的各种关系。所谓行政法制监督主体，是指根据宪法和法律授权，依法定方式和程序对行政职权行使者及其所实施的行政行为进行法制监督的国家权力机关、国家司法机关、行政监察机关等。

(3) 行政救济关系。即行政相对人认为其合法权益受到行政主体做出的行政行为的侵犯，向行政救济主体申请救济，行政救济主体对其申请予以审查，做出向相对人提供或不提供救济的决定而发生的各种关系。所谓行政救济主体，是指法律授权其受理行政相对人申诉、控告、检举和行政复议、行政诉讼的国家机关，主要包括受理申诉、控告、检举的信访机关，受理行政复议的行政复议机关，以及受理行政诉讼的人民法院。

(4) 内部行政关系。即行政主体内部发生的各种关系，包括上下级行政机关之间的关系，平行行政机关之间的关系，行政机关与其内设机构、派出机构之间的关系，行政机关与国家公务员之间的关系，行政机关与法律、法规授权组织之间的关系，行政机关与其委托行使某种行政职权的组织的关系等等。

在上述四种行政关系中，行政管理关系是最基本的行政关系，行政法制监督关系和行政救济关系是由行政管理关系派生的关系，而内部行政关系则是从属于行政管理关系的一种关系，是行政管理关系中的一方当事人——行政主体单方面内部的关系。

2. 行政法的特征

(1) 行政法尚没有统一完整的实体行政法典。这是因为行政法涉及的社会领域十分广泛，内容纷繁丰富，行政关系复杂多变，因而难以制定一部全面而又完整的统一法典。行政法散见于层次不同、名目繁多、种类不一、数量可观的各类法律、行政法规、地方性法规、规章以及其他规范性文件之中。凡是涉及行政权力的规范性文件，均存在行政法规范。重要的综合性行政法律在我国和国外主要有：行政组织法、国家公务员法、行政处罚法、行政强制法、行政许可法、行政程序法、行政公开法、行政复议法、行政诉讼法、国家赔偿法等。

(2) 行政法涉及的领域十分广泛，内容十分丰富。由于现代行政权力的急剧膨胀，其活动领域已不限于外交、国防、治安、税收等领域，而是扩展到了社会生活的各个方面。因此，这就决定了各个领域所发生的社会关系均需要行政法调整，现代行政法适用的领域更加广泛，内容也更加丰富。

(3) 行政法具有很强的变动性。由于社会生活和行政关系复杂多变，因而作为行政关系调节器的行政法律规范也具有较强的变动性，需要经常进行废、改、立。

3. 行政法的分类

(1) 以行政法的作用为标准，行政法规范可分为三大类：

◆ 关于行政组织的法律规范。
◆ 关于行政行为的法律规范。
◆ 关于监督行政权的法律规范，即监督主体对行政权进行监督的法律规范。

(2) 以行政法调整对象的范围为标准，行政法可分为一般行政法与部门行政法。

一般行政法是对一般的行政关系和监督行政关系加以调整的法律规范的总称。一般行政法调整的行政关系和监督行政关系范围广，覆盖面大，具有更多的共性，为所有行政主体所必须遵守。

部门行政法是对部门行政关系加以调整的法律规范的总称。在行政法学上，人们通常在行政法总论中研究一般行政法，而在行政法分论中研究部门行政法。

（二）行政法的基本原则

行政法的基本原则是行政法的精髓，贯穿于行政立法、行政执法、行政司法和行政法制监督之中，是指导行政法的制定、修改、废除并指导行政法实施前基本准则。

对行政法的基本原则，国内外行政法学界从不同的角度进行了概括和归纳。根据我国的行政法发展状况，特别强调以下基本原则。

1. 依法行政原则

依法行政原则，即行政机关必须依法行使行政权。该原则具体又可分为4项子原则：

(1) 法律优先原则

指法律位阶高于行政法规、行政规章和行政命令，一切行政法规、行政规章和行政命令皆不得与法律相抵触。

(2) 法律保留原则

指立法法第8条所规定的事项只能由法律规定，又分为绝对保留和相对保留。前者如有关犯罪和刑罚、对公民政治权利的剥夺和限制公民人身自由的强制措施和处罚、司法制度等事项，必须由法律规定，不得授权行政机关做出规定；后者如《立法法》第8条规定的其他事项，全国人民代表大会及其常务委员会可以授权国务院先制定行政法规。

(3) 职权法定原则

指行政机关的任何职权的取得和行使，都必须依据法律规定，否则不得行使。

(4) 责任政府原则

指行政机关和国家公务员违法行政必须承担法律责任：既包括行政机关的行政行为被撤销、变更的责任和行政赔偿责任等，也包括国家公务员因违法失职而应承担的行政处分责任和引咎辞职责任等。

2. 合理行政原则

合理行政原则作为一项普遍适用的行政法的基本原则，其具体要求是：

（1）行政行为的动因应符合行政目的；

（2）行政行为应建立在正当考虑的基础之上；

（3）行政行为的内容应客观、适度、合乎情理。

这三点具体要求反映着合理行政原则的内涵。

3. 行政应急性原则

行政应急性原则，是指在特殊紧急情况下，为了国家安全、社会秩序或公共利益的需要，行政机关可以采取没有明确法律依据的或与通常状态下法律规定相抵触的措施。它是合法性原则的例外，但是，应急性原则并非排斥行政合法性原则。排斥任何法律控制，不受限制的行政应急权力同样是不容许的。

一般而言，行政应急权力的行使应符合以下条件：

◆ 存在明确无误的紧急危险；

◆ 非法定机关行使了紧急权力，事后应由有权力的机关予以确认；

◆ 行政机关作出的应急行为受到有权机关的监督；

◆ 行政应急权力的行使应当适当，应将负面损害控制在最小的程序范围内。

4. 高效便民原则

5. 行政公开原则

6. 权责统一原则

（三）行政法律关系

1. 行政法律关系的概念

行政法律关系是指经过行政法规范所调整，由国家强制力保障实施的行政关系。

就行政关系与行政法律关系的关系来说，凡是涉及权利、义务的行政关系，都应当通过法律加以规范，这是行政法的一个基本要求。当然，行政关系不可能也没必要都转化成行政法律关系。在现代行政管理过程中，因行政指导、行政建议、行政咨询等形成的行政关系，固然产生于行政活动过程中，但由于其不具有权利、义务内容，不宜上升为行政法律关系。

2. 行政法律关系的构成要素

行政法律关系由行政法律关系的主体、客体、内容等要素构成。

（1）行政法律关系主体

行政法律关系主体，又称行政法主体，指行政法权利（职权）、义务（职责）的承担者。行政法律关系的主体由行政主体和行政相对人构成。行政主体是依法行使行政职权、并对其后果承担责任的国家行政机关和法律法规授权的组织。与行政主体对应的行政相对人可以是我国公民、法人和其他组织，也可以是在我国境内的外国组织、外国人及无国籍人。

（2）行政法律关系的客体

行政法律关系的客体，是指行政法律关系参加者的权利、义务所指向的对象。行政法律关系客体的范围十分广泛，可概括为如下三种。

①**物**。指一定的物质财富，如土地、房屋、森林、交通工具等。

②**智力成果**。指一定形式的智力成果，如著作、专利、发明等。

③**行为**。指行政法律关系主体为一定目的的有意识的活动，如纳税、征地、交通肇事、打架斗殴等。行为包括作为和不作为。

（3）行政法律关系的内容

行政法律关系的内容，是指行政法上的权利（职权）和义务（职责）。当然，行政法律关系的内容还包括引起法律关系变动的原因和事实等，但核心部分是权利（职权）和义务（职责）。

公民在行政法上的主要权利有自由权、平等权、参加国家管理权、了解权、保护隐私权、请求权、建议权、举报权、控告权、批评权、申诉权等；主要义务则有遵守宪法、法律、法规，服从行政命令，协助行政管理等。

3. 行政法律关系的特点

行政法律关系包括行政实体法律关系、行政程序法律关系、行政裁决法律关系、行政复议法律关系和行政诉讼法律关系等，主要有以下特点：

（1）行政主体是行政法律关系的一方。

（2）行政法律关系具有不对等性。

（3）行政法律关系当事人的权利、义务由有关法律规范事先加以规定。

（4）行政主体实体上的权利（职权）义务（职责）经常具有重合性。

（5）行政法律关系引起的争议，大多由行政机关或行政裁判机关依照行政程序或准司法程序解决。

（四）行政行为

1. 行政行为的概念

行政行为是指行政主体行使行政职权，作出的能够产生行政法律效果的行为。行政行为的概念包括以下含义：

（1）行政行为是行政主体所做的行为。

（2）行政行为是行使行政职权，进行行政管理的行为。

（3）行政行为是行政主体实施的能够产生行政法律效果的行为。

2. 行政行为的特征

（1）行政行为是执行法律的行为，任何行政行为均须有法律根据，具有从属法律性，没有法律的明确规定或授权，行政主体不得作出任何行政行为。

（2）行政行为具有一定的裁量性，这是由立法技术本身的局限性和行政管理的广泛性、变动性、应变性所决定的。

（3）行政主体在实施行政行为时具有单方意志性，不必与行政相对方协商或征得其同意，即可依法自主作出。

（4）行政行为是以国家强制力保障实施的，带有强制性，行政相对方必须服从并配合行政行为。否则，行政主体将予以制裁或强制执行。

（5）行政行为以无偿为原则，以有偿为例外。

3．行政行为的生效要件

（1）主体合法

所谓主体合法是指作出行政行为的组织必须具有行政主体资格，能以自己的名义作出行政行为，并能独立承担法律责任。根据我国有关法律、法规规定，能够成为行政主体的是行政机关或法律、法规授权的组织，并且该行政主体应当是依法设置的行政机关或是依法被授予行政职权的组织。

由于行政行为通常是由行政主体的具体工作人员实施的，因此这些工作人员应具备法定条件，才能保证行政行为的合法有效性。另外，主体合法除了要求行为主体必须是行政主体以外，还要求其行为必须在权限范围内。若行政主体的行为超出其权限范围，则其行为不合法。

（2）内容合法

内容合法要求：

◆ 行为有确凿的证据证明，有充分的事实根据。

◆ 行为有明确的依据，正确适用了法律、法规、规章或其他规范性文件。

◆ 行为必须公正、合理，符合立法目的和立法精神。

（3）程序合法

程序是实施行政行为所经过的步骤、时限方式等。任何行政行为均须通过一定的程序表现出来，没有脱离程序。行为的程序是否合法影响着行政行为实体的合法性。程序合法要求：

◆ 行政行为符合行政程序法确定的基本原则和制度。

◆ 行政行为应当符合法定的步骤和顺序。

（4）行为必须在行政机关的权限内，越权无效

（5）符合法定形式

4．行政行为的失效——无效、撤销与废止

（1）行政行为的无效与撤销

行政行为无效，是指行政行为因为明显、重大违法导致自始至终不产生法律效力。

行政行为的撤销，是指已经生效的行政行为因为查出有一般违法情形而由有权机关给予撤销并使之失去法律效力。

根据国内外有关行政程序法的规定，以下几种情形下的行政行为应属无效：

◆ 行政行为具有特别重大的违法情形；
◆ 行政行为具有明显的违法情形；
◆ 行政行为的实施将导致犯罪；
◆ 不可能实施的行为；
◆ 行政主体受相对人胁迫或欺骗作出的行政行为；
◆ 行政主体不明确或超越相应行政主体职权的行政行为。

除此之外的违法行政行为则属于可撤销行政行为。

(2) 行政行为的废止

行政行为的废止，有学者又称为行政行为的撤回，是指出现了法定的情形，如果行政行为继续存在将会不合时宜且可能与法律相冲突，从而由有权机关依据法定程序终止行政行为的效力。

（五）具体行政行为

1. 具体行政行为的概念

国家行政机关依法就特定事项对特定的公民、法人和其他组织权利义务作出的单方行政职权行为，是狭义的具体行政行为。

具体行政行为的基本要素：

(1) 具体行政行为是法律行为。

(2) 具体行政行为是对特定人与特定事项的处理：

◆ 就特定事项对特定人的处理；
◆ 就特定事项对可以确定的一群人的处理；
◆ 就特定事项对不特定人的处理。

(3) 具体行政行为是单方行政职权行为。

(4) 具体行政行为是外部性处理。

2. 具体行政行为的成立和效力

(1) 具体行政行为的成立要件：

——主体必须是行政主体；

——必须有明确的意思表示；

——必须送达当事人。

注意：在单行法律另有规定的情况下，具体行政行为的成立可能还有其他要件。如《行政处罚法》第四十一条的规定。

(2) 具体行政行为的有效要件：

——主体合法；

——没有滥用职权；

——适用法律法规正确；
——证据确凿；
——程序合法。

行政行为的成立、生效（如行政机关的决定只有送达才能生效）与有效（生效的行为不一定有效，合法的才有效，不合法的无效）是一个行政行为在程序上的三个环节。

3. 具体行政行为效力的种类

（1）公定力：具体行政行为一旦作出，假定该行为合法。

具体行政行为不因复议或诉讼而停止执行。

（2）具体行政行为生效的效力：

确定力：具体行政行为一旦作出，不得随意更改；已确定的行政决定，公民无权自行变更；已确定的行政执法行为，非经法定程序行政机关不得随意改变。

拘束力：具体行政行为生效后，必须按照已经确定的内容实施行为——相对人必须遵守和实际履行行政行为规定的义务。

执行力：国家强制当事人实施具体行政行为所要求的义务。

4. 具体行政行为的无效、撤销和废止

（1）具体行政行为的开始、停止和终止

开始：
- 送达之日起；
- 在预定的期限到来时；
- 即时生效（紧急情况下）。

停止：
- 行政复议中规定了四种情形

①被申请人认为需要停止执行的；
②行政复议机关认为需要停止执行的；
③申请人申请停止执行，行政复议机关认为其要求合理，决定停止执行的；
④法律规定停止执行的。

- 行政诉讼中规定了三种情形

①被告认为需要停止执行的；
②原告申请停止执行，人民法院认为该具体行政行为的执行会造成难以弥补的损失，并且停止执行不损害社会公共利益，裁定停止执行的；
③法律、法规规定停止执行的。

终止：
- 因违法而终止；
- 没有违法而终止。

(2) 无效的具体行政行为

构成具体行政行为无效的条件：

◆ 要求从事将构成犯罪的违法行为；

◆ 明显缺乏法律依据的；

◆ 明显缺乏事实根据的，或者要求从事客观上不可能实施的行为。

无效的具体行政行为不存在公定力问题，自始无效。

(3) 可撤销的具体行政行为

可撤销的具体行政行为包括：

◆ 行政行为违法；

◆ 行政行为明显不当。

可撤销的具体行政行为存在公定力问题。

一般情况下，一经撤销，自始无效；特殊情况下，自撤销或确认违法之日起失效。

(4) 具体行政行为的废止

废止：合法的行政行为因客观条件的变化，没有必要继续保持其效力。被废止的行政行为自废止之日起无效。

第二节 依法行政相关法律

一、行政许可

(一) 行政许可的概念、特征

行政许可，是指行政主体根据行政相对方的申请，经依法审查，通过颁发许可证、执照等形式，赋予或确认行政相对方从事某种活动的法律资格或法律权利的一种具体行政行为。

行政许可的特征主要有以下方面：

(1) 行政许可是依法申请的行政行为。

(2) 行政许可的内容是国家一般禁止的活动。

(3) 行政许可是行政主体赋予行政相对方某种法律资格或法律权利的具体行政行为。

(4) 行政许可是一种外部行政行为。

(5) 行政许可是一种要式行政行为。

(二) 行政许可的作用

(1) 行政许可是国家对社会经济、政治、文化活动进行宏观调控的有力手段，有助于从直接命令式的行政手段过渡到间接许可的法律手段；

(2) 行政许可有利于维护社会经济秩序，保障广大消费者及公民的权益；

(3) 行政许可有利于保障社会公共利益，维护公共安全和社会秩序；

(4) 行政许可有利于控制进出口贸易，保护和发展民族经济；

(5) 行政许可有利于资源的合理配置和环境保护，促进人与环境的和谐、健康、协调发展。

（三）行政许可的种类

根据不同的标准，可将行政许可作如下分类：

(1) 以许可的性质为标准，分为行为许可和资格许可。

(2) 以许可的书面形式及其能否单独使用为标准，分为独立的许可和附文件的许可。

(3) 以许可是否附有附加义务为标准，分为权利性许可和附义务的许可。

(4) 以许可享有的程度为标准，分为排他性许可和非排他性许可。

(5) 以许可的范围为标准，分为一般许可和特殊许可。

(6) 以许可有效期的长短，分为长期许可和短期许可。

（四）行政许可的设定

1. 行政许可的设定原则

(1) 设定行政许可应当遵循经济和社会发展规律。

(2) 设定行政许可应当有利于发挥公民、法人或者其他组织的积极性、主动性，维护公共利益和社会秩序。

(3) 设定行政许可应当有利于促进经济、社会和生态环境协调发展。

2. 行政许可的设定事项

根据《行政许可法》规定，下列事项可以设定行政许可：

(1) 直接涉及国家安全、公共安全、经济宏观调控、生态环境保护以及直接关系人身健康、生命财产安全等特定活动，需要按照法定条件予以批准的事项；

(2) 有限自然资源开发利用、公共资源配置以及直接关系公共利益的特定行业的市场准入等，需要赋予特定权利的事项；

(3) 提供公众服务并且直接关系公共利益的职业、行业，需要确定具备特殊信誉、特殊条件或者特殊技能等资格、资质的事项；

(4) 直接关系公共安全、人身健康、生命财产安全的重要设备、设施、产品、物品，需要按照技术标准、技术规范，通过检验、检测、检疫等方式进行审定的事项；

(5) 企业或者其他组织的设立等，需要确定主体资格的事项；

(6) 法律、行政法规规定可以设定行政许可的其他事项。

以上事项通过下列方式能够予以规范的，可以不设行政许可：

◆ 公民、法人或者其他组织能够自主决定的；

◆ 市场竞争机制能够有效调节的；

◆ 行业组织或者中介机构能够自律管理的；

◆ 行政机关采用事后监督等其他行政管理方式能够解决的。

（五）行政许可的实施主体

行政许可实施主体是指行使行政许可权并承担相应责任的行政机关和法律、法规授权的具有管理公共事务职能的组织。

行政许可的实施主体主要有三种：

(1) 法定的行政机关。

(2) 被授权的具有管理公共事务职能的组织。

(3) 被委托的行政机关。

（六）行政许可的实施程序

行政许可的实施通常应当按照以下程序进行：

(1) 申请与受理。

(2) 审查与决定。

(3) 期限。

行政机关作出准予行政许可的决定，应当自作出决定之日起 10 日内向申请人颁发、送达行政许可证件，或者加贴标签、加盖检验、检测、检疫印章。

(4) 听证。

(5) 变更与延续。

(6) 特别规定。

（七）行政许可监督检查种类

行政许可监督检查主要包括行政机关内部的层级监督和行政机关对被许可人的监督两种：

(1) 行政机关内部的层级监督检查。即上级行政机关基于行政隶属关系对下级行政机关实行的监督检查。

(2) 行政机关对被许可人的监督检查。主要包括以下几种：

- 书面检查；
- 抽样检查、检验、检测与实地检查；
- 被许可人的自检；
- 对取得特许权的被许可人的监督检查。

（八）行政许可中的法律责任

1. 行政许可机关及其工作人员的法律责任

(1) 行政法律责任

应当承担行政法律责任的几种违法行为包括：

①规范性文件违法设定行政许可；

②行政许可实施机关及其工作人员违反法定的程序实施行政许可；

③行政许可实施机关违反法定条件实施行政许可的行为；

④行政许可实施机关实施行政许可擅自收费或者不按照法定项目和标准收费的行为；行政许可实施机关及其工作人员截留、挪用、私分或者变相私分实施行政许可依法收取的费用的行为；

⑤行政机关不依法履行监督职责或者监督不力的行为；

⑥行政机关工作人员办理行政许可、实施监督检查时，索取或者收受他人财物或者谋取其他利益的行为。

(2) 刑事法律责任

行政机关工作人员办理行政许可、实施监督检查时，索取、收受他人财物或者谋取其他利益，情节严重构成犯罪的，或者实施行政许可滥用职权、玩忽职守构成犯罪的，或者截留、挪用、私分或者变相私分实施行政许可依法收取的费用构成犯罪的，应当依法给予刑事处罚。

2. *行政许可申请人及被许可人的法律责任*

行政许可申请人及被许可人的法律责任分为两个幅度，程度较轻者予以行政处罚或者限制申请资格，较重者予以刑事处罚。其中，行政处罚是原则，限制申请资格和刑罚是例外。

(1) 行政法律责任

行政法律责任包括两种：

◆ 行政处罚；

◆ 限制申请人申请资格。

(2) 刑事法律责任

被许可人违法从事行政许可活动，情节严重构成犯罪的，依法追究其刑事责任。

二、行政处罚

(一) 行政处罚的概念、特征及其与相关概念的区别

行政处罚是指行政机关或其他行政主体依法定职权和程序对违反行政法规尚未构成犯罪的相对人给予行政制裁的具体行政行为。

行政处罚具有以下特征：

(1) 行政处罚是以对违法行为人的惩戒为目的，而不是以实现义务为目的。

(2) 行政处罚的适用主体是行政机关或法律、法规授权的组织。

(3) 行政处罚的适用对象是作为行政相对方的公民、法人或其他组织，属于外部行政行为。

(二) 行政处罚的原则

行政处罚的原则有以下几项：

(1) 处罚法定原则；
(2) 处罚公正、公开原则；
(3) 处罚与违法行为相适应的原则；
(4) 处罚与教育相结合的原则；
(5) 不免除民事责任、不取代刑事责任原则；
(6) 救济原则；
(7) 处罚追究实效原则。

（三）行政处罚的种类

行政处罚的种类，主要是指行政处罚机关对违法行为的具体惩戒制裁手段。

根据《行政处罚法》和其他法律、法规的规定，我国的行政处罚可以分为以下几种。

(1) 人身罚

人身罚也称自由罚，是指特定行政主体限制和剥夺违法行为人的人身自由的行政处罚。这是最严厉的行政处罚。人身罚主要是指行政拘留和劳动教养。

(2) 行为罚

行为罚又称能力罚，是指行政主体限制或剥夺违法行为人特定的行为能力的制裁形式。它是仅次于人身罚的一种较为严厉的行政处罚措施。

(3) 财产罚

财产罚是指行政主体依法对违法行为人给予的剥夺财产权的处罚形式。它是运用最广泛的一种行政处罚。

(4) 申诫罚

申诫罚又称精神罚、声誉罚，是指行政主体对违反行政法律规范的公民、法人或其他组织的谴责和警戒。它是对违法者的名誉、荣誉、信誉或精神上的利益造成一定损害的处罚方式。

（四）行政处罚的主体

行政处罚必须由享有法定权限的行政机关或法律、法规授权的组织实施。

在我国，只有法律、法规规定享有行政处罚权的行政机关和法律、法规授权行使行政处罚权的组织才是行政处罚的主体。限制人身自由的行政处罚权只能由公安机关行使。

在行政处罚实践中，受享有行政处罚权的行政机关委托的组织也可以行使某些行政处罚权，但他们是以委托的行政机关的名义进行活动，其行为后果也由委托的行政机关承担。因此，受委托的组织不能成为行政处罚的主体。

（五）行政处罚的适用条件

行政处罚适用是指行政主体在认定相对方行为违法的基础上，依法决定对相对方是否给予行政处罚和如何科以处罚的活动。

行政处罚的适用必须具备以下条件：

(1) 行政处罚适用的前提是公民、法人或其他组织的行政违法行为客观存在。

(2) 行政处罚适用的主体是享有法定的行政处罚权的行政机关或法律法规授权的组织或行政机关委托的组织。

(3) 行政处罚适用的对象是违反行政管理秩序的行政违法者,且具有一定的责任能力。

(4) 行政处罚适用的时效条件,是指对行为人实施行政处罚,还需其违法行为未超过追究时效。

(六) 行政处罚的程序

行政处罚是对违法行为人的权利和利益的限制甚至剥夺,是一种较严厉的制裁行为,因此,行政处罚的适用必须遵守严格的程序。

1. 简易程序

行政处罚的简易程序又称当场处罚程序,指行政处罚主体对于事实清楚、情节简单、后果轻微的行政违法行为,当场作出行政处罚决定的程序。

(1) 适用简易程序的行政处罚必须符合以下条件:

◆ 违法事实确凿;

◆ 对该违法行为处以行政处罚有明确、具体的法定依据;

◆ 处罚较为轻微,即对个人处以 50 元以下的罚款或者警告,对组织处以 1000 元以下的罚款或者警告。

(2) 行政执法人员当场作出行政处罚决定的,应遵守以下程序:

◆ 出示执法证件,表明执法人员身份;

◆ 告知作出行政处罚决定的事实、理由和根据;

◆ 听取当事人的陈述和申辩;

◆ 填写预定格式、编有号码的行政处罚决定书;

◆ 将行政处罚决定书当场交付当事人。

2. 一般程序

一般程序是行政机关进行行政处罚的基本程序。

一般程序适用于处罚较重或情节复杂的案件,以及当事人对执法人员给予当场处罚的事实认定有分歧而无法作出行政处罚决定的案件。

一般程序的具体内容有:

(1) 调查取证;

(2) 告知处罚事实、理由、依据和有关权利;

(3) 听取陈述、申辩或者举行听证会;

(4) 作出行政处罚决定;

(5) 作出行政处罚决定书。

根据《行政处罚法》的规定,行政机关作出责令停产停业、吊销许可证或者执照、较大数额罚款等行政处罚决定之前,应当告知当事人有要求举行听证的权利。当事人要求听证的,行政机关应当组织听证。

3. 紧急状态下的行政处罚听证程序

紧急状态之下,出于公共利益的需要及效率的考虑,行政机关在作出正常状态下应举行听证的三类行政处罚决定(责令停产停业、吊销许可证或者执照、较大数额罚款)之前,是否可以不经相应的听证程序就作出处罚决定,应当由法律预先规定,授权行政机关根据紧急状态的程度并遵循比例原则予以确定,在强调保障公共目的实现的同时,应兼顾公民基本权利的保护。处于高度紧急状态中的地区,行政权力作为紧急权力的主要承担者其表现形式应为行政强制;而处于低度紧急状态中的地区,行政机关在进行行政处罚时,应遵循行政程序,在涉及需要听证的行政处罚时,必须进行听证。

(七)行政处罚的执行

行政处罚的执行应当遵守下列原则:
(1)当事人自觉履行原则;
(2)行政复议和行政诉讼期间,行政处罚决定不停止执行原则;
(3)决定罚款与收缴罚款相分离原则。

当事人逾期不履行行政处罚决定的,作出行政处罚决定的行政机关可以采取加处罚款、拍卖查封或扣押的财物、划拨冻结的存款、申请人民法院执行等措施。

三、行政复议

(一)概念

行政复议是指公民、法人或者其他组织不服行政主体作出的具体行政行为,认为行政主体的具体行政行为侵犯了其合法权益,依法向法定的行政复议机关提出复议申请,行政复议机关依法对该具体行政行为进行合法性、适当性审查,并作出行政复议决定的行政行为。它是公民、法人或其他组织通过行政救济途径解决行政争议的一种方法。

(二)行政复议不受理的事项

◆ 不服行政机关作出的行政处分或者其他人事处理决定的;
◆ 不服行政机关对民事纠纷作出的调解或其他处理的。

(三)复议申请人的权利与义务

1. 复议申请人的权利

(1)申请复议权;
(2)委托权,指在行政复议中,复议申请人可以书面委托行政复议代理人代为参加复议;
(3)申请回避权;

(4) 撤回复议申请权；

(5) 申请执行权，指对已发生法律效力的复议决定，复议申请人有依法申请执行的权利。

(6) 诉权，指复议申请人对复议决定不服的，可在法定时限内依法向人民法院提起行政诉讼。

(7) 法律、法规规定的其他权利。

2. 复议申请人的义务

(1) 在复议过程中，复议申请人应自觉遵守复议纪律，维护复议秩序，听从复议机关依法作出的安排；

(2) 复议申请人应自觉履行已生效的复议决定；

(3) 法律、法规所规定的其他义务；

四、行政诉讼

（一）行政诉讼的概念和特征

行政诉讼是解决行政争议的重要法律制度。所谓行政争议，是指行政机关和法律法规授权的组织因行使行政职权而与另一方发生的争议。行政争议有内部行政争议和外部行政争议之分。行政诉讼与行政复议是我国解决外部行政争议的两种主要法律制度。

我国的行政诉讼具有如下特征：

(1) 行政案件由人民法院受理和审理。

(2) 人民法院审理的行政案件只限于就行政机关作出的具体行政行为的合法性发生的争议。

(3) 行政复议不是行政诉讼的前置阶段或必经程序。

(4) 行政案件的审理方式原则上为开庭审理。

（二）行政诉讼案件的构成要件

在我国，行政诉讼案件的构成应当具备以下5个要件：

(1) 原告是认为行政机关及法律、法规授权组织作出的具体行政行为侵犯其合法权益的公民、法人或者其他组织。行使行政职权的行政机关或者法律法规授权的组织不能充当原告。

(2) 被告是作出被原告认为侵犯其合法权益的具体行政行为的行政机关及法律、法规授权组织。

(3) 原告提起行政诉讼必须是针对法律、法规规定属于法院受案范围内及属于受诉法院管辖的行政争议。

(4) 原告必须在法定期限内起诉。

(5) 法律、法规规定起诉前必须经过行政复议的，已进行了行政复议；自行选择行政复议的，复议机关已作出复议决定或者逾期未作出复议决定。

（三）行政诉讼的基本原则

行政诉讼法基本原则是指行政诉讼法规定的，贯穿于行政诉讼的主要过程，对行政诉讼活动起支配作用的基本行为准则。

行政诉讼法基本原则对行政诉讼活动有拘束力。无论是人民法院还是诉讼当事人、其他诉讼参与人都要遵循。

行政诉讼法基本原则主要包括以下具体原则：

（1）人民法院依法独立行使审判权原则；
（2）以事实为根据、以法律为准绳原则；
（3）具体行政行为合法性审查原则；
（4）当事人地位平等原则；
（5）民族语言文字原则；
（6）当事人有权辩论原则；
（7）合议、回避、公开审判及两审终审制；
（8）人民检察院实行法律监督原则。

（四）行政诉讼管辖

行政诉讼管辖分为级别管辖、地域管辖和裁定管辖三类。

1. 级别管辖

级别管辖是划分上下级人民法院之间受理第一审行政案件的分工和权限。

基层人民法院是我国审判机关的最基层单位，除法律另有特殊规定外，一般行政案件都由基层人民法院管辖。

中级人民法院管辖的第一审行政案件为：

（1）确认发明专利权的案件、海关处理的案件；
（2）对国务院各部门或者省（自治区、直辖市）政府所作的具体行政行为提起诉讼的案件；
（3）本辖区内重大、复杂的案件。

高级人民法院管辖本辖区内重大、复杂的第一审行政案件。

最高人民法院管辖全国范围内重大、复杂的第一审行政案件。

2. 地域管辖

地域管辖是确定同级人民法院之间受理第一审行政案件的分工和权限。我国《行政诉讼法》规定的地域管辖，包括一般地域管辖、特殊地域管辖、专属地域管辖、共同地域管辖。

3. 裁定管辖

裁定管辖是指人民法院遇到某些特殊情况，依照《行政诉讼法》的有关规定，以移送、指定等行为确定的管辖，具体包括移送管辖、指定管辖和管辖权的转移。移送管辖是指人民法院决定受理行政案件后，发现本案不归自己管辖，就应当移送有管辖权的人民法院。指定管辖，是指上级人民法院以裁定的方式，将某一案件指定下级人民法院管辖。

（五）行政诉讼的性质

行政诉讼是一种司法审查制度，在行政法制监督体系中，行政诉讼是一项不可缺少的事后法制监督制度。

行政诉讼是一种行政救济法律制度，是在监督行政机关依法行政的同时保护行政相对人的合法权益，在相对人合法权益受到或者可能受到具体行政行为的侵犯时，为相对人提供及时有效的救济。

行政诉讼是国家诉讼制度的一部分，是解决行政机关和相对人行政纠纷的一种诉讼制度，与民事诉讼、刑事诉讼一样，是构成我国完整的诉讼制度的一个组成部分。

（六）行政诉讼的功能

◆ 平衡功能

立法虽然力图公平分配行政机关与相对一方的权利和义务，但是不能保证行政机关执法活动完全符合法律，故设立行政诉讼制度对行政权予以制约以达到平衡。

◆ 人权保障功能

行政诉讼通过多种途径实现人权保障功能。

◆ 提供社会公正功能

行政诉讼提供的社会公正功能是通过行政诉讼程序本身公正和法院判决公正来实现的。

五、国家赔偿

国家赔偿，又称国家侵权损害赔偿，是对国家机关及其工作人员违法行使职权的行为造成的损害承担赔偿责任。我国于1994年5月12日第八届全国人民代表大会通过《中华人民共和国国家赔偿法》（于2012年修正），该法第二条规定："国家机关和国家机关工作人员行使职权，有本法规定的侵犯公民、法人和其他组织合法权益的情形，造成损害的，受害人有依照本法取得国家赔偿的权利。"

我国的《国家赔偿法》规定了行政赔偿和刑事赔偿两种国家赔偿。

（一）行政赔偿

行政赔偿是指行政机关及其工作人员违法行使行政职权，侵犯公民、法人和其他组织的合法权益造成损害的，由国家承担赔偿责任。行政赔偿是国家赔偿的主要组成部分。

1. 赔偿范围

《国家赔偿法》第三条、第四条规定了行政赔偿的范围：

(1) 违法拘留或者违法采取限制公民人身自由的行政强制措施的；

(2) 非法拘禁或者以其他方法非法剥夺公民人身自由的；

(3) 以殴打、虐待等行为或者唆使、放纵他人以殴打、虐待等行为造成公民身体伤害或者死亡的；

(4) 违法使用武器、警械造成公民身体伤害或者死亡的；

(5) 造成公民身体伤害或者死亡的其他违法行为；

(6) 违法实施罚款、吊销许可证和执照、责令停产停业、没收财物等行政处罚的；

(7) 违法对财产采取查封、扣押、冻结等行政强制措施的；

(8) 违法征收、征用财产的；

(9) 造成财产损害的其他违法行为。

《国家赔偿法》第五条同时规定了国家不承担行政赔偿责任的情形：

(1) 行政机关工作人员与行使职权无关的个人行为；

(2) 因公民、法人和其他组织自己的行为致使损害发生的；

(3) 法律规定的其他情形。

2. 赔偿义务机关

根据《国家赔偿法》，赔偿义务机关的确定分以下情形：

(1) 行政机关及其工作人员行使职权侵犯公民、法人和其他组织的合法权益造成损害的，该行政机关为赔偿义务机关。

(2) 两个以上行政机关共同行使职权时侵犯公民、法人和其他组织的合法权益造成损害的，共同行使行政职权的行政机关为共同赔偿义务机关。

(3) 法律、法规授权的组织在行使授予的行政权力时侵犯公民、法人和其他组织的合法权益造成损害的，被授权的组织为赔偿义务机关。

(4) 受行政机关委托的组织或个人在行使受委托的行政权力时侵犯公民、法人和其他组织的合法权益造成损害的，委托的行政机关为赔偿义务机关。

(5) 赔偿义务机关被撤销的，继续行使其职权的行政机关为赔偿义务机关；没有继续行使其职权的行政机关的，撤销该赔偿义务机关的行政机关为赔偿义务机关。

(6) 经复议机关复议的，最初造成侵权行为的行政机关为赔偿义务机关，但复议机关的复议决定加重损害的，复议机关对加重的部分履行赔偿义务。

行政赔偿请求人应当先向赔偿义务机关提出赔偿要求，也可以在申请行政赔偿复议和提起行政诉讼时一并提出，但不得不经赔偿义务机关处理而直接提起诉讼。

(二) 刑事赔偿

刑事赔偿是指司法机关错拘、错捕、错判而引起的国家赔偿。

1. 赔偿范围

《国家赔偿法》第十七条、第十八条规定了刑事赔偿的范围：

(1) 违反刑事诉讼法的规定对公民采取拘留措施的，或者依照刑事诉讼法规定的条件和程序对公民采取拘留措施，但是拘留时间超过刑事诉讼法规定的时限，其后决定撤销案件、不起诉或者判决宣告无罪终止追究刑事责任的；

（2）对公民采取逮捕措施后，决定撤销案件、不起诉或者判决宣告无罪终止追究刑事责任的；

（3）依照审判监督程序再审改判无罪，原判刑罚已经执行的；

（4）刑讯逼供或者以殴打、虐待等行为或者唆使、放纵他人以殴打、虐待等行为造成公民身体伤害或者死亡的；

（5）违法使用武器、警械造成公民身体伤害或者死亡的；

（6）违法对财产采取查封、扣押、冻结、追缴等措施的；

（7）依照审判监督程序再审改判无罪，原判罚金、没收财产已经执行的。

《国家赔偿法》第十九条同时规定了国家不承担刑事赔偿责任的几种情况：

（1）因公民自己故意作虚伪供述，或者伪造其他有罪证据被羁押或者被判处刑罚的；

（2）依照刑法第十七条、第十八条规定不负刑事责任的人被羁押的；

（3）依照刑事诉讼法第十五条、第一百七十三条第二款、第二百七十三条第二款、第二百七十九条规定不追究刑事责任的人被羁押的；

（4）行使侦查、检察、审判职权的机关以及看守所、监狱管理机关的工作人员与行使职权无关的个人行为；

（5）因公民自伤、自残等故意行为致使损害发生的；

（6）法律规定的其他情形。

2. 赔偿义务机关

根据《国家赔偿法》赔偿义务机关的确定分以下几种情形：

（1）行使国家侦查、检察、审判、监狱管理职权的机关及其工作人员在行使职权时侵犯公民、法人和其他组织的合法权益造成损害的，该机关为赔偿义务机关。

（2）对没有犯罪事实或者没有事实证明有犯罪重大嫌疑的人错误拘留的，作出拘留决定的机关为赔偿义务机关。

（3）对没有犯罪事实的人错误逮捕的，作出逮捕决定的机关为赔偿义务机关。

（4）再审改判无罪的，作出原生效判决的人民法院为赔偿义务机关。二审改判无罪的，作出一审判决的人民法院和作出逮捕决定的机关为共同赔偿义务机关。

赔偿请求人应当先向赔偿义务机关提出赔偿要求，逾期不予赔偿或赔偿请求人对赔偿数额有异议的，赔偿请求人可自期间届满之日起三十日内向其上一级机关申请复议。

中级以上人民法院设立赔偿委员会，由人民法院三至七名审判员组成。

赔偿请求人要求国家赔偿的，赔偿义务机关、复议机关和人民法院不得向赔偿请求人收取任何费用。

3. 国家赔偿以支付赔偿金为主要方式

能够返还财产或恢复原状的，予以返还财产或者恢复原状。国家赔偿的计算标准如下。

（1）侵犯公民人身自由的，每日的赔偿金按照国家上年度职工日平均工资计算。

(2) 侵犯公民生命健康权的，赔偿金按照下列规定计算：

①造成身体伤害的，应当支付医疗费，以及赔偿因误工减少的收入。减少的收入每日的赔偿金按照国家上年度职工日平均工资计算，最高额为国家上年度职工年平均工资的五倍。

②造成部分或者全部丧失劳动能力的，应当支付医疗费，以及残疾赔偿金，残疾赔偿金根据丧失劳动能力的程度确定。部分丧失劳动能力的最高额为国家上年度职工年平均工资的十倍，全部丧失劳动能力的为国家上年度职工年平均工资的二十倍；造成全部丧失劳动能力的，对其抚养的无劳动能力的人，还应当支付生活费。

③造成死亡的，应当支付死亡赔偿金、丧葬费，总额为国家上年度职工年平均工资的二十倍。对死者生前抚养的无劳动能力的人，还应当支付生活费。

4. 侵犯公民、法人和其他组织的财产权造成损害的按照下列规定处理

(1) 处罚款、罚金，追缴、没收财产或者违反国家规定征收财物、摊派费用的，返还财产。

(2) 查封、扣押、冻结财产的，解除对财产的查封、扣押、冻结，造成财产损坏或者灭失的，能恢复原状的恢复原状，不能恢复原状的，按照损害程度给付相应的赔偿金。

(3) 应当返还的财产损坏的，能够恢复原状的恢复原状，不能恢复的，按照损害程度给付相应的赔偿金。

(4) 应当返还的财产灭失的，给付相应的赔偿金；财产已经拍卖的，给付拍卖所得的价款；吊销许可证和执照、责令停产停业的，赔偿停产停业期间必要的经常性费用开支；对财产权造成其他损害的，按照直接损失给予赔偿。

5. 国家赔偿的时间要求

(1) 赔偿请求人向公安机关提出行政赔偿的，应当先向负有赔偿义务的公安机关提出，也可以在申请行政复议时一并提出。负有赔偿义务的公安机关应当在收到申请之日起2个月内依法给予赔偿。逾期不予赔偿或者赔偿请求人对赔偿数额有异议的，赔偿请求人可以自期间届满之日起3个月内向人民法院提起诉讼。

(2) 赔偿请求人向公安机关提出刑事赔偿请求的，按受理程序办理。经依法确认有刑事赔偿范围情形的，负有赔偿义务的公安机关应当在收到申请之日起2个月内给予赔偿。

(3) 公安机关受理刑事赔偿复议时，应当在收到申请之日起2个月内作出决定。对复议决定有异议，赔偿请求人可以在收到复议决定之日起30日内或者自复议期限届满之日起30日内，向复议机关所在地的同级人民法院赔偿委员会申请作出赔偿决定。

(4) 赔偿请求人请求国家赔偿的时效为两年，自其知道或者应当知道国家机关及其工作人员行使职权时的行为侵犯其人身权、财产权之日起计算，但被羁押等限制人身自由期间不计算在内。

第三节　安全生产行政执法

一、安全生产许可

为了严格规范安全生产条件，进一步加强安全生产监督管理，防止和减少生产安全事故，根据《中华人民共和国安全生产法》的有关规定，制定了《安全生产许可证条例》。安全生产许可证是企业进行生产建筑等必须具备的一个证件，是一种资格的象征，而且是和资质联系在一块的，办理资质许可证，需要有安全生产许可证方可领取。

《安全生产许可证条例》已在 2004 年 1 月 7 日由国务院第 34 次常务会议通过，自 2004 年 1 月 13 日起施行。

（一）适用范围

国家对矿山企业、建筑施工企业和危险化学品、烟花爆竹、民用爆炸物品生产企业（以下统称企业）实行安全生产许可制度。企业未取得安全生产许可证的，不得从事生产活动。

（二）安全生产许可证的颁发和管理

国务院安全生产监督管理部门负责中央管理的非煤矿矿山企业和危险化学品、烟花爆竹生产企业安全生产许可证的颁发和管理。

省、自治区、直辖市人民政府安全生产监督管理部门负责上述规定以外的非煤矿矿山企业和危险化学品、烟花爆竹生产企业安全生产许可证的颁发和管理，并接受国务院安全生产监督管理部门的指导和监督。

国家煤矿安全监察机构负责中央管理的煤矿企业安全生产许可证的颁发和管理。

在省、自治区、直辖市设立的煤矿安全监察机构负责上述规定以外的其他煤矿企业安全生产许可证的颁发和管理，并接受国家煤矿安全监察机构的指导和监督。

国务院建设主管部门负责中央管理的建筑施工企业安全生产许可证的颁发和管理。

省、自治区、直辖市人民政府建设主管部门负责上述规定以外的建筑施工企业安全生产许可证的颁发和管理，并接受国务院建设主管部门的指导和监督。

省、自治区、直辖市人民政府民用爆炸物品行业主管部门负责民用爆炸物品生产企业安全生产许可证的颁发和管理，并接受国务院民用爆炸物品行业主管部门的指导和监督。

（三）企业取得安全生产许可证，应当具备的安全生产条件

(1) 建立、健全安全生产责任制，制定完备的安全生产规章制度和操作规程；
(2) 安全投入符合安全生产要求；
(3) 设置安全生产管理机构，配备专职安全生产管理人员；
(4) 主要负责人和安全生产管理人员经考核合格；
(5) 特种作业人员经有关业务主管部门考核合格，取得特种作业操作资格证书；
(6) 从业人员经安全生产教育和培训合格；

(7) 依法参加工伤保险，为从业人员缴纳保险费；

(8) 厂房、作业场所和安全设施、设备、工艺符合有关安全生产法律、法规、标准和规程的要求；

(9) 有职业危害防治措施，并为从业人员配备符合国家标准或者行业标准的劳动防护用品；

(10) 依法进行安全评价；

(11) 有重大危险源检测、评估、监控措施和应急预案；

(12) 有生产安全事故应急救援预案、应急救援组织或者应急救援人员，配备必要的应急救援器材、设备；

(13) 法律、法规规定的其他条件。

（四）安全生产许可证的有效期

安全生产许可证的有效期为3年。安全生产许可证有效期满需要延期的，企业应当于期满前3个月向原安全生产许可证颁发管理机关办理延期手续。

企业在安全生产许可证有效期内，严格遵守有关安全生产的法律法规，未发生死亡事故的，安全生产许可证有效期届满时，经原安全生产许可证颁发管理机关同意，不再审查，安全生产许可证有效期延期3年。

安全生产许可证颁发管理机关应当建立、健全安全生产许可证档案管理制度，并定期向社会公布企业取得安全生产许可证的情况。

煤矿企业安全生产许可证颁发管理机关、建筑施工企业安全生产许可证颁发管理机关、民用爆破器材生产企业安全生产许可证颁发管理机关，应当每年向同级安全生产监督管理部门通报其安全生产许可证颁发和管理情况。

（五）处罚

(1) 安全生产许可证颁发管理机关工作人员有下列行为之一的，给予降级或者撤职的行政处分；构成犯罪的，依法追究刑事责任：

①向不符合本条例（指《安全生产许可证条例》，后同）规定的安全生产条件的企业颁发安全生产许可证的；

②发现企业未依法取得安全生产许可证擅自从事生产活动，不依法处理的；

③发现取得安全生产许可证的企业不再具备本条例规定的安全生产条件，不依法处理的；

④接到对违反本条例规定行为的举报后，不及时处理的；

⑤在安全生产许可证颁发、管理和监督检查工作中，索取或者接受企业的财物，或者谋取其他利益的。

(2) 违反本条例规定，未取得安全生产许可证擅自进行生产的，责令停止生产，没收违法所得，并处10万元以上50万元以下的罚款；造成重大事故或者其他严重后果，构成犯罪的，依法追究刑事责任。

(3) 违反本条例规定，安全生产许可证有效期满未办理延期手续，继续进行生产的，责令停止生产，限期补办延期手续，没收违法所得，并处5万元以上10万元以下的罚款；

逾期仍不办理延期手续，继续进行生产的，依照本条例第十九条的规定处罚。

（4）违反本条例规定，转让安全生产许可证的，没收违法所得，处10万元以上50万元以下的罚款，并吊销其安全生产许可证；构成犯罪的，依法追究刑事责任；接受转让的，依照本条例第十九条的规定处罚。

冒用安全生产许可证或者使用伪造的安全生产许可证的，依照本条例第十九条的规定处罚。

（5）本条例施行前已经进行生产的企业，应当自本条例施行之日起一年内，依照本条例的规定向安全生产许可证颁发管理机关申请办理安全生产许可证；逾期不办理安全生产许可证，或者经审查不符合本条例规定的安全生产条件，未取得安全生产许可证，继续进行生产的，依照本条例第十九条的规定处罚。

（6）本条例规定的行政处罚，由安全生产许可证颁发管理机关决定。

二、安全生产违法行为行政处罚

为了制裁安全生产违法行为，规范安全生产行政处罚工作，依照《行政处罚法》、《安全生产法》及其他有关法律、行政法规的规定，制定《安全生产违法行为行政处罚办法》。新修订的《安全生产违法行为行政处罚办法》（以下简称本办法）已经于2007年11月9日国家安全生产监督管理总局局长办公会议审议通过，自2008年1月1日起施行。

（一）行政处罚的种类、管辖

1. 行政处罚的种类

（1）警告；

（2）罚款；

（3）责令改正，责令限期改正，责令停止违法行为；

（4）没收违法所得，没收非法开采的煤炭产品、采掘设备；

（5）责令停产停业整顿，责令停产停业，责令停止建设，责令停止施工；

（6）暂扣或者吊销有关许可证，暂停或者撤销有关执业资格、岗位证书；

（7）关闭；

（8）拘留；

（9）安全生产法律、行政法规规定的其他行政处罚。

法律、行政法规将上述的责令改正、责令限期改正、责令停止违法行为规定为现场处理措施的除外。

2. 管辖

县级以上安全监管监察部门应当按照本办法的规定，在各自的职责范围内对安全生产违法行为行政处罚行使管辖权。

安全生产违法行为的行政处罚，由安全生产违法行为发生地的县级以上安全监管监察部门管辖。中央企业及其所属企业、有关人员的安全生产违法行为的行政处罚，由安全生产违法行为发生地的设区的市级以上安全监管监察部门管辖。

暂扣、吊销有关许可证和暂停、撤销有关执业资格、岗位证书的行政处罚，由发证机关决定。其中，暂扣有关许可证和暂停有关执业资格、岗位证书的期限一般不得超过6个月；法律、行政法规另有规定的，依照其规定。

给予关闭的行政处罚，由县级以上安全监管监察部门报请县级以上人民政府按照国务院规定的权限决定。

给予拘留的行政处罚，由县级以上安全监管监察部门建议公安机关依照治安管理处罚法的规定决定。

两个以上安全监管监察部门因行政处罚管辖权发生争议的，由其共同的上一级安全监管监察部门指定管辖。

对报告或者举报的安全生产违法行为，安全监管监察部门应当受理；发现不属于自己管辖的，应当及时移送有管辖权的部门。

受移送的安全监管监察部门对管辖权有异议的，应当报请共同的上一级安全监管监察部门指定管辖。

安全生产违法行为构成犯罪的，安全监管监察部门应当将案件移送司法机关，依法追究刑事责任；尚不够刑事处罚但依法应当给予行政处罚的，由安全监管监察部门管辖。

上级安全监管监察部门可以直接查处下级安全监管监察部门管辖的案件，也可以将自己管辖的案件交由下级安全监管监察部门管辖。

下级安全监管监察部门可以将重大、疑难案件报请上级安全监管监察部门管辖。上级安全监管监察部门有权对下级安全监管监察部门违法或者不适当的行政处罚予以纠正或者撤销。

安全监管监察部门根据需要，可以在其法定职权范围内委托符合本办法第十九条规定条件的组织或者乡镇人民政府、城市街道办事处设立的安全生产监督管理机构实施行政处罚。受委托的单位在委托范围内，以委托的安全监管监察部门名义实施行政处罚。

委托的安全监管监察部门应当监督检查受委托的单位实施行政处罚，并对其实施行政处罚的后果承担法律责任。

（二）行政处罚的程序

1. 简易程序

（1）违法事实确凿并有法定依据，对个人处以50元以下罚款、对生产经营单位处以1千元以下罚款或者警告的行政处罚的，安全生产行政执法人员可以当场作出行政处罚决定。

（2）安全生产行政执法人员当场作出行政处罚决定，应当填写预定格式、编有号码的行政处罚决定书并当场交付当事人。安全生产行政执法人员当场作出行政处罚决定后应当及时报告，并在5日内报所属安全监管监察部门备案。

2. 一般程序

(1) 立案

除依照简易程序当场作出的行政处罚外，安全监管监察部门发现生产经营单位及其有关人员有应当给予行政处罚的行为的，应当予以立案，填写立案审批表，并全面、客观、公正地进行调查，收集有关证据。对确需立即查处的安全生产违法行为，可以先行调查取证，并在5日内补办立案手续。

对已经立案的案件，由立案审批人指定两名或者两名以上安全生产行政执法人员进行调查。

(2) 回避制度

有下列情形之一的，承办案件的安全生产行政执法人员应当回避：

①本人是本案的当事人或者当事人的近亲属的；

②本人或者其近亲属与本案有利害关系的；

③与本人有其他利害关系，可能影响案件的公正处理的。

安全生产行政执法人员的回避，由派出其进行调查的安全监管监察部门的负责人决定。进行调查的安全监管监察部门负责人的回避，由该部门负责人集体讨论决定。回避决定作出之前，承办案件的安全生产行政执法人员不得擅自停止对案件的调查。

(3) 案件调查和证据的收集

进行案件调查时，安全生产行政执法人员不得少于两名。当事人或者有关人员应当如实回答安全生产行政执法人员的询问，并协助调查或者检查，不得拒绝、阻挠或者提供虚假情况。

询问或者检查应当制作笔录。笔录应当记载时间、地点、询问和检查情况，并由被询问人、被检查单位和安全生产行政执法人员签名或者盖章；被询问人、被检查单位要求补正的，应当允许。被询问人或者被检查单位拒绝签名或者盖章的，安全生产行政执法人员应当在笔录上注明原因并签名。

安全生产行政执法人员应当收集、调取与案件有关的原始凭证作为证据。调取原始凭证确有困难的，可以复制，复制件应当注明"经核对与原件无异"的字样和原始凭证存放的单位及其处所，并由出具证据的人员签名或者单位盖章。

安全生产行政执法人员在搜集证据时，可以采取抽样取证的方法；在证据可能灭失或者以后难以取得的情况下，经本单位负责人批准，可以先行登记保存，并应当在7日内作出处理决定：

①违法事实成立依法应当没收的，作出行政处罚决定，予以没收；依法应当扣留或者封存的，予以扣留或者封存。

②违法事实不成立，或者依法不应当予以没收、扣留、封存的，解除登记保存。

安全生产行政执法人员对与案件有关的物品、场所进行勘验检查时，应当通知当事人到场，制作勘验笔录，并由当事人核对无误后签名或者盖章。当事人拒绝到场的，可以邀请在场的其他人员作证，并在勘验笔录中注明；也可以采用录音、录像等方式记录有关物品、场所的情况后，再进行勘验检查。

（4）行政处罚决定

案件调查终结后，负责承办案件的安全生产行政执法人员应当填写案件处理呈批表，连同有关证据材料一并报本部门负责人审批。

安全监管监察部门负责人应当及时对案件调查结果进行审查，根据不同情况，分别作出以下决定：

①确有应受行政处罚的违法行为的，根据情节轻重及具体情况，作出行政处罚决定；

②违法行为轻微，依法可以不予行政处罚的，不予行政处罚；

③违法事实不能成立，不得给予行政处罚；

④违法行为涉嫌犯罪的，移送司法机关处理。

对严重安全生产违法行为给予责令停产停业整顿、责令停产停业、责令停止建设、责令停止施工、吊销有关许可证、撤销有关执业资格或者岗位证书、3万元以上罚款、没收违法所得、没收非法开采的煤炭产品或者采掘设备价值3万元以上的行政处罚的，应当由安全监管监察部门的负责人集体讨论决定。

安全监管监察部门依照本办法第二十八条的规定给予行政处罚，应当制作行政处罚决定书。行政处罚决定书应当载明下列事项：

①当事人的姓名或者名称、地址或者住址；

②违法事实和证据；

③行政处罚的种类和依据；

④行政处罚的履行方式和期限；

⑤不服行政处罚决定，申请行政复议或者提起行政诉讼的途径和期限；

⑥作出行政处罚决定的安全监管监察部门的名称和作出决定的日期。

行政处罚决定书必须盖有作出行政处罚决定的安全监管监察部门的印章。

行政处罚决定书应当在宣告后当场交付当事人；当事人不在场的，安全监管监察部门应当在7日内依照民事诉讼法的有关送达的规定，将行政处罚决定书送达当事人或者其他的法定受送达人。

行政处罚案件应当自立案之日起30日内办理完毕；由于客观原因不能完成的，经安全监管监察部门负责人同意，可以延长，但不得超过90日；特殊情况需进一步延长的，应当经上一级安全监管监察部门批准，可延长至180日。

3. 听证程序

安全监管监察部门作出责令停产停业整顿、责令停产停业、吊销有关许可证、撤销有关执业资格、岗位证书或者较大数额罚款的行政处罚决定之前，应当告知当事人有要求举行听证的权利；当事人要求听证的，安全监管监察部门应当组织听证，不得向当事人收取听证费用。

上述所称较大数额罚款，为省、自治区、直辖市人大常委会或者人民政府规定的数额；没有规定数额的，其数额对个人罚款为1万元以上，对生产经营单位罚款为3万元以上。当事人要求听证的,应当在安全监管监察部门依照本办法第十七条规定告知后 3 日内以书面方式提出。

当事人提出听证要求后,安全监管监察部门应当在举行听证会的 7 日前,通知当事人举行听证的时间、地点。

当事人应当按期参加听证。当事人有正当理由要求延期的,经组织听证的安全监管监察部门负责人批准可以延期 1 次;当事人未按期参加听证,并且未事先说明理由的,视为放弃听证权利。

听证参加人由听证主持人、听证员、案件调查人员、当事人及其委托代理人、书记员组成。听证主持人、听证员、书记员应当由组织听证的安全监管监察部门负责人指定的非本案调查人员担任。当事人可以委托 1 至 2 名代理人参加听证,并提交委托书。

除涉及国家秘密、商业秘密或者个人隐私外,听证应当公开举行。

(三) 行政处罚的适用

生产经营单位的决策机构、主要负责人、个人经营的投资人(包括实际控制人,下同)未依法保证下列安全生产所必需的资金投入,致使生产经营单位不具备安全生产条件的,责令限期改正,提供必需的资金,并可以对生产经营单位处 1 万元以上 3 万元以下罚款,对生产经营单位的主要负责人、个人经营的投资人处 5 千元以上 1 万元以下罚款;逾期未改正的,责令生产经营单位停产停业整顿:

(1) 未按规定缴存和使用安全生产风险抵押金的;
(2) 未按规定足额提取和使用安全生产费用的;
(3) 国家规定的其他安全生产所必需的资金投入。

生产经营单位主要负责人、个人经营的投资人有前款违法行为,导致发生生产安全事故的,依照《生产安全事故报告和调查处理条例》的规定给予处罚。

生产经营单位的主要负责人未依法履行安全生产管理职责,导致生产安全事故发生的,依照《生产安全事故报告和调查处理条例》的规定给予处罚。

生产经营单位及其主要负责人或者其他人员有下列行为之一的,给予警告,并可以对生产经营单位处 1 万元以上 3 万元以下罚款,对其主要负责人、其他有关人员处 1 千元以上 1 万元以下的罚款:

(1) 违反操作规程或者安全管理规定作业的;
(2) 违章指挥从业人员或者强令从业人员违章、冒险作业的;
(3) 发现从业人员违章作业不加制止的;
(4) 超过核定的生产能力、强度或者定员进行生产的;
(5) 对被查封或者扣押的设施、设备、器材,擅自启封或者使用的;
(6) 故意提供虚假情况或者隐瞒存在的事故隐患以及其他安全问题的;
(7) 对事故预兆或者已发现的事故隐患不及时采取措施的;
(8) 拒绝、阻碍安全生产行政执法人员监督检查的;

(9) 拒绝、阻碍安全监管监察部门聘请的专家进行现场检查的；

(10) 拒不执行安全监管监察部门及其行政执法人员的安全监管监察指令的。

危险物品的生产、经营、储存单位以及矿山企业、建筑施工单位有下列行为之一的，责令改正，并可以处 1 万元以上 3 万元以下的罚款：

(1) 未建立应急救援组织或者未按规定签订救护协议的；

(2) 未配备必要的应急救援器材、设备，并进行经常性维护、保养，保证正常运转的。

生产经营单位与从业人员订立协议，免除或者减轻其对从业人员因生产安全事故伤亡依法应承担的责任的，该协议无效；对生产经营单位的主要负责人、个人经营的投资人按照下列规定处以罚款：

(1) 在协议中减轻因生产安全事故伤亡对从业人员依法应承担的责任的，处 2 万元以上 5 万元以下的罚款；

(2) 在协议中免除因生产安全事故伤亡对从业人员依法应承担的责任的，处 5 万元以上 10 万元以下的罚款。

生产经营单位不具备法律、行政法规和国家标准、行业标准规定的安全生产条件，经责令停产停业整顿仍不具备安全生产条件的，安全监管监察部门应当提请有管辖权的人民政府予以关闭；人民政府决定关闭的，安全监管监察部门应当依法吊销其有关许可证。

生产经营单位转让安全生产许可证的，没收违法所得，吊销安全生产许可证，并按照下列规定处以罚款：

(1) 接受转让的单位和个人未发生生产安全事故的，处 10 万元以上 30 万元以下的罚款；

(2) 接受转让的单位和个人发生生产安全事故但没有造成人员死亡的，处 30 万元以上 40 万元以下的罚款；

(3) 接受转让的单位和个人发生人员死亡生产安全事故的，处 40 万元以上 50 万元以下的罚款。

知道或者应当知道生产经营单位未取得安全生产许可证或者其他批准文件擅自从事生产经营活动，仍为其提供生产经营场所、运输、保管、仓储等条件的，责令立即停止违法行为，有违法所得的，没收违法所得，并处违法所得 1 倍以上 3 倍以下的罚款，但是最高不得超过 3 万元；没有违法所得的，并处 5 千元以上 1 万元以下的罚款。

生产经营单位及其有关人员弄虚作假，骗取或者勾结、串通行政审批工作人员取得安全生产许可证书及其他批准文件的，撤销许可及批准文件，并按照下列规定处以罚款：

(1) 生产经营单位有违法所得的，没收违法所得，并处违法所得 1 倍以上 3 倍以下的罚款，但是最高不得超过 3 万元；没有违法所得的，并处 5 千元以上 1 万元以下的罚款；

(2) 对有关人员处 1 千元以上 1 万元以下的罚款。

有上述规定违法行为的生产经营单位及其有关人员在 3 年内不得再次申请该行政许可。

生产经营单位及其有关人员未依法办理安全生产许可证书变更手续的，责令限期改正，并对生产经营单位处 1 万元以上 3 万元以下的罚款，对有关人员处 1 千元以上 5 千元以下的罚款。

未取得相应资格、资质证书的机构及其有关人员从事安全评价、认证、检测、检验工作，责令停止违法行为，并按照下列规定处以罚款：

（1）机构有违法所得的，没收违法所得，并处违法所得 1 倍以上 3 倍以下的罚款，但是最高不得超过 3 万元；没有违法所得的，并处 5 千元以上 1 万元以下的罚款；

（2）有关人员处 5 千元以上 1 万元以下的罚款。

生产经营单位及其有关人员触犯不同的法律规定，有两个以上应当给予行政处罚的安全生产违法行为的，安全监管监察部门应当适用不同的法律规定，分别裁量，合并处罚。

对同一生产经营单位及其有关人员的同一安全生产违法行为，不得给予两次以上罚款的行政处罚。

生产经营单位及其有关人员有下列情形之一的，应当从重处罚：

（1）危及公共安全或者其他生产经营单位安全的，经责令限期改正，逾期未改正的；

（2）一年内因同一违法行为受到两次以上行政处罚的；

（3）拒不整改或者整改不力，其违法行为呈持续状态的；

（4）拒绝、阻碍或者以暴力威胁行政执法人员的。

生产经营单位及其有关人员有下列情形之一的，应当从轻或者减轻行政处罚：

（1）主动消除或者减轻安全生产违法行为危害后果的；

（2）受他人胁迫实施安全生产违法行为的；

（3）配合安全监管监察部门查处安全生产违法行为有立功表现的；

（4）其他依法应予从轻或者减轻行政处罚的。

安全生产违法行为轻微并及时纠正，没有造成危害后果的，不予行政处罚。

（四）行政处罚的执行和备案

安全监管监察部门实施行政处罚时，应当同时责令生产经营单位及其有关人员停止、改正或者限期改正违法行为。

本办法所称的违法所得，按照下列规定计算：

（1）生产、加工产品的，以生产、加工产品的销售收入作为违法所得；

（2）销售商品的，以销售收入作为违法所得；

（3）提供安全生产中介、租赁等服务的，以服务收入或者报酬作为违法所得；

（4）销售收入无法计算的，按当地同类同等规模的生产经营单位的平均销售收入计算；

（5）服务收入、报酬无法计算的，按照当地同行业同种服务的平均收入或者报酬计算。

行政处罚决定依法作出后，当事人应当在行政处罚决定的期限内，予以履行；当事人逾期不履行的，作出行政处罚决定的安全监管监察部门可以采取下列措施：

（1）到期不缴纳罚款的，每日按罚款数额的3％加处罚款；

（2）根据法律规定，将查封、扣押的设施、设备、器材拍卖所得价款抵缴罚款；

（3）申请人民法院强制执行。

当事人对行政处罚决定不服申请行政复议或者提起行政诉讼的，行政处罚不停止执行，法律另有规定的除外。

安全生产行政执法人员当场收缴罚款的，应当出具省、自治区、直辖市财政部门统一制发的罚款收据；当场收缴的罚款，应当自收缴罚款之日起2日内，交至所属安全监管监察部门；安全监管监察部门应当在2日内将罚款缴付指定的银行。

除依法应当予以销毁的物品外，需要将查封、扣押的设施、设备、器材拍卖抵缴罚款的，依照法律或者国家有关规定处理。销毁物品，依照国家有关规定处理；没有规定的，经县级以上安全监管监察部门负责人批准，由两名以上安全生产行政执法人员监督销毁，并制作销毁记录。处理物品，应当制作清单。

罚款、没收违法所得的款项和没收非法开采的煤炭产品、采掘设备，必须按照有关规定上缴，任何单位和个人不得截留、私分或者变相私分。

县级安全生产监督管理部门处以2万元以上罚款、没收违法所得、没收非法生产的煤炭产品或者采掘设备价值2万元以上、责令停产停业、停止建设、停止施工、停产停业整顿、撤销有关资格、岗位证书或者吊销有关许可证的行政处罚的，应当自作出行政处罚决定之日起10日内报设区的市级安全生产监督管理部门备案。

设区的市级安全生产监督管理部门、煤矿安全监察分局处以5万元以上罚款、没收违法所得、没收非法生产的煤炭产品或者采掘设备价值5万元以上、责令停产停业、停止建设、停止施工、停产停业整顿、撤销有关资格、岗位证书或者吊销有关许可证的行政处罚的，应当自作出行政处罚决定之日起10日内报省级安全监管监察部门备案。

省级安全监管监察部门处以10万元以上罚款、没收违法所得、没收非法生产的煤炭产品或者采掘设备价值10万元以上、责令停产停业、停止建设、停止施工、停产停业整顿、撤销有关资格、岗位证书或者吊销有关许可证的行政处罚的，应当自作出行政处罚决定之日起10日内报国家安全生产监督管理总局或者国家煤矿安全监察局备案。

对上级安全监管监察部门交办案件给予行政处罚的，由决定行政处罚的安全监管监察部门自作出行政处罚决定之日起10日内报上级安全监管监察部门备案。

行政处罚执行完毕后，案件材料应当按照有关规定立卷归档。案卷立案归档后，任何单位和个人不得擅自增加、抽取、涂改和销毁案卷材料。未经安全监管监察部门负责人批准，任何单位和个人不得借阅案卷。

三、《安全生产行政复议规定》

为了规范安全生产行政复议工作，解决行政争议，根据《中华人民共和国行政复议法》和《中华人民共和国行政复议法实施条例》，制定本规定。公民、法人或者其他组织认为安全生产监督管理部门、煤矿安全监察机构（以下统称安全监管监察部门）的具体行政行为侵犯其合法权益，向安全生产行政复议机关申请行政复议，安全生产行政复议机关受理行政复议申请，作出行政复议决定，适用本规定。

依法履行行政复议职责的安全监管监察部门是安全生产行政复议机关。安全生产行政复议机关负责法制工作的机构是本机关的行政复议机构（以下简称安全生产行政复议机构）。

安全生产行政复议机关应当领导、支持本机关行政复议机构依法办理行政复议事项，并依照有关规定充实、配备专职行政复议人员，保证行政复议机构的办案能力与工作任务相适应。

（一）行政复议的范围与管辖

公民、法人或者其他组织对安全监管监察部门作出的下列具体行政行为不服，可以申请行政复议：

(1) 行政处罚决定；
(2) 行政强制措施；
(3) 行政许可的变更、中止、撤销、撤回等决定；
(4) 认为符合法定条件，申请安全监管监察部门办理许可证、资格证等行政许可手续，安全监管监察部门没有依法办理的；
(5) 认为安全监管监察部门违法收费或者违法要求履行义务的；
(6) 认为安全监管监察部门其他具体行政行为侵犯其合法权益的。

安全监管监察部门作出的下列行政行为，不属于安全生产行政复议范围：

(1) 生产安全事故调查报告；
(2) 不具有强制力的行政指导行为和信访答复行为；
(3) 生产安全事故隐患认定；
(4) 公告信息发布；
(5) 法律、行政法规规定的非具体行政行为。

对县级以上地方人民政府安全生产监督管理部门作出的具体行政行为不服的，可以向上一级安全生产监督管理部门申请行政复议，也可以向同级人民政府申请行政复议。已向同级人民政府提出行政复议申请，且同级人民政府已经受理的，上一级安全生产监督管理部门不再受理。

对国家安全生产监督管理总局作出的具体行政行为不服的，向国家安全生产监督管理总局申请行政复议。

对煤矿安全监察分局作出的具体行政行为不服的，向该分局所隶属的省级煤矿安全监察局申请行政复议。对省级煤矿安全监察机构作出的具体行政行为不服的，向国家安全生产监督管理总局申请行政复议。对国家煤矿安全监察局作出的具体行政行为不服的，向国家煤矿安全监察局申请行政复议。

安全监管监察部门设立的派出机构、内设机构或者其他组织，未经法律、行政法规授权，对外以自己名义作出具体行政行为的，该安全监管监察部门为被申请人。

对安全监管监察部门与有关部门共同作出的具体行政行为不服的，可以向其共同的上一级行政机关申请行政复议。共同作出具体行政行为的安全监管监察部门与有关部门为共同被申请人。

对国家安全生产监督管理总局与国务院其他部门共同作出的具体行政行为不服的，可以向国家安全生产监督管理总局或者共同作出具体行政行为的其他任何一个部门提起行政复议申请，由作出具体行政行为的部门共同作出行政复议决定。

下级安全监管监察部门依照法律、行政法规、规章规定，经上级安全监管监察部门批准作出具体行政行为的，批准机关为被申请人。

（二）行政复议的申请与受理

安全监管监察部门作出具体行政行为，依法应当向有关公民、法人或者其他组织送达法律文书而未送达的，视为该公民、法人或者其他组织不知道该具体行政行为。

安全监管监察部门作出的具体行政行为对公民、法人或者其他组织的权利、义务可能产生不利影响的，应当告知其申请行政复议的权利、行政复议机关和行政复议申请期限。

安全生产行政复议机构应当自收到行政复议申请之日起 3 日内对复议申请是否符合下列条件进行初步审查：

（1）有明确的申请人和被申请人；
（2）申请人与具体行政行为有利害关系；
（3）有具体的行政复议请求和事实依据；
（4）在法定申请期限内提出；
（5）属于本规定第五条规定的行政复议范围；
（6）属于收到行政复议申请的行政复议机关的职责范围；
（7）其他行政复议机关尚未受理同一行政复议申请，人民法院尚未受理同一主体就同一事实提起的行政诉讼。

行政复议申请错列被申请人的，安全生产行政复议机构应当告知申请人变更被申请人。

行政复议申请材料不齐全或者表述不清楚的，安全生产行政复议机构可以自收到该行政复议申请之日起 5 日内书面通知申请人补正。补正通知应当载明需要补正的事项和合理的补正期限。无正当理由逾期不补正的，视为申请人放弃行政复议申请。补正申请材料所用时间不计入行政复议审理期限。

经初步审查后，安全生产行政复议机构应当自收到行政复议申请之日起 5 日内按下列规定作出处理：

（1）符合本规定第十六条规定的，予以受理，并制发行政复议受理决定书；

(2) 不符合本规定第十六条规定的,决定不予受理,并制发行政复议申请不予受理决定书;

(3) 不属于本机关职责范围的,应当告知申请人向有权受理的行政复议机关提出。

行政复议期间,安全生产行政复议机构认为申请人以外的公民、法人或者其他组织与被审查的具体行政行为有利害关系的,可以通知其作为第三人参加行政复议。

行政复议期间,申请人以外的公民、法人或者其他组织与被审查的具体行政行为有利害关系的,可以向安全生产行政复议机构申请作为第三人参加行政复议。

(三) 行政复议的审理和决定

安全生产行政复议机构审理行政复议案件,应当由 2 名以上行政复议人员参加。安全生产行政复议机构应当自行政复议申请受理之日起 7 日内,将行政复议申请书副本或者行政复议申请笔录复印件发送被申请人。被申请人应当自收到申请书副本或者行政复议申请笔录复印件之日起 10 日内,按照复议机构要求的份数提出书面答复,并提交当初作出具体行政行为的证据、依据和其他有关材料。

被申请人书面答复应当载明下列事项,并加盖单位公章:

(1) 作出具体行政行为的基本过程和情况;

(2) 作出具体行政行为的事实依据和有关证据材料;

(3) 作出具体行政行为所依据的法律、行政法规、规章和规范性文件的文号、具体条款和内容;

(4) 对申请人复议请求的意见和理由;

(5) 答复的年月日。

有下列情形之一的,被申请人经安全生产行政复议机构允许可以补充相关证据:

(1) 在作出具体行政行为时已经搜集证据,但因不可抗力等正当理由不能提供的;

(2) 申请人或者第三人在行政复议过程中,提出了其在安全监管监察部门实施具体行政行为过程中没有提出的申辩理由或者证据的。

有下列情形之一的,申请人应当提供证明材料:

(1) 认为被申请人不履行法定职责的,提供曾经要求被申请人履行法定职责而被申请人未履行的证明材料,但被申请人依法应当主动履行的除外;

(2) 申请行政复议时一并提出行政赔偿请求的,提供受具体行政行为侵害而造成损害的证明材料;

(3) 申请人自己主张的事实;

(4) 法律、行政法规规定由申请人提供证据材料的其他情形。

申请人、被申请人、第三人应当对其提交的证据材料分类编号,对证据材料的来源、证明对象和内容作简要说明,并在证据材料上签字或者盖章,注明提交日期。证据材料是复印件的,应当经复议机构核对无误,并注明原件存放的单位和处所。

行政复议原则上采取书面审理的方式,但对重大、复杂的案件,申请人提出要求或者安全生产行政复议机构认为必要时，可以采取听证的方式审理。听证应当保障当事人平等的陈述、质证和辩论的权利。

安全生产行政复议机构采取听证的方式审理复议案件，应当制作听证笔录并载明下列事项：

(1) 案由，听证的时间、地点；

(2) 申请人、被申请人、第三人及其代理人的基本情况；

(3) 听证主持人、听证员、书记员的姓名、职务等；

(4) 申请人、被申请人、第三人争议的焦点问题，有关事实、证据和依据；

(5) 其他应当记载的事项。

申请人、被申请人、第三人应当核对听证笔录并签字或者盖章。

安全生产行政复议机构认为必要时，可以实地调查核实证据。调查核实时，行政复议人员不得少于2人，并应当向当事人或者有关人员出示证件。需要现场勘验的，现场勘验所用时间不计入行政复议审理期限。

安全生产行政复议期间涉及专门事项需要鉴定的，当事人可以自行委托鉴定机构进行鉴定，也可以申请行政复议机构委托鉴定机构进行鉴定。鉴定费用由当事人承担。鉴定所用时间不计入行政复议审理期限。

申请人在行政复议决定作出前自愿撤回行政复议申请的，经行政复议机构同意，可以撤回。申请人撤回行政复议申请的，不得以同一事实和理由再次提出行政复议申请。但是，申请人能够证明撤回行政复议申请违背其真实意思表示的除外。

行政复议申请由两个以上申请人共同提出，在行政复议决定作出前，部分申请人撤回行政复议申请的，安全生产行政复议机关应当就其他申请人未撤回的行政复议申请作出行政复议决定。

被申请人在复议期间改变原具体行政行为的，应当书面告知复议机构。被申请人改变原具体行政行为，申请人撤回复议申请的，行政复议终止；申请人不撤回复议申请的，安全生产行政复议机关经审查认为原具体行政行为违法的，应当作出确认其违法的复议决定；认为原具体行政行为合法的，应当作出维持的复议决定。

公民、法人或者其他组织对安全监管监察部门行使法律、行政法规规定的自由裁量权作出的具体行政行为不服申请行政复议，申请人与被申请人在行政复议决定作出前自愿达成和解的，应当向安全生产行政复议机构提交书面和解协议；和解内容不损害社会公共利益和他人合法权益的，安全生产行政复议机构应当准许。

有下列情形之一的，安全生产行政复议机构可以按照自愿、合法的原则进行调解：

(1) 公民、法人或者其他组织对安全监管监察部门行使法律、行政法规规定的自由裁量权作出的具体行政行为不服申请行政复议的；

(2) 当事人之间的行政赔偿或者行政补偿的纠纷。

当事人经调解达成协议的，安全生产行政复议机关应当制作行政复议调解书。调解书应当载明行政复议请求、事实、理由和调解结果，并加盖安全生产行政复议机关印章。行政复议调解书经双方当事人签字，即具有法律效力。调解未达成协议或者调解书生效前一方反悔的,安全生产行政复议机关应当及时作出行政复议决定。

安全生产行政复议机构应当对被申请人作出的具体行政行为进行审查,提出意见,经安全生产行政复议机关集体讨论通过或者负责人同意后,依法作出行政复议决定。

被申请人被责令重新作出具体行政行为的,应当在法律、行政法规、规章规定的期限内重新作出具体行政行为;法律、行政法规、规章未规定期限的,重新作出具体行政行为的期限为 60 日。

被申请人不得以同一事实和理由作出与原具体行政行为相同或者基本相同的具体行政行为。但因违反法定程序被责令重新作出具体行政行为的除外。

申请人在申请行政复议时一并提出行政赔偿请求,安全生产行政复议机关对符合国家赔偿法有关规定应当给予赔偿的,在决定撤销、变更具体行政行为或者确认具体行政行为违法时,应当同时决定被申请人依法给予赔偿。

申请人在申请行政复议时没有提出行政赔偿请求的,安全生产行政复议机关在依法决定撤销或者变更原具体行政行为确定的罚款以及对设备、设施、器材的扣押、查封等强制措施时,应当同时责令被申请人返还罚款,解除对设备、设施、器材的扣押、查封等强制措施。

安全生产行政复议机关在申请人的行政复议请求范围内,不得作出对申请人更为不利的行政复议决定。

四、《安全生产监管监察职责和行政执法责任追究的规定》

为促进安全生产监督管理部门、煤矿安全监察机构及其行政执法人员依法履行职责,落实行政执法责任,保障公民、法人和其他组织合法权益,根据《公务员法》、《安全生产法》、《安全生产许可证条例》等法律法规和国务院有关规定,制定本规定。

(一)安全生产监管监察和行政执法职责

县级以上人民政府安全生产监督管理部门依法对本行政区域内安全生产工作实施综合监督管理,指导协调和监督检查本级人民政府有关部门依法履行安全生产监督管理职责;对本行政区域内没有其他行政主管部门负责安全生产监督管理的生产经营单位实施安全生产监督管理;对下级人民政府安全生产工作进行监督检查。

煤矿安全监察机构依法履行国家煤矿安全监察职责,实施煤矿安全监察行政执法,对煤矿安全进行重点监察、专项监察和定期监察,对地方人民政府依法履行煤矿安全生产监督管理职责的情况进行监督检查。

安全监管监察部门应当依照《安全生产法》和其他有关法律、法规、规章和本级人民政府、上级安全监管监察部门规定的安全监管监察职责,根据各自的监管监察权限、行政执法人员数量、监管监察的生产经营单位状况、技术装备和经费保障等实际情况,制定本部门年度安全监管或者煤矿安全监察执法工作计划,并按照执法工作计划进行监管监察,发现事故隐患,应当依法及时处理。

安全监管执法工作计划应当报本级人民政府批准后实施,并报上一级安全监管部门备案；煤矿安全监察执法工作计划应当报上一级煤矿安全监察机构批准后实施。安全监管和煤矿安全监察执法工作计划因特殊情况需要作出重大调整或者变更的，应当及时报原批准单位批准，并按照批准后的计划执行。

安全监管和煤矿安全监察执法工作计划应当包括监管监察的对象、时间、次数、主要事项、方式和职责分工等内容。根据安全监管监察工作需要，安全监管监察部门可以按照安全监管和煤矿安全监察执法工作计划编制现场检查方案，对作业现场的安全生产实施监督检查。

安全监管监察部门应当按照各自权限，依照法律、法规、规章和国家标准或者行业标准规定的安全生产条件和程序，履行下列行政审批或者考核职责：

（1）矿山、金属冶炼建设项目和用于生产、储存危险物品的建设项目安全设施的设计审查；

（2）矿山企业、危险化学品和烟花爆竹生产企业的安全生产许可；

（3）危险化学品经营许可；

（4）非药品类易制毒化学品生产、经营许可；

（5）烟花爆竹经营（批发、零售）许可；

（6）矿山、危险化学品、烟花爆竹生产经营单位和金属冶炼单位主要负责人、安全生产管理人员的安全资格认定，特种作业人员（特种设备作业人员除外）操作资格认定；

（7）涉及人身安全、危险性较大的海洋石油开采特种设备和矿山井下特种设备安全使用证或者安全标志的核发；

（8）安全生产检测检验、安全评价机构资质的认可；

（9）注册助理安全工程师资格、注册安全工程师执业资格的考试和注册；

（10）法律、行政法规和国务院设定的其他行政审批或者考核职责。

行政许可申请人对其申请材料实质内容的真实性负责。安全监管监察部门对符合法定条件的申请，应当依法予以受理，并作出准予或者不予行政许可的决定。根据法定条件和程序，需要对申请材料的实质内容进行核实的，应当指派两名以上行政执法人员进行核查。

对未依法取得行政许可或者验收合格擅自从事有关活动的生产经营单位，安全监管监察部门发现或者接到举报后，属于本部门行政许可职责范围的，应当及时依法查处；属于其他部门行政许可职责范围的，应当及时移送相关部门。对已经依法取得本部门行政许可的生产经营单位，发现其不再具备安全生产条件的，安全监管监察部门应当依法暂扣或者吊销原行政许可证件。

安全监管监察部门应当按照年度安全监管和煤矿安全监察执法工作计划、现场检查方案，对生产经营单位是否具备有关法律、法规、规章和国家标准或者行业标准规定的安全生产条件进行监督检查。

安全监管监察部门在监督检查中，发现生产经营单位存在安全生产违法行为或者事故隐患的，应当依法采取下列现场处理措施：

（1）当场予以纠正；

（2）责令限期改正、责令限期达到要求；

（3）责令立即停止作业（施工）、责令立即停止使用、责令立即排除事故隐患；

(4) 责令从危险区域撤出作业人员；

(5) 责令暂时停产停业、停止建设、停止施工或者停止使用；

(6) 依法应当采取的其他现场处理措施。

被责令限期改正、限期达到要求、暂时停产停业、停止建设、停止施工或者停止使用的生产经营单位提出复查申请或者整改、治理限期届满的，安全监管监察部门应当自收到申请或者限期届满之日起 10 日内进行复查，并填写复查意见书，由被复查单位和安全监管监察部门复查人员签名后存档。

煤矿安全监察机构依照有关规定将复查工作移交给县级以上地方人民政府负责煤矿安全生产监督管理的部门的，应当及时将相应的执法文书抄送该部门并备案。县级以上地方人民政府负责煤矿安全生产监督管理的部门应当自收到煤矿申请或者限期届满之日起 10 日内进行复查，并填写复查意见书，由被复查煤矿和复查人员签名后存档，并将复查意见书及时抄送移交复查的煤矿安全监察机构。

对逾期未整改、治理或者整改、治理不合格的生产经营单位，安全监管监察部门应当依法给予行政处罚，并依法提请县级以上地方人民政府按照规定的权限决定关闭。

安全监管监察部门在监督检查中，发现生产经营单位存在安全生产非法、违法行为的，有权依法采取下列行政强制措施：

(1) 对有根据认为不符合安全生产的国家标准或者行业标准的在用设施、设备、器材，违法生产、储存、使用、经营、运输的危险物品，以及违法生产、储存、使用、经营危险物品的作业场所予以查封或者扣押，并依法作出处理决定；

(2) 扣押相关的证据材料和违法物品，临时查封有关场所；

(3) 法律、法规规定的其他行政强制措施。

实施查封、扣押的，应当制作并当场交付查封、扣押决定书和清单。

安全监管监察部门依法对存在重大事故隐患的生产经营单位作出停产停业、停止施工、停止使用相关设施、设备的决定，生产经营单位应当依法执行，及时消除事故隐患。生产经营单位拒不执行，有发生生产安全事故的现实危险的，在保证安全的前提下，经本部门主要负责人批准，安全监管监察部门可以采取通知有关单位停止供电、停止供应民用爆炸物品等措施，强制生产经营单位履行决定。通知应当采用书面形式，有关单位应当予以配合。

安全监管监察部门依照前款规定采取停止供电措施，除有危及生产安全的紧急情形外，应当提前二十四小时通知生产经营单位。生产经营单位依法履行行政决定、采取相应措施消除事故隐患的，安全监管监察部门应当及时解除前款规定的措施。

安全监管监察部门在监督检查中，发现生产经营单位存在的安全问题涉及有关地方人民政府或其有关部门的，应当及时向有关地方人民政府报告或其有关部门通报。

安全监管监察部门应当严格依照法律、法规和规章规定的行政处罚的行为、种类、幅度和程序，按照各自的管辖权限，对监督检查中发现的生产经营单位及有关人员的安全生产非法、违法行为实施行政处罚。

对到期不缴纳罚款的，安全监管监察部门可以每日按罚款数额的百分之三加处罚款。

生产经营单位拒不执行安全监管监察部门行政处罚决定的，作出行政处罚决定的安全监管监察部门可以依法申请人民法院强制执行；拒不执行处罚决定可能导致生产安全事故的，应当及时向有关地方人民政府报告或其有关部门通报。

安全监管监察部门对生产经营单位及其从业人员作出现场处理措施、行政强制措施和行政处罚决定等行政执法行为前，应当充分听取当事人的陈述、申辩，对其提出的事实、理由和证据，应当进行复核。当事人提出的事实、理由和证据成立的，应当予以采纳。

安全监管监察部门对生产经营单位及其从业人员作出现场处理措施、行政强制措施和行政处罚决定等行政执法行为时，应当依法制作有关法律文书，并按照规定送达当事人。

安全监管监察部门应当依法履行下列生产安全事故报告和调查处理职责：

（1）建立值班制度，并向社会公布值班电话，受理事故报告和举报；
（2）按照法定的时限、内容和程序逐级上报和补报事故；
（3）接到事故报告后，按照规定派人立即赶赴事故现场，组织或者指导协调事故救援；
（4）按照规定组织或者参加事故调查处理；
（5）对事故发生单位落实事故防范和整改措施的情况进行监督检查；
（6）依法对事故责任单位和有关责任人员实施行政处罚；
（7）依法应当履行的其他职责。

安全监管监察部门应当依法受理、调查和处理本部门法定职责范围内的举报事项，并形成书面材料。调查处理情况应当答复举报人，但举报人的姓名、名称、住址不清的除外。对不属于本部门职责范围的举报事项，应当依法予以登记，并告知举报人向有权机关提出。

安全监管监察部门应当依法受理行政复议申请，审理行政复议案件，并作出处理或者决定。

（二）责任追究的范围与承担责任的主体

安全监管监察部门及其内设机构、行政执法人员履行上述的行政执法职责，有下列违法或者不当的情形之一，致使行政执法行为被撤销、变更、确认违法，或者被责令履行法定职责、承担行政赔偿责任的，应当实施责任追究：

（1）超越、滥用法定职权的；
（2）主要事实不清、证据不足的；
（3）适用依据错误的；
（4）行政裁量明显不当的；
（5）违反法定程序的；
（6）未按照年度安全监管或者煤矿安全监察执法工作计划、现场检查方案履行法定职责的；
（7）其他违法或者不当的情形。

上述所称的行政执法行为被撤销、变更、确认违法，或者被责令履行法定职责、承担行政赔偿责任，是指行政执法行为被人民法院生效的判决、裁定，或者行政复议机关等有权机关的决定予以撤销、变更、确认违法或者被责令履行法定职责、承担行政赔偿责任的情形。

有下列情形之一的，安全监管监察部门及其内设机构、行政执法人员不承担责任：

（1）因生产经营单位、中介机构等行政管理相对人的行为，致使安全监管监察部门及其内设机构、行政执法人员无法作出正确行政执法行为的；

（2）因有关行政执法依据规定不一致，致使行政执法行为适用法律、法规和规章依据不当的；

（3）因不能预见、不能避免并不能克服的不可抗力致使行政执法行为违法、不当或者未履行法定职责的；

（4）违法、不当的行政执法行为情节轻微并及时纠正，没有造成不良后果或者不良后果被及时消除的；

（5）按照批准、备案的安全监管或者煤矿安全监察执法工作计划、现场检查方案和法律、法规、规章规定的方式、程序已经履行安全生产监管监察职责的；

（6）对发现的安全生产非法、违法行为和事故隐患已经依法查处，因生产经营单位及其从业人员拒不执行安全生产监管监察指令导致生产安全事故的；

（7）生产经营单位非法生产或者经责令停产停业整顿后仍不具备安全生产条件，安全监管监察部门已经依法提请县级以上地方人民政府决定取缔或者关闭的；

（8）对拒不执行行政处罚决定的生产经营单位，安全监管监察部门已经依法申请人民法院强制执行的；

（9）安全监管监察部门已经依法向县级以上地方人民政府提出加强和改善安全生产监督管理建议的；

（10）依法不承担责任的其他情形。

承办人直接作出违法或者不当行政执法行为的，由承办人承担责任。

对安全监管监察部门应当经审核、批准作出的行政执法行为，分别按照下列情形区分并承担责任：

（1）承办人未经审核人、批准人审批擅自作出行政执法行为，或者不按审核、批准的内容实施，致使行政执法行为违法或者不当的，由承办人承担责任；

（2）承办人弄虚作假、徇私舞弊，或者承办人提出的意见错误，审核人、批准人没有发现或者发现后未予以纠正，致使行政执法行为违法或者不当的，由承办人承担主要责任，审核人、批准人承担次要责任；

（3）审核人改变或者不采纳承办人的正确意见，批准人批准该审核意见，致使行政执法行为违法或者不当的，由审核人承担主要责任，批准人承担次要责任；

（4）审核人未报请批准人批准而擅自作出决定，致使行政执法行为违法或者不当的，由审核人承担责任；

（5）审核人弄虚作假、徇私舞弊，致使批准人作出错误决定的，由审核人承担责任；

（6）批准人改变或者不采纳承办人、审核人的正确意见，致使行政执法行为违法或者不当的,由批准人承担责任。

(7)未经承办人拟办、审核人审核,批准人直接作出违法或者不当的行政执法行为的,由批准人承担责任。

因安全监管监察部门指派不具有行政执法资格的单位或者人员执法,致使行政执法行为违法或者不当的,由指派部门及其负责人承担责任。

因安全监管监察部门负责人集体研究决定,致使行政执法行为违法或者不当的,主要负责人应当承担主要责任,参与作出决定的其他负责人应当分别承担相应的责任。

安全监管监察部门负责人擅自改变集体决定,致使行政执法行为违法或者不当的,由该负责人承担全部责任。

两名以上行政执法人员共同作出违法或者不当行政执法行为的,由主办人员承担主要责任,其他人员承担次要责任;不能区分主要、次要责任人的,共同承担责任。

因安全监管监察部门内设机构单独决定,致使行政执法行为违法或者不当的,由该机构承担全部责任;因两个以上内设机构共同决定,致使行政执法行为违法或者不当的,由有关内设机构共同承担责任。

经安全监管监察部门内设机构会签作出的行政执法行为,分别按照下列情形区分并承担责任:

(1)主办机构提供的有关事实、证据不真实、不准确或者不完整,会签机构通过审查能够提出正确意见但没有提出,致使行政执法行为违法或者不当的,由主办机构承担主要责任,会签机构承担次要责任;

(2)主办机构没有采纳会签机构提出的正确意见,致使行政执法行为违法或者不当的,由主办机构承担责任。

因执行上级安全监管监察部门的指示、批复,致使行政执法行为违法或者不当的,由作出指示、批复的上级安全监管监察部门承担责任。

因请示、报告单位隐瞒事实或者未完整提供真实情况等原因,致使上级安全监管监察部门作出错误指示、批复的,由请示、报告单位承担责任。

下级安全监管监察部门认为上级的决定或者命令有错误的,可以向上级提出改正、撤销该决定或者命令的意见;上级不改变该决定或者命令,或者要求立即执行的,下级安全监管监察部门应当执行该决定或者命令,其不当或者违法责任由上级安全监管监察部门承担。

上级安全监管监察部门改变、撤销下级安全监管监察部门作出的行政执法行为,致使行政执法行为违法或者不当的,由上级安全监管监察部门及其有关内设机构、行政执法人员依照本章规定分别承担相应责任。

安全监管监察部门及其内设机构、行政执法人员不履行法定职责的,应当根据各自的职责分工,依照本规定区分并承担责任。

(三)责任追究的方式与适用

对安全监管监察部门及其内设机构的责任追究包括下列方式:

(1) 责令限期改正；
(2) 通报批评；
(3) 取消当年评优评先资格；
(4) 法律、法规和规章规定的其他方式。

对行政执法人员的责任追究包括下列方式：
(1) 批评教育；
(2) 离岗培训；
(3) 取消当年评优评先资格；
(4) 暂扣行政执法证件；
(5) 调离执法岗位；
(6) 法律、法规和规章规定的其他方式。

对安全监管监察部门及其内设机构、行政执法人员实施责任追究的时候，应当根据违法、不当行政执法行为的事实、性质、情节和对于社会的危害程度，依照本规定的有关条款决定。

违法或者不当行政执法行为的情节较轻、危害较小的，对安全监管监察部门责令限期改正，对行政执法人员予以批评教育或者离岗培训，并取消当年评优评先资格。

违法或者不当行政执法行为的情节较重、危害较大的，对安全监管监察部门责令限期改正，予以通报批评，并取消当年评优评先资格；对行政执法人员予以调离执法岗位或者暂扣行政执法证件，并取消当年评优评先资格。

安全监管监察部门及其内设机构在年度行政执法评议考核中被确定为不合格的，责令限期改正，并予以通报批评、取消当年评优评先资格。

行政执法人员在年度行政执法评议考核中被确定为不称职的，予以离岗培训、暂扣行政执法证件，并取消当年评优评先资格。

一年内被申请行政复议或者被提起行政诉讼的行政执法行为中，被撤销、变更、确认违法的比例占20%以上（含本数，下同）的，应当责令有关安全监管监察部门限期改正，并取消当年评优评先资格。

安全监管监察部门承担行政赔偿责任的，应当依照《国家赔偿法》第十四条的规定，责令有故意或者重大过失的行政执法人员承担全部或者部分行政赔偿费用。

对实施违法或者不当的行政执法行为，或者未履行法定职责的行政执法人员，依照《公务员法》、《行政机关公务员处分条例》等的规定应当给予行政处分或者辞退处理的，依照其规定。

行政执法人员的行政执法行为涉嫌犯罪的，移交司法机关处理。

有下列情形之一的，可以从轻或者减轻追究责任：
(1) 违反本规定第十一条至第十四条所规定的职责，未造成严重后果的；
(2) 主动采取措施，有效避免损失或者挽回影响的；
(3) 积极配合责任追究，并且主动承担责任的；

（4）依法可以从轻的其他情形。

有下列情形之一的，应当从重追究责任：

（1）因违法、不当行政执法行为或者不履行法定职责，严重损害国家声誉，或者造成恶劣社会影响，或者致使公共财产、国家和人民利益遭受重大损失的；

（2）滥用职权、玩忽职守、徇私舞弊，致使行政执法行为违法、不当的；

（3）弄虚作假、隐瞒真相，干扰、阻碍责任追究的；

（4）对检举人、控告人、申诉人和实施责任追究的人员打击、报复、陷害的；

（5）一年内出现两次以上应当追究责任的情形的；

（6）依法应当从重追究责任的其他情形。

（四）责任追究的机关与程序

安全生产监督管理部门及其负责人的责任，按照干部管理权限，由其上级安全生产监督管理部门或者本级人民政府行政监察机关追究；所属内设机构和其他行政执法人员的责任，由所在安全生产监督管理部门追究。

煤矿安全监察机构及其负责人的责任，按照干部管理权限，由其上级煤矿安全监察机构追究；所属内设机构及其行政执法人员的责任，由所在煤矿安全监察机构追究。

安全监管监察部门进行责任追究，按照下列程序办理：

（1）负责法制工作的机构自行政执法行为被确认违法、不当之日起15日内，将有关当事人的情况书面通报本部门负责行政监察工作的机构；

（2）负责行政监察工作的机构自收到法制工作机构通报或者直接收到有关行政执法行为违法、不当的举报之日起60日内调查核实有关情况，提出责任追究的建议，报本部门领导班子集体讨论决定；

（3）负责人事工作的机构自责任追究决定作出之日起15日内落实决定事项。

法律、法规对责任追究的程序另有规定的，依照其规定。

安全监管监察部门实施责任追究应当制作《行政执法责任追究决定书》。《行政执法责任追究决定书》由负责行政监察工作的机构草拟，安全监管监察部门作出决定。

《行政执法责任追究决定书》应当写明责任追究的事实、依据、方式、批准机关、生效时间、当事人的申诉期限及受理机关等。离岗培训和暂扣行政执法证件的，还应当写明培训和暂扣的期限等。

安全监管监察部门作出责任追究决定前，负责行政监察工作的机构应当将追究责任的有关事实、理由和依据告知当事人，并听取其陈述和申辩。对其合理意见，应当予以采纳。

《行政执法责任追究决定书》应当送达当事人，以及当事人所在的单位和内设机构。责任追究决定作出后，作出决定的安全监管监察部门应当派人与当事人谈话，做好思想工作，督促其做好工作交接等后续工作。

当事人对责任追究决定不服的，可以依照《公务员法》等规定申请复核和提出申诉。申诉期间，不停止责任追究决定的执行。

对当事人的责任追究情况应当作为其考核、奖惩、任免的重要依据。安全监管监察部门负责人事工作的机构应当将责任追究的有关材料记入当事人个人档案。

第四节　安全生产监督行政执法文书

一、安全生产行政执法文书的含义和特点

(一) 含义

安全生产行政执法文书是行政执法文书的一种,因此,要明确安全生产行政执法文书的含义,应该先了解行政执法文书的含义。行政执法文书是指行政执法机关在执行法律、法规的活动中,依照特定的格式,经过一定的处理程序所制成和使用的法律文书。安全生产行政执法文书则是指安全生产监督管理部门在执行安全生产法律、法规的过程中,依照法定的职权,按照特定的格式,经过规定的程序形成的法律文书。2002年12月5日颁布实施的《安全生产监督检查行政执法文书》是国家安全生产监督管理局根据《安全生产法》和国家有关法律法规统一制定的,依据有关法律法规的规定,责成有关违法的生产经营单位在规定的时间内,改进或者纠正安全生产方面存在安全问题的指令性书面文件,具有国家法律法规所规定的强制性。

在执法实践中,安全生产行政执法文书是安全生产行政执法行为的具体体现,是监察执法行为的真实记录。任何一项执法活动,从开始发现违反安全生产法律法规的行为,到立案调查、决定、送达直至最后执行,都有相应的执法文书体现。如果没有执法文书,执法工作就很难开展,因此安全生产行政执法文书具有极其重要的意义。它不但是安全生产监察执法活动的载体和凭证,是保证监察活动顺利开展的工具,还具有规范监察执法行为的作用。严格按照有关规定制作、使用执法文书,可以促使监察执法人员按照法律法规的规定逐步完成对安全生产违法行为的查处工作,使执法过程更加规范。

(二) 安全生产行政执法文书的特点

从行政执法文书的概念和属性来看,行政执法文书具有以下特点。

(1) 程式性

从行政执法文书的形式上看,它具有明显的程式化特点。这种程式化特点的形成,主要在于执法文书的经常使用性,行政管理过程中,行政执法文书使用的频率极高,经常性的行政执法使行政执法文书形成了相对稳定的形式,主要体现在结构固定化和用语成文化两个方面。

(2) 规范性

在行政执法实践中,执法文书的写作内容都有相应的规范性要求。不仅各个部分总体上有规范性要求,而且每一部分的内容也有相应的规范性要求,这些规范性要求大多数是由法律规定的。文书制作者在依法制作行政执法文书时,应当按照规范性的要求制作。

(3) 约束性

行政执法文书是为具体实施法律而制作的，因而具有非常明显的法律约束性。首先其内容要受到实体法约束，其次其形式和制作还要遵循程序法方面的规定。

(4) 连环性

行政执法文书在具体运用中具有连环性的法律特点，即各个系统或系列的执法文书自成体系，按一定的程序形成的执法文书之间具有一种承接关系，前一文书往往可以引出后一文书，而后一文书则是以前一文书作为基础的。

二、几种重要的安全生产行政执法文书

（1）现场检查记录　　　　　　（2）责令限期整改指令书
（3）整改复查意见书　　　　　（4）询问通知书
（5）抽样取证凭证　　　　　　（6）鉴定委托书
（7）先行登记保存证据处理决定书　（8）强制措施决定书
（9）行政处罚告知书　　　　　（10）听证会报告书
（11）罚款催缴通知书　　　　　（12）结案审批表

(1) 安全生产行政执法文书

现场检查记录

被检查单位：＿＿＿＿＿＿＿＿＿＿＿＿＿＿＿＿＿＿＿＿＿＿＿＿＿＿＿＿

地　　址：＿＿＿＿＿＿＿＿＿＿＿＿＿＿＿＿＿＿＿＿＿＿＿＿＿＿＿＿

法定代表人（负责人）：＿＿＿＿＿＿职务：＿＿＿＿＿＿联系电话：＿＿＿＿＿＿＿＿

检查场所：＿＿＿＿＿＿＿＿＿＿＿＿＿＿＿＿＿＿＿＿＿＿＿＿＿＿＿＿

检查时间：＿＿＿年＿＿＿月＿＿＿日＿＿＿时＿＿＿分至＿＿＿日＿＿＿时＿＿＿分

我们是＿＿＿＿＿安全生产监督管理局执法人员＿＿＿＿＿、＿＿＿＿＿，证件号码为＿＿＿＿＿、＿＿＿＿＿，这是我们的证件（出示证件）。现依法对你单位进行现场检查，请予以配合。

检查情况：＿＿＿＿＿＿＿＿＿＿＿＿＿＿＿＿＿＿＿＿＿＿＿＿＿＿＿＿
＿＿＿＿＿＿＿＿＿＿＿＿＿＿＿＿＿＿＿＿＿＿＿＿＿＿＿＿＿＿＿＿＿＿
＿＿＿＿＿＿＿＿＿＿＿＿＿＿＿＿＿＿＿＿＿＿＿＿＿＿＿＿＿＿＿＿＿＿

检查人员（签名）：＿＿＿＿＿＿＿、＿＿＿＿＿＿＿

被检查单位现场负责人（签名）：＿＿＿＿＿＿＿＿＿

年　　月　　日

共　页　第　页

(2)   安全生产行政执法文书

责令限期整改指令书

（　　）安监管责改〔　　〕　　号

_____：

  经查，你单位存在下列问题：

1. _____
2. _____
3. _____
4. _____

（此栏不够，可另附页）。

  现责令你单位对上述第_____项问题于_____年_____月_____日前整改完毕，达到有关法律法规规章和标准规定的要求。逾期不整改或达不到要求的，依法给予行政处罚；由此造成事故的，依法追究有关人员的责任。

  如果不服本指令，可以依法在 60 日内向_____人民政府或者_____申请行政复议，或者在三个月内依法向_____人民法院提起行政诉讼，但本指令不停止执行，法律另有规定的除外。

  安全生产监管执法人员（签名）：_____ 证号：_____

                  证号：_____

  被检查单位负责人（签名）：_____

                安全生产监督管理部门（公章）

                  年　　月　　日

本文书一式两份：一份由安全生产监督管理部门备案，一份交被检查单位。 共　页　第　页

(3)   安全生产行政执法文书

整改复查意见书

（　　）安监管复查〔　　〕　　号

_____：

  本机关于_____年_____月_____日作出了_____的决定〔（　　）安监管_____

〔　　〕　　号〕，经对你单位整改情况进行复查，提出如下意见：_____

_____

_____

  被复查单位负责人（签名）：_____

  安全生产监管执法人员（签名）：_____ 证号：_____

                  证号：_____

                安全生产监督管理部门（公章）

                  年　　月　　日

本文书一式两份：一份由安全生产监督管理部门备案，一份交被复查单位。

(4)　　　　　　　　　　安全生产行政执法文书

询问通知书

（　　）安监管询〔　　〕　　号

_____：

因_____，请你于____年____月____日____时到_____接受询问调查，来时请携带下列证件材料（见打√处）：

☐身份证

☐营业执照

☐法定代表人身份证明或者委托书

☐_____
_____

如无法按时前来，请及时联系。

安全生产监督管理部门地址：_____

联系人：_____联系电话：_____

安全生产监督管理部门（公章）

年　　月　　日

本文书一式两份：一份由安全生产监督管理部门备案，一份交被询问人。

(5)　　　　　　　　　　安全生产行政执法文书

抽样取证凭证

（　　）安监管抽〔　　〕　　号

被抽样取证单位：_____现场负责人：_____

单位地址：_____联系电话：_____邮编：_____

抽样取证时间：____年____月____日____时____分至____日____时____分

抽样地点：_____

依据《中华人民共和国行政处罚法》第三十七条第二款规定，对被抽样取证单位的下列物品进行抽样取证。

序号	证据物品名称	规格及批号	数量

被抽样取证单位现场负责人（签名）：_____

安全生产监管执法人员（签名）：_____ 证号：_____

_____ 证号：_____

安全生产监督管理部门（公章）

年　　月　　日

本文书一式两份：一份由安全生产监督管理部门备案，一份交被抽样取证单位。

(6) 安全生产行政执法文书

鉴 定 委 托 书

（　　）安监管鉴〔　　〕　　号

_____：

因调查有关安全生产违法案件的需要，本行政机关现委托你单位对下列物品进行鉴定。

物品名称	规格型号	数量	备注

鉴定要求：
_____
_____

请于　　　年　　　月　　　日前向本行政机关提交鉴定结果。

安全生产监督管理部门（公章）
年　　月　　日

注：鉴定结果请提出具体鉴定报告书，并由鉴定人员签名并加盖鉴定机构公章。

(7) 安全生产行政执法文书

先行登记保存证据处理决定书

（　　）安监管先保处〔　　〕　　号

_____：

本机关于____年____月____日对你（单位）的_____ _____等物品进行了先行登记保存〔文号：（　　）安监管先保通〔　　〕　　号〕。现依法对上述物品作出如下处理：_____ _____ _____。

如果不服本决定，可以依法在60日内向_____人民政府或者_____申请行政复议，或者在三个月内依法向_____人民法院提起行政诉讼，但本决定不停止执行，法律另有规定的除外。

安全生产监督管理部门（公章）
年　　月　　日

本文书一式两份：一份由安全生产监督管理部门备案，一份交被取证单位。

(8)   安全生产行政执法文书

强制措施决定书

（　　）安监管强措〔　　〕　　号

_____：

  我局在现场检查时，发现你单位（现场）存在下列问题：_____
_____。

  以上存在的问题无法保障安全生产，依据_____，决定采取以下强制措施：_____
_____。

  如果不服本决定，可以依法在 60 日内向_____人民政府或者_____申请行政复议，或者在三个月内依法向_____人民法院提起行政诉讼，但本决定不停止执行，法律另有规定的除外。

安全生产监督管理部门（公章）

年　　月　　日

本文书一式两份：一份由安全生产监督管理部门备案，一份交被检查单位。

(9)   安全生产行政执法文书

行政处罚告知书

（　　）安监管罚告〔　　〕　　号

_____：

  经查，你（单位）有_____
_____的行为。

  以上行为违反了_____
_____的规定，依据_____，拟对你（单位）作出_____的行政处罚。

  如对上述处罚有异议，根据《中华人民共和国行政处罚法》第三十一条和第三十二条的规定，你（单位）有权向_____安全生产监督管理部门进行陈述和申辩。

  安全生产监督管理部门地址：_____

  联系人：_____联系电话：_____邮编：_____

安全生产监督管理部门（公章）

年　　月　　日

本文书一式两份：一份由安全生产监督管理部门备案，一份交被处罚当事人。

(10)　　　　　　　　　　安全生产行政执法文书

听证会报告书

（　　）安监管听报〔　　〕　号

案件名称：_____

听证主持人		听证员		书记员	
听证会基本情况摘要：（详见听证会笔录，笔录附后）					
听证主持人意见	听证主持人（签名）： 　　　　　　　　　　年　月　日				
负责人审核意见	负责人（签名）： 　　　　　　　　　　年　月　日				

(11)　　　　　　　　　　安全生产行政执法文书

罚款催缴通知书

（　　）安监管催〔　　〕第　号

_____：

　　本机关于____年____月____日发出_____号行政处罚决定书，要求你（单位）于____年____月____日前将罚款缴至_____。因你（单位）至今未履行该处罚决定，现要求你（单位）立即缴纳罚款，并根据《中华人民共和国行政处罚法》第五十一条第（一）项的规定，每日按罚款数额的3％加处罚款。加处的罚款由代收机构直接收缴。

安全生产监督管理部门（公章）
年　月　日

本文书一式两份：一份由安全生产监督管理部门备案，一份交被通知当事人。

（12） 安全生产行政执法文书

结案审批表
（　）安监管结〔　〕　号

案件名称：_____

当事人基本情况	被处罚单位		地址			
	法定代表人		职务		邮编	
	被处罚人		年龄		性别	
	所在单位		单位地址			
	家庭住址		联系电话		邮编	

处理结果	
执行情况	承办人（签名）：_____　　　　年　月　日
审核意见	审核人（签名）： 　　　　年　月　日
审批意见	审批人（签名）： 　　　　年　月　日

关键概念

立法体制	法律效力	行政执法	行政行为	抽象行政行为
具体行政行为	行为诉讼	行政复议	行政许可	
行政处罚	行政处分	国家赔偿	安全生产许可	
安全生产复议	安全生产处罚	安全生产行政执法文书		

问题与问答

1. 请简述我国的立法体制。

2. 请给宪法、法律、地方性法规、地方规章的法律效力排次序。

3. 在生活实践中，部门规章、地方性法规、两院的法律解释，都是在哪些地方使用？如何避免冲突？

4. 作为一个安全生产监察员，请列举10种你做过的行政行为。

5. 请举例说明抽象行政行为和具体行政行为的区别。安全生产许可，不用登门处罚，你觉得是具体行政行为吗？

6. 作为一个政府安全生产监察员，你是行政主体吗？

7. 安全生产实践中，贵机关（单位）是否有授权的行政主体？如果有，他们是谁？

8. 行为处罚的一般程序是什么？

9. 如果你做出的具体行政行为被提起复议，你如何应对？

10. 安全生产许可主要的依据是什么？

11. 企业取得安全生产许可证，应当具备哪些安全生产条件？

12. 对安全生产违法行为的行政处罚的种类是什么？

13. 单位派你去应对一个针对行政处罚的行政诉讼，你需要做哪些工作？

14. 请现场制订一个整改复查意见书。

第三章

安全生产法律法规

本章主要内容：
- ◆ 介绍我国安全生产法律法规体系
- ◆ 阐释《安全生产法》
- ◆ 介绍其他有关安全生产内容的法律法规

学习要求：
- ◆ 熟练掌握《安全生产法》
- ◆ 掌握《矿山安全法》、《危险化学品安全管理条例》、《煤矿安全监察条例》等
- ◆ 了解我国相关法律中的安全生产有关规定

第一节 我国安全生产法律法规体系

我国的安全生产法律法规体系是由我国的立法体制和监管体制所决定的。它是一个覆盖整个安全生产领域，包含多种法律形式，表现为梯级法律层次的综合性、多元化的系统，是调整社会生产经营活动中所产生的同安全生产有关的各方面关系和行为的法律规范的总称。它既包括作为整个安全生产法律法规基础的宪法规范，又包括行政法律法规、技术型法律规范和程序型法律规范，而且会随着我国社会主义市场经济的发展和安全生产监管监察体制的变化而不断的完善。

一、安全生产法律法规体系

安全生产的法律法规体系主要是由以下几部分组成：
- ◆ 宪法；
- ◆ 全国人大及其常委会制定的有关法律法规；
- ◆ 国务院制定的有关安全生产的行政法规；
- ◆ 地方人大制定的有关安全生产的地方性法规；
- ◆ 国务院有关业务主管部门、地方人民政府制定的有关安全生产的部门规章和地方

政府规章；还有国家和国务院有关主管部门制定发布的一系列有关安全生产的规程规范标准等等。

我国现行的安全生产、劳动安全卫生法律法规主要包括：各级人民代表大会通过的有关法律、法规、条例等等；《劳动法》中规定可以由国务院及有关政府部门制定的有关规程、规定、通知、决策、办法等；国家标准局颁布的有关技术标准和管理规程。基本内容包括：安全技术法规、劳动卫生法规和安全管理法规。总法规和配套法规就是根据《劳动法》、《安全生产法》的规定和我国社会主义市场经济的基本特点，理顺我国安全生产、劳动安全卫生的法律法规体系、管理体系和法制的体系，进一步明确所有与安全生产有关人员的权利、义务及相互的关系，以及对违反法律法规的惩戒办法等等。

二、安全生产法律法规体系的层级关系

（一）宪法

《宪法》是我们国家的根本大法，是所有法律法规的基础，《宪法》第四十二条明确规定："国家通过各种途径，创造劳动就业条件，加强劳动保护，改善劳动条件"，这是我国有关安全生产方面具有最高法律效力的规定，在安全生产法律体系中属于最高的层级。

（二）全国人大及其常委会制定的有关安全生产的法律和批准的国际劳工公约

全国人大制定的法律包括综合性的安全生产法律、专门安全生产法律和相关安全生产法律。

◆ 综合性安全生产法律是指《安全生产法》，它适用于所有的生产经营单位，是我国安全生产方面的基本法律。

◆ 专门安全生产法律是指具体规范某一专业领域安全生产的法律，这种法律主要有《消防法》、《矿山安全法》、《海上交通安全法》、《道路交通安全法》等。

◆ 相关安全生产法律是指综合性安全生产法律、专门安全生产法律以外的有安全生产相关规定内容的法律。这类法律有《劳动法》、《职业病防治法》、《工会法》、《建筑法》、《煤炭法》、《电力法》、《铁路法》、《民用航空法》、《全民所有制工业企业法》、《乡镇企业法》、《矿产资源法》等。

◆ 国际劳工公约属于国际法的范畴，凡是经全国人大及其常委会批准了的就在我国具有国内法的效力，等同于法律。目前我国已经批准承认了21个国际劳工公约，主要有《船舶装卸工人伤害防护公约》、《各种矿场井下劳动使用妇女公约》、《残疾人职业康复和就业公约》、《建筑安全卫生公约》、《工作场所安全使用化学品公约》等等。

（三）国务院制定的有关安全生产的行政法规

国务院制定的安全生产方面的行政法规目前比较多，基本涉及了各行各业。行政法规是指由国务院制定并颁布或经国务院授权由国务院有关部门制定颁布的。这些法规是实施安全监管和监察的重要依据，例如《国务院关于特大安全事故行政责任追究的规定》、《草

原防火条例》、《核电厂核电事故应急管理条例》、《矿山安全监察条例》、《煤炭安全监察条例》、《煤炭生产许可证条例》、《特别重大事故调查程序暂行规定》、《特种设备安全监察条例》、《企业职工伤亡事故事故报告和处理决定》等等。

（四）各省、自治区、直辖市人大及其常委会制定的地方性法规

自1979年以来，随着我国的经济建设和改革开放的深入发展，地方的立法工作发展的非常之快，全国31个省、自治区、直辖市人大制定了劳动保护法规和规章。地方性法规是对上述有关法律法规的具体实施意见，适应本地的地方区域特点，但其内容不得与法律、行政法规相抵触，其效力低于行政法规。如《北京市安全生产条例》、《上海市烟花爆竹安全管理条例》、《辽宁省海洋渔业安全管理条例》、《浙江省特种设备安全管理条例》、《广西壮族自治区实施〈危险化学品安全管理条例〉办法》、《吉林省实施〈矿山安全法〉办法》等等。

（五）国务院有关部门制定的部门规章和各省、自治区、直辖市人民政府制定的地方政府规章

部门规章是指由国务院有关部门制定并颁布的有关安全生产工作的具体规定。这类规章较多，如公安部颁布的《火灾事故调查规定》、卫生部颁布的《从事放射性工作人员健康管理规定》、原劳动和社会保障部颁布的《禁止使用童工规定》等等。

地方政府规章主要是指由省级地方人民政府制定并颁布的有关安全生产工作的具体的规定。地方政府规章一方面从属于法律和行政法规，不得与其相抵触，另一方面又从属于地方法规，也不得和地方法规相抵触，如《北京市安全生产监督管理规定》、《四川省小煤矿安全管理规定》、《广东省高层公共建筑消防安全管理规定》等等。

根据我国《立法法》第九十一条规定"部门规章之间、部门规章与地方政府规章之间具有同等效力，在各自的权限范围内施行"。我国法律虽未进一步明确规定地方法规、地方政府规章和国务院部门规章之间的关系，但规定了备案制度，当地方法规、地方政府规章和国务院部门规章发生抵触时，分别由全国人大常委会和国务院解决。

（六）国务院有关部门按照保障安全生产的要求，依法制定的标准、规程和规范

标准、规程和规范虽然不属于我国的法律渊源，但在安全生产工作中起着十分重要的作用，同样也是组成我国安全生产法律体系的重要内容。

根据《标准化法》的规定，标准的层次依次为：国家标准、行业标准，地方标准，企业标准。列入安全生产法律法规体系的主要是指国家标准和行业标准。国家标准、行业标准又分为强制性标准和推荐性标准。保障人体健康和人身财产安全的标准和法律、行政法规规定强制执行的标准就是强制性标准，其他的标准是推荐性标准。而有关安全生产方面的国家标准和行业标准大都是强制性标准。

规程和规范是国务院有关部门针对某一事项制定的具体规定，不同于部门规章，有更多的具体管理和技术规定，与部门规章比，实际操作性更强，比如《防灭火规程》、《煤矿

安全规程》等等。

三、安全生产法律法规体系的主要法律制度

我国的安全生产法律法规体系由综合法律制度和安全生产专项法律制度组成，而安全生产专项法律制度又可分为煤矿安全生产法律制度、危险物品管理法律制度、建筑安全管理法律制度、交通运输安全管理法律制度、公众聚集场所及消防安全法律制度和其他安全管理制度六类。

（一）综合法律制度

综合法律制度以《宪法》为核心，遵循《安全生产法》和《劳动法》的有关规定。《安全生产法》第二条明确规定："在中华人民共和国领域内从事生产经营活动的单位（以下统称生产经营单位）的安全生产，适用本法；有关法律、行政法规对消防安全和道路交通安全、铁路交通安全、水上交通安全、民用航空安全以及核与辐射安全、特种设备安全另有规定的，适用其规定。"《劳动法》也原则性地规定了工作时间和休息休假、关于劳动安全卫生和对女职工及未成年工的特殊保护。

综合类法律制度基本适用于所有生产经营的单位。主要包括安全生产监督，伤亡事故报告和调查处理，重大危险源监管，安全中介管理，安全检测检验，安全培训考核，劳动防护用品管理，以及特种设备安全监督管理，还有劳动争议处理与工伤保险等方面的法律、法规、规章、标准和规程、规范。

目前这类法律制度有《安全生产法》、《劳动法》、《生产安全事故报告调查处理条例》、《特别重大事故调查程序暂行规定》、《国务院关于特大安全事故行政责任追究规定》、《特种设备安全监察条例》、《安全违法行为行政处罚办法》、《安全生产行政复议规定》、《企业劳动争议条例》等等。

（二）安全生产专项法律制度

1. 矿山安全生产法律制度

党中央国务院始终把煤矿安全生产放在非常重要的位置，针对这些突出存在的问题，为了把预防矿山安全生产事故进一步纳入法制轨道，从《安全生产法》、《煤矿安全检查条例》、《安全生产许可证条例》的制定、实行特大事故行政责任追究制度到充实加强安全生产监管机构和队伍，煤矿安全生产工作整体上都得到了加强。

这类法律制度以《矿山安全法》为核心，遵循《煤炭法》的有关规定，由适用于煤矿、非煤矿山以及石油天然气安全生产的法律、法规、规章、标准、规程和规范组成。这类法律制度比较健全，国家颁布了《矿山安全法》、《煤炭法》、《矿山安全法实施条例》、《煤矿安全监察条例》、《石油天然气管道保护条例》、《乡镇煤矿管理条例》和《煤炭生产许可证管理办法》。现在有关煤矿矿山安全生产的国家标准约有 200 多项，此外，还制定颁布了《煤矿安全管理规程》、《国务院关于预防煤矿生产安全事故的特别规定》。

2. 危险物品管理法律制度

由于危险物品具有危险性大，容易造成人身伤害、财产损失的特性，必须特别加强监督管理。因此危险物品管理的有关法律、法规对危险物品的生产、经营、运输、储存、使用以及废弃危险物品的处置都要求经有关部门审批，并接受有关主管部门依法实施的监督管理。未经审批，不得擅自从事有关危险物品的生产、经营、运输、储存、使用或者处置废弃危险物品的活动，否则，要承担相应的法律责任。

世界各国都比较重视对危险物品的安全管理立法，尤其是工业比较发达的国家和地区，如：美国、欧盟、日本等，都制定了严格的危险物品安全管理法规和标准，以防止危险品可能对人体和环境造成的危害。

我国危险物品管理法律制度以《安全生产法》、《危险化学品安全管理条例》为核心，由适用于危险物品的生产、经营、储存、使用、运输安全生产的法律、法规、规章和标准组成。 这类管理制度有《作业场所安全使用化学品公约》、《危险化学品安全管理条例》、《民用爆炸物品管理条例》、《使用有毒物品作业场所劳动保护条例》、《放射性同位素与射线装置放射防护条例》、《核材料管制条例》、《放射性药品管理办法》、《核材料管理条例》、《危险化学品经营管理办法》、《危险化学品包装物、容器定点生产管理办法》、《危险物品运输安全管理条例》、《危险化学品事故应急救援条件》。

3. 建筑安全管理法律制度

世界上大多数的国家，特别是经济比较发达的美国、日本等国都非常重视建筑业的安全立法，并将防范建筑业伤亡事故列为安全监察工作的重点。国际劳工组织也于1988年通过了《建筑业安全和卫生公约》。近年来由于我国建筑业的规模快速增长，但安全责任不落实，监管不到位，行业的整体素质低下，安全生产规章制度得不到落实，一线操作人员安全意识和技能较差，造成我国建筑业伤亡事故频频发生，伤亡人数呈上升趋势，因此加强建筑业安全立法十分必要。

建筑安全管理法律制度以《安全生产法》、《建筑法》、《建筑工程安全管理条例》为核心，由适用于建筑施工方面的安全生产的法律法规、规章、标准、规程、规范等组成。 我国此类法律制度比较健全，国家先后颁布了《安全生产法》、《建筑法》、《建设工程安全生产管理条例》、《建设工程质量管理条例》、《建筑工程施工许可证管理办法》等法律制度，我国已批准加入国际劳工组织通过的《建筑业安全和卫生公约》，同时，建筑行业的国家标准、行业标准有300多项。

4. 交通运输安全管理法律制度

交通运输安全管理的法律制度以《安全生产法》为基础，由铁路、道路交通、水上交通、民用航空等运输业的法律法规组成。 这几类行业主要以行业主管部门的监督管理为主，实际的地方性法规、地方政府规章很少。总的来说，法律制度比较健全，各个行业都有相应的法律法规。如铁路运输有《铁路法》、《铁路运输安全保护条例》等；民航运输业有《民用航空法》、《民用航空器适航条例》、《民用航空安全保卫条例》以及有关的国际公约和相关的规则等；道路交通业有《道路交通安全法》、《道路交通事故处理办法》等；水上交通业有《海上交通安全法》、《海上交通事故调查处理条例》、《渔港水域交通安全条例》、《内河交通安全管理条例》等等。此外，铁路、道路交通、水上交通等行业主管部门制定了大量的规章、标准等。因此，交通运输安全法律制度主要是一个补充完善的过程，特别是道路交通、水上交通和铁路方面的配套规章的制定。

5. 公众聚集场所及消防安全法律制度

此类法律制度以《消防法》为核心，由适用于公众聚集场所的法律、法规等组成。 由于公众聚集场所涉及的人员众多，近几年也发生了多起群伤群亡的恶性事故，因此，此类法律制度的健全和完善十分有必要。目前，这类法律制度主要有《消防法》以及与之相配套的《公共娱乐场所消防安全管理规定》、《消防监督检查规定》、《机关团体企业事业单位消防安全规定》、《公众设施安全法》、《旅游设施安全监督管理规定》、《集贸市场消防安全管理规定》、《仓库防火安全管理规则》、《火灾统计管理规定》等等。

6. 其他有关安全生产法律制度

除上述几种专项法律制度外，其他有关安全生产的法律、法规、规章、标准、规程和规范都应归入到这种法律制度中。其他有关安全生产的法律制度也是以《安全生产法》为核心，由适用于石化、电力、机械、建材、造船、冶金、轻纺、军工、商贸等行业安全生产的法律、法规、规章、标准、规程等组成。这类法律制度所涉及的行业比较多，这些行业近年来发生事故的概率相对较小，大多数行业都有相应的主管部门管理，也制定了许多规章和标准，如石化、纺织、冶金等等。

第二节　安全生产法

《安全生产法》于2002年6月29日第九届全国人民代表大会常务委员会第二十八次会议通过，以中华人民共和国主席令第70号公布，2002年11月1日起施行，并于2014年8月31日修订。

《安全生产法》解决了社会主义市场经济体制下安全生产工作如何制度化、法律化的问题，它的颁布实施体现了"三个代表"的重要思想；体现了宪法中关于改善劳动条件、加强劳动保护的基本要求和我国的社会主义本质；体现了依法治国的基本方略。不仅是全国广大安全生产工作者的一件大事，更是我国安全生产法制建设的里程碑，体现我国安全生产领域中综合性、基础性的法律制度。它的实施有利于加强我国安全生产法律法规建设；有利于改变我国人权状况；有利于依法规范生产经营单位安全生产；有利于各级政府加强安全生产领导；有利于安全监管部门依法行政加强监管；有利于提高经营管理者和从业人员安全素质；有利于增强公民安全法律意识；有利于制裁各种安全违法行为。

《安全生产法》确立了安全生产的7项法律制度：

（1）安全生产监督管理制度；

（2）生产经营单位安全保障制度；

(3) 生产经营单位负责人安全责任制度；
(4) 从业人员安全生产权利义务制度；
(5) 为安全生产提供技术、管理服务的机构的工作制度；
(6) 安全生产责任追究制度；
(7) 事故应急救援和处理制度。

这7项法律制度分别在《安全生产法》的前六章中作了详细的规定。

一、《安全生产法》的总则规定了立法目的、适用范围

包括安全生产管理的方针；生产经营单位必须依法建立、健全安全生产的责任制度；生产经营单位的主要负责人的责任；生产经营单位在安全生产方面的义务；工会在安全生产工作中的地位和作用；各级人民政府在安全生产工作中的职责；各级人民政府负责安全生产监督管理部门及有关部门的安全生产监督管理职责；保障安全生产的国际标准或者行业标准的制定和执行；各级人民政府加强对安全知识的宣传；有关协会提供安全生产服务的要求；对为安全生产提供技术、管理服务的机构的要求；国家实行生产安全事故责任追究制度；国家鼓励进行安全生产科技研究和推广运用；国家在对安全生产工作中取得显著成绩的单位和个人给予奖励等。

二、关于生产经营单位的安全生产保障

生产经营单位是生产经营活动的主体，在安全生产工作中处于核心的地位。保障安全生产，生产经营单位是关键。从近年来看，发生的安全事故大都与生产经营单位不具备基本的安全生产条件或者安全生产管理体系不到位有直接的关系。因此，《安全生产法》本着"预防为主"的原则，有针对性地对生产经营单位应具备的安全生产条件和加强安全生产管理作了规定，具有十分重要的意义。

生产经营单位的安全保障主要规定了对生产经营单位安全生产条件的基本要求；生产经营单位主要负责人的安全生产责任；生产经营单位安全生产责任制的要求；对生产经营单位安全生产投入的要求；生产经营单位安全生产机构的设置及安全管理人员的配备；生产经营单位的安全生产管理机构和安全生产管理人员的职责及任职要求；对生产经营单位主要负责人及安全管理人员任职资格要求；生产经营单位对从业人员、被派遣劳动者、实习学生进行安全生产教育和培训的义务；对生产经营单位特种作业的特殊资质要求；生产经营单位建设工程项目的安全设施与主体工程的"三同时"要求以及对危险性较大的行业建设项目进行安全条件论证和安全评价的特殊要求；对建设项目安全设施的设计、施工、竣工验收的要求；对生产经营单位设施、设备、生产经营场所、工艺的安全要求；对危险物品生产、经营、运输、储存、使用以及危险性作业的特殊要求；重大危险源登记建档；生产安全事故隐患排查治理要求；生产经营单位对从业人员负有的义务；对两个以上生产经营单位共同作业的安全生产管理特别规定；对生产经营单位发包、出租的特别规定以及生产经营单位发生重大安全事故时对主要负责人的要求等等。

三、关于从业人员的安全生产权利义务

（一）从业人员的七项权利

（1）知情权，即了解其作业场所和工作岗位存在的危险因素、防范措施和事故应急措施的权利；

（2）建议权，即对本单位的安全生产工作提出建议的权利；

（3）批评、检举、控告权，即对本单位安全生产管理工作中存在的问题提出批评、检举、控告的权利；

（4）拒绝权，即拒绝违章作业指挥和强令冒险作业的权利；

（5）紧急避险权，即发现直接危及人身安全的紧急情况时，停止作业或者在采取可能的应急措施后撤离作业场所的权利；

（6）受偿权，即因生产安全事故受到损害时依法提出要求赔偿和享受工伤社会保险的权利；

（7）获得符合国家标准或者行业标准劳动防护用品的权利。

（二）在作业工程中从业人员的三项义务

（1）自律遵规的义务，即从业人员在作业过程中，应当严格遵守本单位的安全生产规章制度和操作规程，服从管理，正确佩戴和使用劳动防护用品；

（2）接受安全生产教育和培训，自觉学习安全生产知识的义务，努力掌握本职工作所需的安全生产知识，提高安全生产技能，增强事故预防和应急处理能力；

（3）危险报告义务，即发现事故隐患或者其他不安全因素时，应当立即向现场安全生产管理人员或者本单位负责人报告。此外，还对生产经营单位不得与从业人员订立"生死合同"以及工会在安全生产管理中的权利等做出了规定。

四、关于安全生产的监督管理

在社会主义市场经济条件下，加强对企业安全生产的监督管理，创造良好的生产、生活环境，关系人民群众生命、财产安全，是各级人民政府及其有关部门的一项重要职责；从制度建设上讲，也是规范、约束企业安全生产行为，防止乃至杜绝生产安全事故发生的重要保证。做好安全生产的监督管理工作，仅靠政府及有关部门是不够的，必须走专门机关和群众相结合的道路，充分调动和发挥社会各界的积极性，齐抓共管，群防群治，才能建立起经常性的、有效的监督机制，从根本上保障生产经营单位的安全生产。《安全生产法》从三个方面规定了各级人民政府及其有关部门的监督管理职责。

（1）对国务院有关部门和县级以上地方各级人民政府应当加强对安全生产工作的领导，支持、督促各有关部门依法履行安全生产监督管理职责，对安全生产监督管理中存在的重大问题及时予以协调、解决。县级以上地方各级人民政府应当根据本行政区域内的安

全生产状况，组织有关部门按照职责分工，对本行政区域内容易发生重大生产安全事故的生产经营单位进行严格检查；发现事故隐患，应当及时处理。这是我国法律第一次以法律的形式规定安全生产工作的综合监督管理部门。

（2）对行政执法监督的各个环节，都作了严格规定，要坚决克服行政执法监督部门责任不明、审批不严和监督不力的突出问题，负责安全生产监督管理的部门和有关部门依照有关法律、法规的规定，对涉及安全生产事项，需要审批的，必须严格依照有关法律、法规和国家标准规定的安全生产条件和程序进行审查；不符合有关法律、法规和国家标准规定的安全生产条件的，不得批准。对未依法取得批准的单位和个人擅自从事有关活动的，负责行政审批的部门发现或者接到举报后，应当立即予以取缔，并依法查处。对已经依法取得批准的单位和个人，负责行政审批的部门发现其不再具备安全生产条件的，应当撤销原批准。根据我国现行安全生产的法律、行政法规的规定，负有安全生产监督管理职责和审批权限的部门主要有：公安部门，负责对民用爆炸物品、剧毒化学品生产、经营以及消防安全、道路安全等实施监督管理；煤炭安全监察机构，负责对煤矿安全的监督管理；建筑行政部门，负责对建筑工程的监督管理；交通运输各部门分别对铁路、水路、民航运输安全的监督管理；质量技术监督部门、工商行政管理部门等也在各自的职责范围之内，负责有关的安全生产监督管理工作。

（3）对安全监督检查人员必要的职权和义务也提出了明确的要求。

◆ 现场调查取证权，即安全生产监督检查员可以进入生产经营单位进行现场调查，单位不得拒绝，有权向被检查单位调阅资料，向有关人员（负责人、管理人员、技术人员）了解情况。

◆ 对现场违法行为纠正处罚权，即对检查中发现的安全生产违法行为，当场予以纠正或者要求限期改正；对依法应当给予行政处罚的行为，依照法规作出行政处罚决定。

◆ 对现场隐患、危急情况处置权，对检查中发现的事故隐患，应当责令立即排除；重大事故隐患排除前或者排除过程中无法保证安全的，应当责令从危险区域内撤出作业人员，责令暂时停产停业或者停止使用；重大事故隐患排除后，经审查同意，方可恢复生产经营和使用。

◆ 查封、扣押行政强制措施权，其对象是安全设施、设备、器材、仪表等；依据是不符合国家或行业安全标准；条件是必须按程序办事、有足够证据、经部门负责人批准、通知被查单位负责人到场、登记记录等，并必须在15日内作出决定。

安全监管部门和监督检查人员应尽的义务是：

（1）审查、验收禁止收取费用；

（2）禁止要求被审查、验收的单位购买指定产品；

（3）必须遵循忠于职守、坚持原则、秉公执法的执法原则；

（4）监督检查时须出示有效的监督执法证件。

（4）在明确有关行政执法部门上述安全监督管理职责及安全监管人员的权利义务的同时，还对工会组织的监督、社会公众的监督、基层群众组织的监督作了规定。如社会机构的监督;承担安全评价、认证、检测、检验等的安全生产机构要具备国家规定的资质条件,并对其出具的有关报告、证明负责。社会公众的监督:任何单位或者个人对事故隐患或者安全生产违法行为,都有权向负有安全生产监督管理职责的部门报告或者举报;基层群众性自治组织发现所在区域的生产经营单位存在事故隐患或者安全生产违法行为时,应当向当地政府或有关部门报告。新闻媒体的监督:新闻、出版、广播、电影、电视等单位有进行安全生产公益宣传教育的义务,有对违反安全生产法律、法规的行为进行舆论监督的权利。

五、关于生产安全事故的应急救援与调查处理

主要规定了生产安全事故的应急救援以及生产安全事故的调查处理两方面的内容。具体包括:生产安全事故应急能力建设和事故应急救援信息系统;县级以上地方各级人民政府应当组织有关部门制定特大生产安全事故应急救援预案,建立应急救援体系;有关生产经营单位应当制定应急救援预案,建立应急救援组织,指定应急救援人员,配备维护应急救援器材、设备;发生生产安全事故时,生产经营单位负责人应当迅速采取有效措施,组织抢救,防止事故扩大,并按规定上报政府有关部门;有关地方人民政府及负有安全生产监督管理职责的部门负责人应当立即赶到重大生产安全事故现场组织、指挥事故抢救。关于生产安全事故的调查处理,主要是在事故发生后,及时、准确地查清事故原因,查明事故性质和责任,总结教训,进行整改。对责任事故,应当追究生产经营单位及失职、渎职行为的行政部门的法律责任。对依法进行的事故调查处理活动,任何单位和个人不得阻挠和干涉。负责安全生产监督管理的部门应当定期统计分析本行政区域内发生的生产安全事故,并定期向社会公布。

六、关于法律责任

主要规定了负有安全生产监督管理职责的部门工作人员,承担安全评价、认证、检验、检测的机构,各级人民政府工作人员、其他国家机关工作人员以及生产经营单位及其有关人员、从业人员违反本法所应承担的法律责任。包括民事法律责任、行政法律责任和刑事法律责任。

第三节 其他安全生产相关法律法规

一、《矿山安全法》关于安全生产的有关规定

《中华人民共和国矿山安全法》于1992年由第七届全国人大常委会第二十八次会议通过,1993年5月1日起实施,相关的《矿山安全法实施条例》于1996年10月30日由原劳动部发布施行。该法是国家为了保障矿山生产安全,防止矿山事故,保护矿山职工安全,促进采矿业的健康发展而制定的专门法律。是新中国成立以来由全国人大颁布的第一

部劳动安全法律，是矿山安全生产法律法规的依据。

（一）总则规定

矿山企业必须具有保障安全生产的设施，建立、健全安全管理制度，采取有效措施改善职工劳动条件，加强矿山安全管理工作，保证安全生产。国务院安全生产监督管理行政主管部门对全国矿山安全工作实施统一监督。县级以上地方各级人民政府安全生产监督管理行政主管部门对本行政区域的矿山安全工作实施统一监督。县级以上人民政府管理矿山企业的主管部门对矿山安全工作进行管理。

（二）矿山建设安全保障规定

矿山建设工程的安全设施必须和主体工程同时设计、同时施工、同时投入生产和使用。矿山建设工程的设计文件，必须符合矿山安全规程和行业技术规范，并按照国家规定经管理矿山企业的主管部门批准；不符合矿山安全规程和行业技术规范的，不得批准。矿山建设工程安全设施的设计必须有安全生产监督管理行政主管部门参加审查。矿山安全规程和行业技术规范，由国务院管理矿山企业的主管部门制定。矿山设计项目必须符合有关矿山安全规程和行业技术规范。

（三）矿山开采安全保障规定

矿山开采必须具备保障安全生产的条件，执行开采不同矿种的矿山安全规程和行业技术规范。矿山设计规定保留的矿柱、岩柱，在规定的期限内，应当予以保护，不得开采或者毁坏。矿山使用的有特殊安全要求的设备、器材、防护用品和安全检测仪器，必须符合国家安全标准或者行业安全标准；不符合国家安全标准或者行业安全标准的，不得使用。矿山企业必须对作业场所中的有毒有害物质和井下空气含氧量进行检测，保证符合安全要求。矿山企业必须对危害安全的事故隐患采取预防措施。矿山企业对使用机械、电气设备，排土场、矸石山、尾矿库和矿山闭坑后可能引起的危害，应当采取预防措施。

（四）矿山企业的安全管理规定

矿山企业必须建立、健全安全生产责任制。矿长对本企业的安全生产工作负责。矿长应当定期向职工代表大会或者职工大会报告安全生产工作，发挥职工代表大会的监督作用。矿山企业职工必须遵守有关矿山安全的法律、法规和企业规章制度。矿山企业职工有权对危害安全的行为，提出批评、检举和控告。矿山企业召开讨论有关安全生产的会议，应当有工会代表参加，工会有权提出意见和建议。矿山企业工会发现企业行政方面违章指挥、强令工人冒险作业或者生产过程中发现明显重大事故隐患和职业危害，有权提出解决的建议；发现危及职工生命安全的情况时，有权向矿山企业行政方面建议组织职工撤离危险现场，矿山企业行政方面必须及时作出处理决定。矿山企业必须对职工进行安全教育、培训，未经安全教育、培训的，不得上岗作业。矿山企业安全生产的特种作业人员必须接受专门培训，经考核合格取得操作资格证书的，方可上岗作业。矿山企业必须向职工发放保障安全生产所需的劳动防护用品。矿山企业不得录用未成年人从事矿山井下劳动。矿山企业对女职工按照国家规定实行特殊劳动保护，不得分配女职工从事矿山井下劳动。矿山企业必须制定矿山事故防范措施，并组织落实。矿山企业应当建立由专职或者兼职人员组成的救护和医疗急救组织，配备必要的装备、器材和药物。矿山企业必须从矿产品销售额中按照国家规定提取安全技术措施专项费用。安全技术措施专项费用必须全部用于改善矿山安全生产条件，不得挪作他用。

（五）矿山安全的监督和管理规定

县级以上各级人民政府安全生产监督管理行政主管部门对矿山安全工作行使监督职责：

（1）检查矿山企业和管理矿山企业的主管部门贯彻执行矿山安全法律、法规的情况；

（2）参加矿山建设工程安全设施的设计审查和竣工验收；

（3）检查矿山劳动条件和安全状况；

（4）检查矿山企业职工安全教育、培训工作；

（5）监督矿山企业提取和使用安全技术措施专项费用的情况；

（6）参加并监督矿山事故的调查和处理；

（7）法律、行政法规规定的其他监督职责。

县级以上人民政府管理矿山企业的主管部门对矿山安全工作行使下列管理职责：

（1）检查矿山企业贯彻执行矿山安全法律、法规的情况；

（2）审查批准矿山建设工程安全设施的设计；

（3）负责矿山建设工程安全设施的竣工验收；

（4）组织矿长和矿山企业安全工作人员的培训工作；

（5）调查和处理重大矿山事故；

（6）法律、行政法规规定的其他管理职责。

安全生产监督管理行政主管部门的矿山安全监督人员有权进入矿山企业，在现场检查安全状况；发现有危及职工安全的紧急险情时，应当要求矿山企业立即处理。

（六）矿山事故处理方面的规定

发生矿山事故，矿山企业必须立即组织抢救，防止事故扩大，减少人员伤亡和财产的损失，对伤亡事故必须立即如实地报告安全生产监督管理行政部门和管理矿山企业的主管部门。发生一般矿山事故，由矿山企业负责调查和处理。发生重大的矿山事故，由政府及其有关部门、工会和矿山企业按照行政法规的规定进行调查和处理。矿山企业对矿山事故中伤亡的职工按照国家的规定予以抚恤或者补偿。矿山事故发生后，应当尽快消除现场的危险，查明事故原因，提出防范措施。现场危险消除后，方可恢复生产。

（七）法律责任方面规定

违反本法规的由安全生产监督管理行政主管部门责令改正，并可处以罚款；情节严重的提请县级以上人民政府决定责令停产整顿或者由主管部门吊销其采矿许可证和营业执照；对主管人员和直接责任人员由其所在单位或者上级主管机关给予行政处分。

矿山企业主管人员违章指挥，强令工人冒险作业，对矿山事故隐患不采取措施，因而发生重大伤亡事故的，依照《刑法》的规定追究刑事责任。矿山安全监督人员和安全管理人员滥用职权、玩忽职守、徇私舞弊，构成犯罪的，依法追究刑事责任；不构成犯罪的，给予行政处分。

二、《煤矿安全监察条例》关于安全生产的有关规定

2000 年 11 月 7 日国务院第 296 号令发布《煤矿安全监察条例》，自 2000 年 12 月 1 日起施行。《煤矿安全监察条例》的立法目的是为了保障煤矿安全，规范煤矿安全监察工作，保护煤矿职工人身安全和身体健康。

（一）煤矿安全监察体制

国务院于 1999 年 12 月决定设立国家煤矿安全监察局，当时在全国 20 个主要产煤的省、自治区设立煤矿安全监察局，在接近 70 个大中型煤矿矿区设立煤矿安全监察办事处。三级煤矿安全监察机构实行由国家与省双重领导、以国家为主的管理体制，由国家煤矿安全监察局垂直领导。煤矿安全监督管理体制改革的实践，表明体制改革的方向是正确的，成效是明显的。为了进一步完善煤矿安全监督管理体制，2005 年 1 月国务院决定增设 5 个省级煤矿安全监察局，将煤矿安全监察办事处改为地区煤矿安全监察分局，并对煤矿安全监察与地方煤矿安全监督管理的职责作出了分工。

作为负责煤矿安全监察的专门行政执法机构，各级煤矿安全监察机构必须依法行政，依法监察，煤矿安全监察必须有法可依。因此，有必要通过法律形式确定煤矿安全监察机构的地位、职责和煤矿安全监察内容，将煤矿安全监察纳入法制轨道。

（二）煤矿安全监察机构及其职责

1. 煤矿安全监察机构的法律地位

《煤矿安全监察条例》明确规定，国家对煤矿安全实行监察制度。国务院决定设立的煤矿安全监察机构按照国务院规定的职责，依照本条例的规定实施安全监察。地方人民政府应当加强煤矿安全管理工作，支持和协助煤矿安全监察机构依法对煤矿实施安全监察。煤矿安全监察机构应当及时向有关地方人民政府通报煤矿安全监察的有关情况，并可以提出加强和改善煤矿安全管理的建议。煤矿安全监察应当以预防为主，及时发现和消除事故隐患，有效纠正影响煤矿安全的违法行为，实行安全监察与促进安全管理相结合、教育与惩处相结合。煤矿安全监察机构依法行使职权，不受任何组织和个人的非法干涉。煤矿及其有关人员必须接受并配合煤矿安全监察人员依法实施的安全监察，不得拒绝、阻挠。

2. 煤矿安全监察机构的职责

依照《煤矿安全监察条例》的规定，煤矿安全监察机构的职责包括 4 个方面：

（1）行政处罚权。地区煤矿安全监察机构及其地区煤矿安全监察分局负责对划定区域

内的煤矿实施安全监察;地区煤矿安全监察分局在国家煤矿安全监察局规定的权限范围内,可以对违法行为实施行政处罚。

(2) 安全检查权。地区煤矿安全监察机构、地区煤矿安全监察分局应当对煤矿实施经常性的安全检查;对事故多发地区的煤矿,应当实施重点安全检查。国家煤矿安全监察机构根据煤矿安全工作的实际情况,组织对全国煤矿的全面安全检查或者重点安全抽查。

地区煤矿安全监察机构、地区煤矿安全监察分局应当对每个煤矿建立煤矿安全监察档案。煤矿安全监察人员对每次检查的内容、发现的问题及其处理情况,应当作详细记录,并由参加检查的煤矿安全监察人员签名后归档。

(3) 建议报告权。煤矿安全监察机构在实施安全监察过程中,发现煤矿存在的安全问题涉及有关人民政府或其有关部门的,应当向有关人民政府或其有关部门提出建议,并向上级人民政府或其有关部门报告。

(4) 事故调查处理权。

(三) 煤矿安全监察员的职权

1. 煤矿安全监察员资格条件

煤矿安全监察员是具体负责煤矿安全监察和行政执法工作的国家公务人员。煤矿安全监察员的素质与其能否秉公执法关系极大。《煤矿安全监察条例》第十条规定:煤矿安全监察机构应当设煤矿安全监察员。煤矿安全监察员应当公道、正派,熟悉煤矿安全法律、法规和规章,具有相应的专业知识,并经考试录用。2000年12月29日国家煤矿安全监察局颁布的《煤矿安全监察员管理暂行办法》规定了煤矿安全监察员任职的5项条件,由国家煤矿安全监察机构任命:

(1) 热爱煤矿安全监察工作,熟悉国家有关煤矿安全工作的方针、政策、法律、法规、规章、标准、规程。

(2) 熟悉煤矿安全监察业务,具有煤矿安全方面的专业知识。

(3) 具有大学专科以上学历。

(4) 符合国家煤矿安全监察机构规定的工作经历和年龄要求。

(5) 身体健康,适应煤矿安全监察工作需要。

2. 煤矿安全监察员的职权

依照《煤矿安全监察条例》和《煤矿安全监察员管理暂行办法》的规定,煤矿安全监察员依法履行下列职责:

(1) 有权随时进入煤矿作业现场进行检查,调阅有关资料,参加煤矿安全生产会议,向有关单位或者人员了解情况。

(2) 在检查中发现影响煤矿安全的违法行为,有权当场予以纠正或者要求限期改正。

(3) 进行现场检查时,发现存在事故隐患的,有权要求煤矿立即消除或者限期解决;发现危险职工生命安全的紧急情况时,有权要求立即停止作业,下达立即从危险区域内撤出作业人员的命令,并立即将紧急情况和处理措施报告煤矿安全监察机构。

（4）发现煤矿作业场所的瓦斯、粉尘或者其他有毒有害气体的浓度超过国家安全标准或者行业安全标准的，煤矿擅自开采保安煤柱的，或者采用危及相邻煤矿生产安全的决水、爆破、贯通巷道等危险方法进行采矿作业的，有权责令立即停止作业，并将有关情况报告煤矿安全监察机构。

（5）发现煤矿矿长或者其他主管人员违章指挥工人或者强令工人违章、冒险作业，或者发现工人违章作业的，有权立即责令纠正或者责令立即停止作业。

（6）法律、行政法规赋予的其他权力。

（四）煤矿安全监察的主要内容

煤矿安全监察内容是实施煤矿安全监察的重要事项，《煤矿安全监察条例》对此做出了 7 个方面的规定：

- ◆ 煤矿安全生产责任制；
- ◆ 矿长安全任职资格；
- ◆ 安全技术措施专项费的提取和使用；
- ◆ 安全设施设计审查；
- ◆ 安全设施验收和安全条件审查；
- ◆ 作业现场检查和复查；
- ◆ 专用设备监督检查。

（五）煤矿事故调查处理的规定

1. 煤矿安全监察机构负责组织调查处理

煤矿发生伤亡事故的，由煤矿安全监察机构负责组织调查处理。

2. 事故调查程序和处理办法

煤矿安全监察机构组织调查处理事故，应当依照国家规定的事故调查程序和处理办法进行。

（六）煤矿安全违法行为应负的法律责任

1. 吊销采矿许可证和煤炭生产许可证

煤矿建设工程安全设施设计未经煤矿安全监察机构审查同意，擅自施工的，由煤矿安全监察机构责令停止施工；拒不执行的，由煤矿安全监察机构移送地质矿产主管部门依法吊销采矿许可证。

煤矿建设工程安全设施和条件未经验收或者验收不合格，擅自投入生产的，由煤矿安全监察机构责令停止生产，处 5 万元以上 10 万元以下的罚款；拒不停止生产的，由煤矿安全监察机构移送地质矿产主管部门依法吊销采矿许可证。

煤矿矿井通风、防火、防水、防瓦斯、防毒、防尘等安全设施和条件不符合国家安全标准、行业安全标准、煤矿安全规程和行业技术规范的要求，经煤矿安全监察机构责令限期达到要求，逾期仍达不到要求的，由煤矿安全监察机构责令停产整顿；经停产整顿仍不具备安全生产条件的，由煤矿安全监察机构决定吊销安全生产许可证，并移送地质矿产主管部门依法吊销采矿许可证。

2. 吊销营业执照

依照《煤矿安全监察条例》规定被吊销采矿许可证、安全生产许可证的，由工商行政管理部门依法相应吊销营业执照。

3. 矿长、特种作业人员无证上岗的处罚

煤矿矿长不具备安全专业知识，或者特种作业人员未取得操作资格证书上岗作业，经煤矿安全监察机构责令限期改正，逾期不改正的，责令停产整顿；调整配备合格人员并经复查合格后，方可恢复生产。

煤矿分配职工上岗作业前未进行安全教育、培训，经煤矿安全监察机构责令限期改正，逾期不改正的，由煤矿安全监察机构处4万元以下的罚款；情节严重的，由煤矿安全监察机构责令停产整顿；对直接负责的主管人员和其他直接责任人员，依法给予纪律处分。

4. 拒绝检查、提供虚假情况和隐瞒事故隐患的处罚

煤矿有关人员拒绝、阻碍煤矿安全监察机构及其安全监察人员现场检查，或者提供虚假情况，或者隐瞒存在的事故隐患以及其他安全问题的，由煤矿安全监察机构给予警告，可以并处5万元以上10万元以下的罚款；情节严重的，由煤矿安全监察机构责令停产整顿；对直接负责的主管人员和其他直接责任人员，依法给予撤职直至开除的纪律处分。

5. 妨碍事故调查处理的处罚

煤矿发生事故，有不按规定及时、如实报告煤矿事故，伪造、故意破坏煤矿事故现场、阻碍、干涉煤矿事故调查工作，拒绝接受调查取证、提供有关情况和资料的，由煤矿安全监察机构给予警告，可以并处3万元以下15万元以上的罚款；情节严重的，由煤矿安全监察机构责令停产整顿；对直接负责的主管人员和其他直接责任人员，依法给予降级直至开除的纪律处分；构成犯罪的，依法追究刑事责任。

6. 安全监察人员违法行政的处罚

煤矿安全监察人员滥用职权、玩忽职守、徇私舞弊，发现煤矿事故隐患或者影响煤矿安全的违法行为不及时处理或者报告，或者有违反《煤矿安全监察条例》第十九条规定行为之一，构成犯罪的，依法追究刑事责任；尚不构成犯罪的，依法给予行政处分。

第十九条 煤矿安全监察机构及其煤矿安全监察人员不得接受煤矿的任何馈赠、报酬、福利待遇，不得在煤矿报销任何费用，不得参加煤矿安排、组织或者支付费用的宴请、娱乐、旅游、出访等活动，不得借煤矿安全监察工作在煤矿为自己、亲友或者他人谋取利益。

三、《危险化学品安全管理条例》关于安全生产的有关规定

2002年1月26日中华人民共和国国务院令第344号公布《危险化学品安全管理条例》，2011年2月16日国务院第144次常务会议修订。《危险化学品安全管理条例》的立法目的是为了加强危险化学品的安全管理，预防和减少危险化学品事故，保障人民群众生命财产安全，保护环境。

（一）关于危险化学品安全管理的基本要求

1. 危险化学品的范围

危险化学品，是指具有毒害、腐蚀、爆炸、燃烧、助燃等性质，对人体、设施、环境具有危害的剧毒化学品和其他化学品。危险化学品目录，由国务院安全生产监督管理部门会同国务院工业和信息化、公安、环境保护、卫生、质量监督检验检疫、交通运输、铁路、民用航空、农业主管部门，根据化学品危险特性的鉴别和分类标准确定、公布，并适时调整。2015年2月27日，安全监管总局会同工业和信息化部、公安部、环境保护部、交通运输部、农业部、国家卫生计生委、质检总局、铁路局、民航局制定了《危险化学品目录（2015版）》。

2. 《危险化学品安全管理条例》的适用范围

（1）适用范围

在中华人民共和国境内生产、经营、储存、运输、使用危险化学品和处置废弃危险化学品，必须遵守《危险化学品安全管理条例》和国家有关安全生产的法律、其他行政法规的规定。进口危险化学品的经营、储存、运输、使用和处置废弃危险化学品，依照《危险化学品安全管理条例》的规定执行。

《危险化学品安全管理条例》的适用范围非常广泛，覆盖了危险化学品安全管理的各个环节。凡是在我国境内的企业、事业单位和公民个人从事危险化学品的生产、经营、储存、运输、使用以及进口危险化学品的经营、储存、运输、使用和处置等活动，必须遵守这部行政法规。

（2）排除适用

《危险化学品安全管理条例》第九十七条规定，监控化学品、属于危险化学品的药品和农药的安全管理，依照本条例的规定执行；国家另有规定的，依照其规定。民用爆炸品、烟花爆竹、放射性物品、核能物质、用于国防科研生产的危险化学品和城镇燃气的安全管理，不适用本条例。

3. 危险化学品单位的安全责任

生产、经营、储存、运输、使用危险化学品和处置废弃危险化学品的单位（以下统称危险化学品单位），其主要负责人必须保证本单位危险化学品的安全管理符合有关法律、法规、规章的规定和国家标准的要求，并对本单位危险化学品的安全负责。危险化学品单

位从事生产、经营、储存、运输、使用危险化学品和处置废弃危险化学品活动的人员，必须接受有关法律、法规、规章和安全知识、专业技术、职业卫生防护和应急救援知识的培训，并经考核合格，方可上岗作业。

4. 危险化学品监督管理部门的职责

对危险化学品的生产、储存、使用、经营、运输实施安全监督管理的有关部门（以下统称负有危险化学品安全监督管理职责的部门），依照下列规定履行职责：

（1）安全生产监督管理部门负责危险化学品安全监督管理综合工作，组织确定、公布、调整危险化学品目录，对新建、改建、扩建生产、储存危险化学品（包括使用长输管道输送危险化学品，下同）的建设项目进行安全条件审查，核发危险化学品安全生产许可证、危险化学品安全使用许可证和危险化学品经营许可证，并负责危险化学品登记工作。

（2）公安机关负责危险化学品的公共安全管理，核发剧毒化学品购买许可证、剧毒化学品道路运输通行证，并负责危险化学品运输车辆的道路交通安全管理。

（3）质量监督检验检疫部门负责核发危险化学品及其包装物、容器（不包括储存危险化学品的固定式大型储罐，下同）生产企业的工业产品生产许可证，并依法对其产品质量实施监督，负责对进出口危险化学品及其包装实施检验。

（4）环境保护主管部门负责废弃危险化学品处置的监督管理，组织危险化学品的环境危害性鉴定和环境风险程度评估，确定实施重点环境管理的危险化学品，负责危险化学品环境管理登记和新化学物质环境管理登记；依照职责分工调查相关危险化学品环境污染事故和生态破坏事件，负责危险化学品事故现场的应急环境监测。

（5）交通运输主管部门负责危险化学品道路运输、水路运输的许可以及运输工具的安全管理，对危险化学品水路运输安全实施监督，负责危险化学品道路运输企业、水路运输企业驾驶人员、船员、装卸管理人员、押运人员、申报人员、集装箱装箱现场检查员的资格认定。铁路主管部门负责危险化学品铁路运输的安全管理，负责危险化学品铁路运输承运人、托运人的资质审批及其运输工具的安全管理。民用航空主管部门负责危险化学品航空运输以及航空运输企业及其运输工具的安全管理。

（6）卫生主管部门负责危险化学品毒性鉴定的管理，负责组织、协调危险化学品事故受伤人员的医疗卫生救援工作。

（7）工商行政管理部门依据有关部门的许可证件，核发危险化学品生产、储存、经营、运输企业营业执照，查处危险化学品经营企业违法采购危险化学品的行为。

（8）邮政管理部门负责依法查处寄递危险化学品的行为。

5. 危险化学品监督管理部门的日常监督检查权

根据《危险化学品安全管理条例》第六条的规定，负有危险化学品安全监督管理职责的部门依法进行监督检查，可以采取以下5项措施：

（1）进入危险化学品作业场所实施现场检查，向有关单位和人员了解情况，查阅、复制有关文件、资料；

(2) 发现危险化学品事故隐患，责令立即消除或者限期消除；

(3) 对不符合法律、行政法规、规章规定或者国家标准、行业标准要求的设施、设备、装置、器材、运输工具，责令立即停止使用；

(4) 经本部门主要负责人批准，查封违法生产、储存、使用、经营危险化学品的场所，扣押违法生产、储存、使用、经营、运输的危险化学品以及用于违法生产、使用、运输危险化学品的原材料、设备、运输工具；

(5) 发现影响危险化学品安全的违法行为，当场予以纠正或者责令限期改正。

负有危险化学品安全监督管理职责的部门依法进行监督检查，监督检查人员不得少于2人，并应当出示执法证件；有关单位和个人对依法进行的监督检查应当予以配合，不得拒绝、阻碍。

（二）危险化学品生产、储存、使用、经营、运输、登记安全管理规定

1. 危险化学品的生产、储存和使用

(1) 危险化学品的生产、储存的规划与审批

国家对危险化学品的生产和储存实行统筹规划、合理布局和严格控制，并对危险化学品生产、储存实行审批制度；未经审批，任何单位和个人都不得生产、储存危险品。设区的市级人民政府根据当地经济发展的实际需要，在编制总体规划时，应当按照确保安全的原则规划适当区域专门用于危险化学品的生产、储存。

(2) 设立危险化学品生产、储存企业的条件

危险化学品生产、储存企业，必须具备下列条件：

◆ 有符合国家标准的生产工艺、设备或者储存方式、设施。

◆ 工厂、仓库的周边防护距离符合国家标准或者国家有关规定。

◆ 有符合生产或者储存需要的管理人员和技术人员。

◆ 有健全的安全管理制度。

◆ 符合法律、法规规定和国家标准要求的其他条件。

(3) 企业设立的申请

设立剧毒化学品生产、储存企业和其他危险化学品生产、储存企业，应当分别向省、自治区、直辖市人民政府经济贸易管理部门和设区的市级人民政府负责危险化学品安全监督管理综合工作的部门提出申请，并提交下列文件：

◆ 可行性研究报告。

◆ 原料、中间产品、最终产品或者储存的危险化学品的燃点、自燃点、闪点、爆炸极限、毒性等理化性能指标。

◆ 包装、储存、运输的技术要求。

◆ 安全评价报告。

◆ 事故应急救援措施。

◆ 符合规定条件的证明文件。

有关人民政府经济贸易管理部门或者安全监督管理综合工作的部门依法审查申请人的条件和提交的文件，作出批准或者不批准的决定。申请人凭批准书向工商行政管理部门办理登记注册手续。

（4）生产装置和储存设施的选址

除运输工具加油站、加气站外，危险化学品的生产装置和储存数量构成重大危险源的储存设施，与下列场所、区域的距离必须符合国家标准或者国家有关规定：

- ◆ 居住区以及商业中心、公园等人员密集场所；
- ◆ 学校、医院、影剧院、体育场（馆）等公共设施；
- ◆ 饮用水源、水厂以及水源保护区；
- ◆ 车站、码头（依法经许可从事危险化学品装卸作业的除外）、机场以及通信干线、通信枢纽、铁路线路、道路交通干线、水路交通干线、地铁风亭以及地铁站出入口；
- ◆ 基本农田保护区、基本草原、畜禽遗传资源保护区、畜禽规模化养殖场（养殖小区）、渔业水域以及种子、种畜禽、水产苗种生产基地；
- ◆ 河流、湖泊、风景名胜区、自然保护区；
- ◆ 军事禁区、军事管理区；
- ◆ 法律、行政法规规定的其他场所、设施、区域。

已建的危险化学品生产装置或者储存数量构成重大危险源的危险化学品储存设施不符合前款规定的，由所在地设区的市级人民政府安全生产监督管理部门会同有关部门监督其所属单位在规定期限内进行整改；需要转产、停产、搬迁、关闭的，由本级人民政府决定并组织实施。

（5）危险化学品生产、储存和使用的安全管理

危险化学品生产、储存和使用的安全管理涉及各个环节，必须加强安全管理。《危险化学品安全管理条例》的多个条款分别作出了相关规定：

第十二条 新建、改建、扩建生产、储存危险化学品的建设项目（以下简称建设项目），应当由安全生产监督管理部门进行安全条件审查。

第十三条 生产、储存危险化学品的单位，应当对其铺设的危险化学品管道设置明显标志，并对危险化学品管道定期检查、检测。

进行可能危及危险化学品管道安全的施工作业，施工单位应当在开工的7日前书面通知管道所属单位，并与管道所属单位共同制定应急预案，采取相应的安全防护措施。管道所属单位应当指派专门人员到现场进行管道安全保护指导。

第十四条 危险化学品生产企业进行生产前，应当依照《安全生产许可证条例》的规定，取得危险化学品安全生产许可证。

第十五条 危险化学品生产企业应当提供与其生产的危险化学品相符的化学品安全技术说明书，并在危险化学品包装（包括外包装件）上粘贴或者拴挂与包装内危险化学品相符的化学品安全标签。化学品安全技术说明书和化学品安全标签所载明的内容应当符合国家标准的要求。

危险化学品生产企业发现其生产的危险化学品有新的危险特性的,应当立即公告,并及时修订其化学品安全技术说明书和化学品安全标签。

第十七条 危险化学品的包装应当符合法律、行政法规、规章的规定以及国家标准、行业标准的要求。

危险化学品包装物、容器的材质以及危险化学品包装的型式、规格、方法和单件质量(重量),应当与所包装的危险化学品的性质和用途相适应。

第二十条 生产、储存危险化学品的单位,应当根据其生产、储存的危险化学品的种类和危险特性,在作业场所设置相应的监测、监控、通风、防晒、调温、防火、灭火、防爆、泄压、防毒、中和、防潮、防雷、防静电、防腐、防泄漏以及防护围堤或者隔离操作等安全设施、设备,并按照国家标准、行业标准或者国家有关规定对安全设施、设备进行经常性维护、保养,保证安全设施、设备的正常使用。

生产、储存危险化学品的单位,应当在其作业场所和安全设施、设备上设置明显的安全警示标志。

第二十一条 生产、储存危险化学品的单位,应当在其作业场所设置通信、报警装置,并保证处于适用状态。

第二十五条 储存危险化学品的单位应当建立危险化学品出入库核查、登记制度。

第二十八条 使用危险化学品的单位,其使用条件(包括工艺)应当符合法律、行政法规的规定和国家标准、行业标准的要求,并根据所使用的危险化学品的种类、危险特性以及使用量和使用方式,建立、健全使用危险化学品的安全管理规章制度和安全操作规程,保证危险化学品的安全使用。

第二十九条 使用危险化学品从事生产并且使用量达到规定数量的化工企业(属于危险化学品生产企业的除外,下同),应当依照本条例的规定取得危险化学品安全使用许可证。

第三十一条 申请危险化学品安全使用许可证的化工企业,应当向所在地设区的市级人民政府安全生产监督管理部门提出申请,并提交其符合本条例第三十条规定条件的证明材料。

(6)生产、储存和使用剧毒化学品的安全管理

生产、储存剧毒化学品或者国务院公安部门规定的可用于制造爆炸物品的危险化学品(以下简称易制爆危险化学品)的单位,应当如实记录其生产、储存的剧毒化学品、易制爆危险化学品的数量、流向,并采取必要的安全防范措施,防止剧毒化学品、易制爆危险化学品丢失或者被盗;发现剧毒化学品、易制爆危险化学品丢失或者被盗的,应当立即向当地公安机关报告。生产、储存剧毒化学品、易制爆危险化学品的单位,应当设置治安保卫机构,配备专职治安保卫人员。储存剧毒化学品、易制爆危险化学品的专用仓库,应当按照国家有关规定设置相应的技术防范设施。

(7)危险化学品包装物、容器的安全管理

危险化学品的包装必须符合国家法律、法规、规章的规定和国家标准的要求。危险化

学品包装的材质、型式、规格、方法和单件质量（重量），应当与所包装的危险化学品的性质和用途相适应，便于装卸、运输和储存。危险化学品的包装物、容器，必须由省、自治区、直辖市人民政府经济贸易管理部门审查合格的专业生产企业定点生产，并经国务院质检部门认可的专业检测、检验机构检测、检验合格，方可使用。重复使用的危险化学品的包装物、容器在使用前，应当进行检查，并作出记录；检查记录至少应当保存两年。质检部门应当对危险化学品包装物、容器的产品质量进行定期的或者不定期的检查。

2. 危险化学品的经营

（1）危险化学品经营许可

国家对危险化学品经营（包括仓储经营，下同）实行许可制度。未经许可，任何单位和个人不得经营危险化学品。从事危险化学品经营的企业应当具备下列条件：

◆ 有符合国家标准、行业标准的经营场所，储存危险化学品的，还应当有符合国家标准、行业标准的储存设施；

◆ 从业人员经过专业技术培训并经考核合格；

◆ 有健全的安全管理规章制度；

◆ 有专职安全管理人员；

◆ 有符合国家规定的危险化学品事故应急预案和必要的应急救援器材、设备；

◆ 法律、法规规定的其他条件。

从事剧毒化学品、易制爆危险化学品经营的企业，应当向所在地设区的市级人民政府安全生产监督管理部门提出申请，从事其他危险化学品经营的企业，应当向所在地县级人民政府安全生产监督管理部门提出申请（有储存设施的，应当向所在地设区的市级人民政府安全生产监督管理部门提出申请）。申请人应当提交其符合本条例第三十四条规定条件的证明材料。设区的市级人民政府安全生产监督管理部门或者县级人民政府安全生产监督管理部门应当依法进行审查，并对申请人的经营场所、储存设施进行现场核查，自收到证明材料之日起 30 日内作出批准或者不予批准的决定。予以批准的，颁发危险化学品经营许可证；不予批准的，书面通知申请人并说明理由。

（2）经营危险化学品的禁止性规定

经营危险化学品，不得有下列行为：

◆ 危险化学品经营企业不得向未经许可从事危险化学品生产、经营活动的企业采购危险化学品，不得经营没有化学品安全技术说明书或者化学品安全标签的危险化学品。

◆ 危险化学品生产企业、经营企业销售剧毒化学品、易制爆危险化学品，应当查验本条例第三十八条第一款、第二款规定的相关许可证件或者证明文件，不得向不具有相关许可证件或者证明文件的单位销售剧毒化学品、易制爆危险化学品。

◆ 使用剧毒化学品、易制爆危险化学品的单位不得出借、转让其购买的剧毒化学品、易制爆危险化学品。

（3）剧毒化学品销售和购买

危险化学品生产企业、经营企业销售剧毒化学品、易制爆危险化学品，应当如实记录购买单位的名称、地址、经办人的姓名、身份证号码以及所购买的剧毒化学品、易制爆危险化学品的品种、数量、用途。销售记录以及经办人的身份证明复印件、相关许可证件复印件或者证明文件的保存期限不得少于1年。剧毒化学品、易制爆危险化学品的销售企业、购买单位应当在销售、购买后5日内,将所销售、购买的剧毒化学品、易制爆危险化学品的品种、数量以及流向信息报所在地县级人民政府公安机关备案,并输入计算机系统。

禁止向个人销售剧毒化学品(属于剧毒化学品的农药除外)和易制爆危险化学品。

3. 危险化学品的运输

(1) 危险化学品运输许可要求

从事危险化学品道路运输、水路运输的,应当分别依照有关道路运输、水路运输的法律、行政法规的规定,取得危险货物道路运输许可、危险货物水路运输许可,并向工商行政管理部门办理登记手续。

危险化学品道路运输企业、水路运输企业应当配备专职安全管理人员。

(2) 危险化学品运输人员的培训

危险化学品道路运输企业、水路运输企业的驾驶人员、船员、装卸管理人员、押运人员、申报人员、集装箱装箱现场检查员应当经交通运输主管部门考核合格,取得从业资格。

运输危险化学品的驾驶人员、船员、装卸管理人员、押运人员、申报人员、集装箱装箱现场检查员,应当了解所运输的危险化学品的危险特性及其包装物、容器的使用要求和出现危险情况时的应急处置方法。

(3) 危险化学品托运人和承运人的安全要求

危险化学品托运人和承运人对危险化学品运输过程中的安全负有重要职责,《危险化学品安全管理条例》的多个条款对此作出了规定:

第四十六条 通过道路运输危险化学品的,托运人应当委托依法取得危险货物道路运输许可的企业承运。

第四十八条 通过道路运输危险化学品的,应当配备押运人员,并保证所运输的危险化学品处于押运人员的监控之下。

运输危险化学品途中因住宿或者发生影响正常运输的情况,需要较长时间停车的,驾驶人员、押运人员应当采取相应的安全防范措施;运输剧毒化学品或者易制爆危险化学品的,还应当向当地公安机关报告。

第五十条 通过道路运输剧毒化学品的,托运人应当向运输始发地或者目的地县级人民政府公安机关申请剧毒化学品道路运输通行证。

第五十一条 剧毒化学品、易制爆危险化学品在道路运输途中丢失、被盗、被抢或者出现流散、泄漏等情况的,驾驶人员、押运人员应当立即采取相应的警示措施和安全措施,并向当地公安机关报告。公安机关接到报告后,应当根据实际情况立即向安全生产监督管理部门、环境保护主管部门、卫生主管部门通报。有关部门应当采取必要的应急处置措施。

第六十三条 托运危险化学品的，托运人应当向承运人说明所托运的危险化学品的种类、数量、危险特性以及发生危险情况的应急处置措施，并按照国家有关规定对所托运的危险化学品妥善包装，在外包装上设置相应的标志。

运输危险化学品需要添加抑制剂或者稳定剂的，托运人应当添加，并将有关情况告知承运人。

第六十四条 托运人不得在托运的普通货物中夹带危险化学品，不得将危险化学品匿报或者谎报为普通货物托运。

任何单位和个人不得交寄危险化学品或者在邮件、快件内夹带危险化学品，不得将危险化学品匿报或者谎报为普通物品交寄。邮政企业、快递企业不得收寄危险化学品。

（4）危险化学品水上运输安全管理

禁止利用内河以及其他封闭水域等航运渠道运输剧毒化学品以及国务院交通部门规定禁止运输的其他危险化学品。利用内河以及其他封闭水域等航运渠道运输上述规定以外的危险化学品的，只能委托有危险化学品运输资质的水运企业承运，并按照国务院交通部门的规定办理手续，接受有关交通部门（港口部门、海事管理机构）的监督管理。运输危险化学品的船舶及其配载的容器必须按照国家关于船舶检验的规范进行生产，并经海事管理机构认可的船舶检验机构检验合格，方可投入使用。

4．危险化学品的登记与事故应急救援

（1）危险化学品登记管理

国家实行危险化学品登记制度，并为危险化学品安全管理、事故预防和应急救援提供技术、信息支持。

（2）危险化学品事故应急预案

县级以上地方各级人民政府负责危险化学品安全监督管理综合工作的部门应当会同其他有关部门制定危险化学品事故应急预案，报本级人民政府批准。危险化学品单位应当制定本单位事故应急预案，配备应急救援人员和必要的应急救援器材、设备，并定期组织应急救援演练。危险化学品事故应急预案应当报所在地设区的市级人民政府安全生产监督管理部门备案。

（3）危险化学品事故救援

发生危险化学品事故，有关地方人民政府应当立即组织安全生产监督管理、环境保护、公安、卫生、交通运输等有关部门，按照本地区危险化学品事故应急预案组织实施救援，不得拖延、推诿。

有关地方人民政府及其有关部门应当按照下列规定，采取必要的应急处置措施，减少事故损失，防止事故蔓延、扩大：

◆ 立即组织营救和救治受害人员，疏散、撤离或者采取其他措施保护危害区域内的其他人员；

◆ 迅速控制危害源，测定危险化学品的性质、事故的危害区域及危害程度；

◆ 针对事故对人体、动植物、土壤、水源、大气造成的现实危害和可能产生的危害，迅速采取封闭、隔离、洗消等措施；

◆ 对危险化学品事故造成的环境污染和生态破坏状况进行监测、评估，并采取相应的环境污染治理和生态修复措施。

（三）危险化学品安全生产违法行为应负的法律责任

危险化学品安全监督管理部门及其工作人员的法律责任包括以下方面。

1. 危险化学品安全监督管理部门及其工作人员的法律责任

第九十五条　发生危险化学品事故，有关地方人民政府及其有关部门不立即组织实施救援，或者不采取必要的应急处置措施减少事故损失，防止事故蔓延、扩大的，对直接负责的主管人员和其他直接责任人员依法给予处分；构成犯罪的，依法追究刑事责任。

第九十六条　负有危险化学品安全监督管理职责的部门的工作人员，在危险化学品安全监督管理工作中滥用职权、玩忽职守、徇私舞弊，构成犯罪的，依法追究刑事责任；尚不构成犯罪的，依法给予处分。

2. 危险化学品单位的法律责任

《危险化学品安全管理条例》的多个条款对危险化学品单位的违法行为，分别规定了有关行政处罚。

四、《职业病防治法》关于安全生产的有关规定

2001年10月27日，第九届全国人民代表大会常务委员会第二十四次会议通过《职业病防治法》，自2002年5月1日起施行，2011年12月31日修订。立法目的是为了预防、控制和消除职业病危害，防治职业病，保护劳动者的健康及其相关权益，促进经济社会发展。《职业病防治法》中有关安全生产的主要规定包括以下内容。

（一）总则规定

职业病是指企业、事业和个体经济组织等用人单位的劳动者在职业活动中，因接触粉尘、放射性物质和其他有毒、有害物质等因素而引起的病。职业病防治工作坚持预防为主、防治结合的方针，实行分类管理、综合治理。

劳动者依法享有职业卫生保护的权利。用人单位应当为劳动者创造符合国家职业卫生标准和卫生要求的工作环境和条件，并采取措施保障劳动者获得职业卫生保护。用人单位应当建立、健全职业病防治责任制，加强对职业病防治的管理，提高职业病防治水平，对本单位产生的职业病危害承担责任。用人单位必须依法参加工伤保险。

国务院和县级以上地方人民政府劳动保障行政部门应当加强对工伤保险的监督管理，确保劳动者依法享受工伤保险待遇。国务院安全生产监督管理部门、卫生行政部门、劳动保障行政部门依照本法和国务院确定的职责，负责全国职业病防治的监督管理工作。国务院有关部门在各自的职责范围内负责职业病防治的有关监督管理工作。

(二) 前期预防规定

产生职业病危害的用人单位的设立除应当符合法律、行政法规规定的设立条件外，其工作场所还应当符合下列职业卫生要求：职业病危害因素的强度或者浓度符合国家职业卫生标准；有与职业病危害防护相适应的设施；生产布局合理，符合有害与无害作业分开的原则；有配套的更衣间、洗浴间、孕妇休息间等卫生设施；设备、工具、用具等设施符合保护劳动者生理、心理健康的要求；法律、行政法规和国务院卫生行政部门、安全生产监督管理部门关于保护劳动者健康的其他要求。

国家建立职业病危害项目申报制度。用人单位工作场所存在职业病目录所列职业病的危害因素的，应当及时、如实向所在地安全生产监督管理部门申报危害项目，接受监督。

新建、扩建、改建建设项目和技术改造、技术引进项目（以下统称建设项目）可能产生职业病危害的，建设单位在可行性论证阶段应当向安全生产监督管理部门提交职业病危害预评价报告。安全生产监督管理部门应当自收到职业病危害预评价报告之日起三十日内，作出审核决定并书面通知建设单位。未提交预评价报告或者预评价报告未经安全生产监督管理部门审核同意的，有关部门不得批准该建设项目。

(三) 劳动过程中的防护与管理规定

用人单位应当采取下列职业病防治管理措施：设置或者指定职业卫生管理机构或者组织，配备专职或者兼职的职业卫生专业人员，负责本单位的职业病防治工作；制定职业病防治计划和实施方案；建立、健全职业卫生管理制度和操作规程；建立、健全职业卫生档案和劳动者健康监护档案；建立、健全工作场所职业病危害因素监测及评价制度；建立、健全职业病危害事故应急救援预案。

用人单位应当保障职业病防治所需的资金投入，不得挤占、挪用，并对因资金投入不足导致的后果承担责任。

用人单位必须采用有效的职业病防护设施，并为劳动者提供个人使用的职业病防护用品。

产生职业病危害的用人单位，应当在醒目位置设置公告栏，公布有关职业病防治的规章制度、操作规程、职业病危害事故应急救援措施和工作场所职业病危害因素检测结果。对可能发生急性职业损伤的有毒、有害工作场所，用人单位应当设置报警装置，配置现场急救用品、冲洗设备、应急撤离通道和必要的泄险区。

用人单位应当实施由专人负责的职业病危害因素日常监测，并确保监测系统处于正常运行状态。发现工作场所职业病危害因素不符合国家职业卫生标准和卫生要求时，用人单位应当立即采取相应治理措施，仍然达不到国家职业卫生标准和卫生要求的，必须停止存在职业病危害因素的作业；职业病危害因素经治理后，符合国家职业卫生标准和卫生要求的，方可重新作业。

(四) 用人单位和劳动者在职业卫生保护中权利与义务规定

用人单位与劳动者订立劳动合同（含聘用合同，下同）时，应当将工作过程中可能产生的职业病危害及其后果、职业病防护措施和待遇等如实告知劳动者，并在劳动合同中写明，不得隐瞒或者欺骗。劳动者在已订立劳动合同期间因工作岗位或者工作内容变更，从事与所订立劳动合同中未告知的存在职业病危害的作业时，用人单位应当依照前款规定，向劳动者履行如实告知的义务，并协商变更原劳动合同相关条款。用人单位违反此规定的，劳动者有权拒绝从事存在职业病危害的作业，用人单位不得因此解除与劳动者所订立的劳动合同。

用人单位应当对劳动者进行上岗前的职业卫生培训和在岗期间的定期职业卫生培训，普及职业卫生知识，督促劳动者遵守职业病防治法律、法规、规章和操作规程，指导劳动者正确使用职业病防护设备和个人使用的职业病防护用品。

劳动者应当学习和掌握相关的职业卫生知识，遵守职业病防治法律、法规、规章和操作规程，正确使用、维护职业病防护设备和个人使用的职业病防护用品，发现职业病危害事故隐患应当及时报告。

用人单位不得安排未经上岗前职业健康检查的劳动者从事接触职业病危害的作业；不得安排有职业禁忌的劳动者从事其所禁忌的作业；对在职业健康检查中发现有与所从事的职业相关的健康损害的劳动者，应当调离原工作岗位，并妥善安置；对未进行离岗前职业健康检查的劳动者不得解除或者终止与其订立的劳动合同。

劳动者享有下列职业卫生保护权利：获得职业卫生教育、培训；获得职业健康检查、职业病诊疗、康复等职业病防治服务；了解工作场所产生或者可能产生的职业病危害因素、危害后果和应当采取的职业病防护措施；要求用人单位提供符合防治职业病要求的职业病防护设施和个人使用的职业病防护用品，改善工作条件；对违反职业病防治法律、法规以及危及生命健康的行为提出批评、检举和控告；拒绝违章指挥和强令进行没有职业病防护措施的作业；参与用人单位职业卫生工作的民主管理，对职业病防治工作提出意见和建议。

用人单位应当保障劳动者行使上述所列权利。因劳动者依法行使正当权利而降低其工资、福利等待遇或者解除、终止与其订立的劳动合同的，其行为无效。用人单位按照职业病防治要求，用于预防和治理职业病危害、工作场所卫生检测、健康监护和职业卫生培训等费用，按照国家有关规定，在生产成本中据实列支。

（五）职业病诊断与职业病病人保障规定

劳动者可以在用人单位所在地、本人户籍所在地或者经常居住地依法承担职业病诊断的医疗卫生机构进行职业病诊断。

用人单位和医疗卫生机构发现职业病病人或者疑似职业病病人时，应当及时向所在地卫生行政部门和安全生产监督管理部门报告。确诊为职业病的，用人单位还应当向所在地劳动保障行政部门报告。

医疗卫生机构发现疑似职业病病人时，应当告知劳动者本人并及时通知用人单位。用人单位应当及时安排对疑似职业病病人进行诊断；在疑似职业病病人诊断或者医学观察期间，不得解除或者终止与其订立的劳动合同。职业病病人依法享受国家规定的职业病待遇。

（六）监督检查规定

县级以上人民政府职业卫生监督管理部门依照职业病防治法律、法规、国家职业卫生标准和卫生要求，依据职责划分，对职业病防治工作进行监督检查。

发生职业病危害事故或者有证据证明危害状态可能导致职业病危害事故发生时，安全生产监督管理部门可以采取下列临时控制措施：责令暂停导致职业病危害事故的作业；封存造成职业病危害事故或者可能导致职业病危害事故发生的材料和设备；组织控制职业病危害事故现场。在职业病危害事故或者危害状态得到有效控制后，安全生产监督管理部门应当及时解除控制措施。

（七）法律责任规定

用人单位和建设单位违反本法规定，由安全生产监督管理部门给予警告，责令限期改正；逾期不改正的，处以罚款；情节严重的，责令停止产生职业病危害的作业，或者提请有关人民政府按照国务院规定的权限责令停建、关闭。

卫生行政部门、安全生产监督管理部门违反本法规定，通报批评，给予警告，对单位负责人、直接负责的主管人员和其他直接责任人员依法给予降级、撤职或者开除的处分。

五、《劳动法》关于安全生产的有关规定

《中华人民共和国劳动法》于1994年7月5日由第八届全国人民代表大会常务委员会第八次会议通过，1995年5月1日起施行。《劳动法》是调整劳动关系以及与劳动关系密切联系的其他法律规范的一部综合性的法律。其在总则中就明确规定：劳动者享有获得劳动安全卫生的权利，劳动者应当执行劳动安全卫生规程。其中在分则中多处明确了劳动保护与安全生产的规定，具体有以下方面。

（一）劳动合同方面的规定

劳动合同应当具备劳动保护和劳动条件的条款。这是针对用人单位设定的义务条款。劳动保护和劳动条件应当符合国家有关规定，具体包括明确劳动安全和劳动卫生方面的设施、设备和防护措施以及依法为从业人员办理社会保险等。

劳动者可以解除劳动合同，但应当提前30天以书面形式通知用人单位，但如果用人单位以暴力、威胁或者非法限制人身自由的手段强迫劳动者劳动的或者未按照劳动合同约定支付劳动报酬和提供劳动条件的，劳动者可以随时通知用人单位解除劳动合同。劳动者患职业病或者因工负伤被确认为丧失或者部分丧失劳动能力的，女职工在孕期、产期、哺乳期内的，用人单位不得解除劳动合同。

（二）在劳动安全卫生方面的规定

（1）用人单位必须建立、健全劳动安全卫生制度，严格执行国家劳动安全卫生规程和标准，对劳动者进行劳动安全卫生教育，防止劳动过程中的事故，减少职业危害。

（2）劳动安全卫生必须符合国家规定的标准。

新建、改建、扩建工程的劳动安全卫生设施必须与主体工程同时设计、同时施工、同时投入生产和使用。

（3）用人单位必须为劳动者提供符合国家规定的劳动安全卫生条件和必要的劳动防护用品，对从事有职业危害作业的劳动者应当定期进行健康检查。

（4）从事特种作业的劳动者必须经过专门的培训并取得特种作业资格。

（5）劳动者在劳动的过程中必须严格遵守安全操作规程。劳动者对用人单位管理人员违章指挥、强令冒险作业，有权拒绝执行；对危害生命安全和健康的行为，有权提出批评、检举和控告。

（6）国家建立伤亡事故报告和处理制度。县级以上各级人民政府安全生产监督管理部门，有关部门和用人单位应当依法对劳动者在劳动工程中发生的伤亡事故和劳动者的职业病状况进行统计、报告和处理。

（三）女职工、未成年工劳动保护方面的规定

（1）国家对女职工和未成年工实行特殊的劳动保护。未成年工是指年满16周岁未满18周岁的劳动者。

（2）禁止安排女职工从事矿山井下、国家规定的第4级体力劳动强度的劳动和其他禁忌从事的劳动。

（3）不得安排女职工在经期从事高处、低温、冷水作业和国家规定的第3级体力劳动强度的劳动。

（4）不得安排女职工在怀孕期间从事国家规定的第3级体力劳动强度的劳动和孕期禁忌从事的劳动。对怀孕7个月以上的女职工，不得安排其延长工作时间和夜班的劳动。

（5）女职工生育享受不少于90天的产假。

（6）不得安排女职工在哺乳未满1周岁的婴儿期间从事国家规定的第3级体力劳动强度和哺乳期禁忌从事的其他劳动，不得安排其延长工作时间和夜班劳动。

（7）不得安排未成年工从事矿山井下、有毒有害、国际规定的第4级体力劳动强度的劳动和其他禁忌从事的劳动。

（8）用人单位应当对未成年工定期进行健康检查。

（9）劳动者因公伤残或者患职业病以及生育期间依法享受社会保险待遇。

（四）法律责任方面的规定

用人单位的劳动安全设施和劳动卫生条件不符合国家规定的，或者未向劳动者提供必要的劳动保护用品和劳动保护设施的，由安全生产监督管理部门或者有关部门责令改正，可以处以罚款；情节严重的，提请县级以上人民政府决定责令停产整顿；对事故隐患不采取措施，致使发生重大事故，造成劳动者生命财产损失的，对责任人员比照有关刑法的规定追究刑事责任。

用人单位强令劳动者违章冒险作业，发生重大伤亡事故，造成严重后果的，对责任人

员依法追究刑事责任。

用人单位非法招用未满 16 周岁的未成年人的，由劳动行政部门责令改正，处以罚款。情节严重的，由工商行政管理部门吊销营业执照。

用人单位违反本法对女职工和未成年人造成损害的，应当承担赔偿责任。

（五）在工作时间和休息休假方面的规定

（1）国家实行劳动者每日工作时间不超过 8 个小时、平均每周工作时间不超过 40 小时的工时制度。用人单位应当保证劳动者每周至少休息 1 日。

（2）用人单位在下列节日期间应当依法安排劳动者休假：元旦，春节，国际劳动节，国庆节及法律、法规规定的其他休假节日。

（3）用人单位因生产经营的需要，经与工会和劳动者协商后可以延长工作时间，一般每日不得超过 1 小时；因特殊原因需要延长工作时间的每周不得超过 36 小时。有下列情形之一的，延长工作时间不受有关规定的限制：发生自然灾害、事故或者其他原因，威胁劳动者生命健康和财产安全，需要紧急处理的；生产设备、交通运输线路、公共设施发生故障，影响生产和公众利益，必须及时抢修的；法律、行政法规规定的其他情形。

（4）用人单位不得违反本法规定延长劳动者的工作时间。安排劳动者延长工作时间的，支付不低于工资的 150％的工资报酬；休息日安排劳动者工作又不能安排补休的，支付不低于工资的 200％的工资报酬；法定休假日安排劳动者工作的，支付不低于额定工资的 300％的报酬。

（5）国家实行带薪年休假制度。劳动者连续工作 1 年以上，享受带薪年休假。

六、《消防法》关于安全生产的有关规定

《中华人民共和国消防法》已由第十一届全国人民代表大会常务委员会第五次会议于 2008 年 10 月 28 日修订通过，自 2009 年 5 月 1 日起施行。立法目的是为了预防火灾和减少火灾危害，保护公民人身、公共财产和公民财产的安全，维护公共安全，保障社会主义现代化建设的顺利进行。

（一）总则规定

消防工作贯彻"预防为主、防消结合"的方针，坚持专门机关与群众相结合的原则，实行防火安全责任制。消防工作由国务院领导，由地方各级人民政府负责。各级人民政府应当将消防工作纳入国民经济和社会发展计划，保障消防工作与经济建设和社会发展相适应。

国务院公安部门对全国的消防工作实施监督管理，县级以上地方各级人民政府公安机关对本行政区域内的消防工作实施监督管理，并由本级人民政府公安机关消防机构负责实施。军事设施、矿井地下部分、核电厂的消防工作，由其主管单位监督管理。

任何单位、个人都有维护消防安全、保护消防设施、预防火灾、报告火警的义务。任何单位、成年公民都有参加有组织的灭火工作的义务。

（二）火灾预防规定

生产、储存和装卸易燃易爆危险物品的工厂、仓库和专用车站、码头，必须设置在城市的边缘或者相对独立的安全地带。易燃易爆气体和液体的充装站、供应站、调压站，应当设置在合理的位置，符合防火防爆要求。原有的生产、储存和装卸易燃易爆危险物品的工厂、仓库和专用车站、码头，易燃易爆气体和液体的充装站、供应站、调压站，不符合上述规定的，有关单位应当采取措施，限期加以解决。

按照国家工程建筑消防技术标准需要进行消防设计的建筑工程，设计单位应当按照国家工程建筑消防技术标准进行设计，建设单位应当将建筑工程的消防设计图纸及有关资料报送公安消防机构审核；未经审核或者经审核不合格的，建设行政主管部门不得发给施工许可证，建设单位不得施工。

按照国家工程建筑消防技术标准进行消防设计的建筑工程竣工时，必须经公安消防机构进行消防验收；未经验收或者经验收不合格的，不得投入使用。

建筑构件和建筑材料的防火性能必须符合国家标准或者行业标准。公共场所室内装修、装饰根据国家工程建筑消防技术标准的规定，应当使用不燃、难燃材料的，必须选用依照产品质量法的规定确定的检验机构检验合格的材料。

歌舞厅、影剧院、宾馆、饭店、商场、集贸市场等公众聚集的场所，在使用或者开业前，应当向当地公安消防机构申报，经消防安全检查合格后，方可使用或者开业。

举办大型集会、焰火晚会、灯会等群众性活动，具有火灾危险的，主办单位应当制定灭火和应急疏散预案，落实消防安全措施，并向公安消防机构申报，经公安消防机构对活动现场进行消防安全检查合格后，方可举办。

（三）机关、团体、企业、事业单位应当履行的消防安全职责

（1）制定消防安全制度、消防安全操作规程；

（2）实行防火安全责任制，确定本单位和所属各部门、岗位的消防安全责任人；

（3）针对本单位的特点对职工进行消防宣传教育；

（4）组织防火检查，及时消除火灾隐患；

（5）按照国家有关规定配置消防设施和器材、设置消防安全标志，并定期组织检验、维修，确保消防设施和器材完好、有效；

（6）保障疏散通道、安全出口畅通，并设置符合国家规定的消防安全疏散标志。

居民住宅区的管理单位，应当依照上述有关规定，履行消防安全职责，做好住宅区的消防安全工作。在设有车间或者仓库的建筑物内，不得设置员工集体宿舍。

（四）消防安全重点单位应当履行的消防安全职责

建立防火档案，确定消防安全重点部位，设置防火标志，实行严格管理；实行每日防火巡查，并建立巡查记录；对职工进行消防安全培训；制定灭火和应急疏散预案，定期组织消防演练。

生产、储存、运输、销售或者使用、销毁易燃易爆危险物品的单位、个人，必须执行国家有关消防安全的规定。

生产易燃易爆危险物品的单位，对产品应当附有燃点、闪点、爆炸极限等数据的说明书，并且注明防火防爆注意事项。对独立包装的易燃易爆危险物品应当贴附危险品标签。

进入生产、储存易燃易爆危险物品的场所，必须执行国家有关消防安全的规定。禁止携带火种进入生产、储存易燃易爆危险物品的场所。禁止非法携带易燃易爆危险物品进入公共场所或者乘坐公共交通工具。

消防产品的质量必须符合国家标准或者行业标准。禁止生产、销售或者使用未经依照产品质量法的规定确定的检验机构检验合格的消防产品。禁止使用不符合国家标准或者行业标准的配件或者灭火剂维修消防设施和器材。

电器产品、燃气用具的质量必须符合国家标准或者行业标准。电器产品、燃气用具的安装、使用和线路、管路的设计、敷设，必须符合国家有关消防安全技术规定。

任何单位、个人不得损坏或者擅自挪用、拆除、停用消防设施、器材，不得埋压、圈占消火栓，不得占用防火间距，不得堵塞消防通道。

（五）消防组织规定

各级人民政府应当根据经济和社会发展的需要，建立多种形式的消防组织，加强消防组织建设，增强扑救火灾的能力。城市人民政府应当按照国家规定的消防站建设标准建立公安消防队、专职消防队，承担火灾扑救工作。

核电厂、大型发电厂、民用机场、大型港口，生产、储存易燃易爆危险物品的大型企业，储备可燃的重要物资的大型仓库、基地，火灾危险性较大、距离当地公安消防队较远的其他大型企业，距离当地公安消防队较远的列为全国重点文物保护单位的古建筑群的管理单位，应当建立专职消防队，承担本单位的火灾扑救工作：

（六）灭火救援规定

任何人发现火灾时，都应当立即报警。任何单位、个人都应当无偿为报警提供便利，不得阻拦报警。严禁谎报火警。发生火灾的单位必须立即组织力量扑救火灾。邻近单位应当给予支援。

消防队接到火警后，必须立即赶赴火场，救助遇险人员，排除险情，扑灭火灾。火场总指挥员有权根据扑救火灾的需要，决定下列事项：使用各种水源；截断电力、可燃气体和液体的输送，限制用火用电；划定警戒区，实行局部交通管制；利用临近建筑物和有关设施；为了抢救人员和重要物资，防止火灾蔓延，拆除或者破损毗邻火场的建筑物、构筑物；调动供水、供电、医疗救护、交通运输等有关单位协助灭火救助。

火灾扑灭后，公安消防机构有权根据需要封闭火灾现场，负责调查、认定火灾原因，核定火灾损失，查明火灾事故责任。

（七）法律责任规定

违反《消防法》规定的任何机关、企业、事业单位以及其他生产经营单位或营业性场所，由公安消防机构责令限期改正；逾期不改正的，责令停止举办、停止施工、停止使用或者停产停业，可以并处罚款，并对其直接负责的主管人员和其他直接责任人员给予警告、行政处分或其他相应的处罚。

对违反本法规定行为的处罚，由公安消防机构裁决。对给予拘留的处罚，由公安机关依照《治安管理处罚法》的规定裁决。

责令停产停业，对经济和社会生活影响较大的，由公安消防机构报请当地人民政府依法决定，由公安消防机构执行。

严重违反《消防法》的行为，构成犯罪的，依法追究刑事责任。

七、《特种设备安全监察条例》关于安全生产的有关规定

《特种设备安全监察条例》于2003年2月19日国务院第68次常务会议通过，自2003年6月1日起施行。《国务院关于修改〈特种设备安全监察条例〉的决定》已经2009年1月14日国务院第46次常务会议通过，自2009年5月1日起施行。

（一）总则规定

特种设备是指涉及生命安全、危险性较大的锅炉、压力容器（含气瓶，下同）、压力管道、电梯、起重机械、客运索道、大型游乐设施和场（厂）内专用机动车辆。特种设备的生产（含设计、制造、安装、改造、维修，下同）、使用、检验检测及其监督检查，也应当遵守此条例，另有规定的除外。

国务院特种设备安全监督管理部门负责全国特种设备的安全监察工作，县以上地方负责特种设备安全监督管理的部门对本行政区域内特种设备实施安全监察（以下统称特种设备安全监督管理部门）。

特种设备生产、使用单位应当建立健全特种设备安全管理制度和岗位安全责任制度。特种设备生产、使用单位的主要负责人应当对本单位特种设备的安全全面负责。

特种设备安全监督管理部门应当建立特种设备安全监察举报制度，公布举报电话、信箱或者电子邮件地址，受理对特种设备生产、使用和检验检测违法行为的举报，并及时予以处理。

（二）特种设备的生产规定

特种设备生产单位，应当依照条例规定以及国务院特种设备安全监督管理部门制订并公布的安全技术规范的要求，进行生产活动。

特种设备生产单位对其生产的特种设备的安全性能负责。特种设备出厂时，应当附有安全技术规范要求的设计文件、产品质量合格证明、安装及使用维修说明、监督检验证明等文件。

特种设备安装、改造、维修的施工单位应当在施工前将拟进行的特种设备安装、改造、维修情况书面告知直辖市或者设区的市的特种设备安全监督管理部门，告知后即可施工。

(三) 特种设备的使用规定

特种设备使用单位应当使用符合安全技术规范要求的特种设备。特种设备投入使用前，使用单位应当核对其是否附有规定的相关文件。特种设备在投入使用前或者投入使用后 30 日内，特种设备使用单位应当向直辖市或者设区的市的特种设备安全监督管理部门登记。登记标志应当置于或者附着于该特种设备的显著位置。

特种设备使用单位应当对特种设备作业人员进行特种设备安全教育和培训，保证特种设备作业人员具备必要的特种设备安全作业知识。特种设备作业人员在作业中应当严格执行特种设备的操作规程和有关的安全规章制度。特种设备作业人员在作业过程中发现事故隐患或者其他不安全因素，应当立即向现场安全管理人员和单位有关负责人报告。

(四) 监督检查规定

特种设备安全监督管理部门依照条例规定，对特种设备生产、使用单位和检验检测机构实施安全监察。对学校、幼儿园以及车站、客运码头、商场、体育场馆、展览馆、公园等公众聚集场所的特种设备，应当实施重点安全监察。特种设备安全监督管理部门根据举报或者取得的涉嫌违法证据，对涉嫌违反本条例规定的行为进行查处时，可以行使下列职权：

（1）向特种设备生产、使用单位和检验检测机构的法定代表人、主要负责人和其他有关人员调查、了解与涉嫌从事违反本条例的生产、使用、检验检测有关的情况；

（2）查阅、复制特种设备生产、使用单位和检验检测机构的有关合同、发票、账簿以及其他有关资料；

（3）对有证据表明不符合安全技术规范要求的或者有其他严重事故隐患的特种设备或者其主要部件，予以查封或者扣押。

特种设备安全监督管理部门在办理本条例中规定的有关行政审批事项时，其受理、审查、许可、核准的程序必须公开，并应当自受理申请之日起 30 日内，作出许可、核准或者不予许可、核准的决定；不予许可、核准的，应当书面向申请人说明理由。

特种设备安全监督管理部门的安全监察人员（以下简称特种设备安全监察人员）应当熟悉相关法律、法规、规章和安全技术规范，具有相应的专业知识和工作经验，并经国务院特种设备安全监督管理部门考核，取得特种设备安全监察人员证书。

特种设备安全监督管理部门对特种设备生产、使用单位和检验检测机构进行安全监察时，发现有违反本条例和安全技术规范的行为或者在用的特种设备存在事故隐患的，应当以书面形式发出特种设备安全监察指令，责令有关单位及时采取措施，予以改正或者消除事故隐患。紧急情况下需要采取紧急处置措施的，应当随后补发书面通知。

特种设备发生事故，事故发生单位应当迅速采取有效措施，组织抢救，防止事故扩大，减少人员伤亡和财产损失，并按照国家有关规定，及时、如实地向负有安全生产监督管理职责的部门和特种设备安全监督管理部门等有关部门报告。不得隐瞒不报、谎报或者拖延不报。

特种设备发生事故的，按照国家有关规定进行事故调查，追究责任。

（五）法律责任规定

未经许可，擅自从事特种设备活动的，由特种设备安全监督管理部门责令限期改正、停业整顿或予以取缔，或者责令恢复原状或者责令限期由取得许可的单位重新安装、改造，并处罚款；有违法所得的，没收违法所得；情节严重的，撤销制造、安装、改造或者维修单位已经取得的许可，并由工商行政管理部门吊销其营业执照；触犯刑律的，对负有责任的主管人员和其他直接责任人员依照刑法关于伪劣产品罪、非法经营罪或者其他罪的规定，依法追究刑事责任。

特种设备作业人员违反特种设备的操作规程和有关的安全规章制度操作，或者在作业过程中发现事故隐患或者其他不安全因素，未立即向现场安全管理人员和单位有关负责人报告的，由特种设备使用单位给予批评教育、处分；触犯刑律的，依照刑法关于重大责任事故罪或者其他罪的规定，依法追究刑事责任。

特种设备安全监督管理部门及其特种设备安全监察人员，有下列违法行为之一的，对直接负责的主管人员和其他直接责任人员，依法给予降级或者撤职的行政处分；触犯刑律的，依照刑法关于受贿罪、滥用职权罪、玩忽职守罪或者其他罪的规定，依法追究刑事责任：

（1）不按照本条例规定的条件和安全技术规范要求，实施许可、核准、登记的；

（2）发现未经许可、核准、登记擅自从事特种设备的生产、使用或者检验检测活动不予取缔或者不依法予以处理的；

（3）发现特种设备生产、使用单位不再具备本条例规定的条件而不撤销其原许可，或者发现特种设备生产、使用违法行为不予查处的；

（4）发现特种设备检验检测机构不再具备本条例规定的条件而不撤销其原核准，或者对其出具虚假的检验检测结果、鉴定结论或者检验检测结果、鉴定结论严重失实的行为不予查处的；

（5）对依照本条例规定在其他地方取得许可的特种设备生产单位重复进行许可，或者对依照本条例规定在其他地方检验检测合格的特种设备，重复进行检验检测的；

（6）发现有违反本条例和安全技术规范的行为或者在用的特种设备存在严重事故隐患，不立即处理的；

（7）发现重大的违法行为或者严重事故隐患，未及时向上级特种设备安全监督管理部门报告，或者接到报告的特种设备安全监督管理部门不立即处理的。

关键概念

安全生产法　　　　从业人员安全生产权利　　　安全监督人员的权利
主要负责人的责任　　劳动法关于妇女的有关保护　　矿长的安全责任
职业病　　　　　　特种设备　　　　　　特种设备种类

问题与问答

1. 请简述我国安全生产法律法规体系。
2. 《安全生产法》是何时通过和修订的？背景如何？你了解中国安全生产的历史吗？
3. 如果你是一个安监局的执法人员，派你去一个化工企业进行检查，按照《安全生产法》应如何进行一步一步的检查？应该检查哪些内容？
4. 假如让你去"黑砖窑"企业进行安全检查，你觉得引用哪些条文可以指出企业的违法行为？
5. 面对河南发生的"开胸验肺"现象，你想为民工伸张正义，请问应该依据什么？你应该理顺哪些法律关系，才可以做到？
6. 你和公安局联合调查一起火灾事故，你如何配合他们行动？
7. 假设在一个建筑工地，和质量监督局一起联合进行特种设备专项安全检查，你应该查处哪些内容？

第四章

安全生产技术

本章主要内容：
- ◆ 介绍机械、电气、防火防爆、起重机械、锅炉、压力容器和建筑施工等通用安全技术
- ◆ 介绍危险有害因素的辨识与控制的知识
- ◆ 介绍安全评价的相关知识
- ◆ 阐释常用安全评价方法

学习要求：
- ◆ 掌握通用的和基本的安全技术知识
- ◆ 掌握危害辨识、安全评价与风险控制的基本步骤和危险危害因素分类方法
- ◆ 了解几种主要的系统风险分析及评价方法以及制订风险控制措施的一般原则

第一节 通用安全技术

一、机械安全技术

机械是现代生产和生活中必不可少的装备。机械在给人们带来高效、快捷和方便的同时，在其制造及运行、使用过程中，也会带来撞击、挤压、切割等机械伤害和触电、噪声、高温等非机械危害。

（一）机械生产的主要产品及其分类

1. 机械生产的主要产品

机械行业是为各产业提供机械装备（机械产品）的产业。

（1）机械行业系统生产的机械产品

- ◆ 农业机械：拖拉机、内燃机、播种机、收割机等。
- ◆ 重型矿山机械：冶金机械、矿山机械、起重机械、装卸机械设备等。
- ◆ 工程机械：叉车、铲土运输机械、压实机械、混凝土机械等。

- 石化通用机械：石油钻采机械、炼油机械、化工机械、气体压缩机、制冷空调机械、造纸机械、印刷机械、塑料加工机械、制药机械等。
- 电工机械：发电机、变压器、电动机、高低压开关、电线电缆、蓄电池、电焊机、家用电器等。
- 机床：金属切削机床、锻压机械、铸造机械、木工机械等。
- 汽车：载货汽车、公路客车、轿车、改装汽车、摩托车等。
- 仪器仪表：自动化仪表、电工仪器仪表、光学仪器、成分分析仪、汽车仪器仪表、电料机械、电教设备、照相机等。
- 基础机械：轴承、液压件、密封件、粉末冶金制品、标准紧固件、工业链条、齿轮、模具等。
- 包装机械：包装机械、金属制包装物品、金属集装箱等。
- 环保机械：水污染防治设备、大气污染防治设备、固体废物处理设备等。
- 其他机械。

(2) 非机械行业系统生产的主要机械产品

- 铁道机械；
- 建筑机械；
- 纺织机械；
- 轻工机械；
- 船舶等。

2. 机械主要产品的分类

机械企业生产用主要机械分为6大类：

- 金属切削机床；
- 锻压机械（锻造、冲剪压机械）；
- 起重机械；
- 木工铸造机械（木工机械、铸造机械）；
- 专用生产用机械；
- 其他机械。

（二）机械设备的危险部件

机械设备可造成碰撞、夹击、剪切、卷入等多种伤害，其主要的危险部件如下：

(1) 旋转部件和成切线运动部件间的咬合处，如动力传输皮带和皮带轮、链条和链轮、齿条和齿轮等。

(2) 旋转的轴，包括连接器、心轴、卡盘、丝杠和杆等。

(3) 旋转的凸块和孔处，含有凸块或空洞的旋转部件是很危险的，如风扇叶、凸轮、飞轮等。

(4) 对向旋转部件的咬合处，如齿轮、混合辊等。

(5) 旋转部件和固定部件的咬合处,如辐条手轮或飞轮和机床床身、旋转搅拌机和无防护开口外壳搅拌装置等。

(6) 接近类型,如锻锤的锤体、动力压力机的滑枕等。

(7) 通过类型,如金属刨床的工作台及其床身、剪切机的刀刃等。

(8) 单向滑动部件,如带锯边缘的齿、砂带磨光机的研磨颗粒、凸式运动带等。

(9) 旋转部件与滑动之间,如某些平板印刷机面上的机构、纺织机床等。

(三) 机械伤害类型

机械装置在正常工作状态、非正常工作状态乃至非工作状态都可能发生危险。

机械在完成预定功能的正常工作状态下,存在着不可避免的但却是执行预定功能所必须具备的运动要素,有可能造成伤害。例如,零部件的相对运动,锋利刀具的运转,机械运转的噪声、振动等,使机械在正常工作状态下存在碰撞、切割、环境恶化等对人员安全不利的危险因素。

机械装置的非正常工作状态是指在机械运转过程中,由于各种原因引起的意外状态,包括故障状态和检修保养状态。设备的故障,不仅可能造成局部或整机的停转,还可能对人员构成危害,如电气开关故障会产生机械不能停机的危险,砂轮片破损会导致砂轮飞出造成物体打击;速度或压力控制系统出现故障会导致速度或压力失控的危险。机械的检修保养一般都是在停机状态下进行,但其作业的特殊性往往迫使检修人员采用一些非常规的做法。例如攀高、进入狭小或几乎密闭的空间,将安全装置短路、进入正常操作不允许进入的危险区等,使维护或修理过程容易出现正常操作下不存在的危险。

机械装置的非工作状态是机械停止运转时的静止状态。在正常情况下,非工作状态的机械基本是安全的,但不排除发生事故的可能性,如由于环境照度不够而导致人员发生碰撞,室外机械在风力作用下的滑移或倾翻;结构垮塌等。

就机械零件而言,对人产生伤害的因素有:

(1) 形状和表面性能,包括切割要素、锐边利角部分、粗糙或过于光滑。

(2) 相对位置,包括相对运动,运动与静止物的相对距离小。

(3) 质量和稳定性,包括在重力的作用下可能运动的零部件的位能。

(4) 质量、速度和加速度,包括可控或不可控运动中的零部件的动能。

(5) 机械强度不够,包括零件、构件的断裂或垮塌。

(6) 弹性元件的位能,包括在压力或真空下的液体或气体的位能。

(四) 机械伤害预防对策

机械危害风险的大小除了取决于机器的类型、用途、使用方法和人员知识、技能、工作态度等因素外,还与人们对危险的了解程度和所采取的避免危险的措施有关。正确判断什么是危险和什么时候会发生危险是十分重要的。预防机械伤害包括两个方面的对策。

1. 实现机械的本质安全

(1) 消除自身产生危险的原因。

(2) 减少或消除接触机械的危险部件的次数。

(3) 使人们难以接近机械的危险部位（或提供安全装置，使得接近这些部位不会导致伤害）。

(4) 提供保护装置或者个人防护装备。

上述措施是依次序给出的，也可以结合起来应用。

2. 保护操作者和有关人员安全

(1) 通过培训，提高人们辨别危险的能力。

(2) 通过对机器的重新设计，使危险部位更加醒目（或者使用警示标志）。

(3) 通过培训，提高避免伤害的能力。

(4) 采取必要的措施增强避免伤害的自觉性。

（五）通用机械安全设施的技术要求

1. 安全设施设计要素

设计安全装置时，应把安全人机学的因素考虑在内。疲劳是导致事故的一个重要因素。设计者应考虑下面几个因素，使人的疲劳降低到最小程度，使操作人员健康舒适地进行操作。

(1) 正确地布置各种控制操作装置；

(2) 正确的选择工作平台的位置及高度；

(3) 提供座椅；

(4) 能方便地出入作业地点。

2. 在设计无法达到本质安全时，为了消除危险使用安全装置

机械安全防护装置的一般要求：

(1) 安全防护装置应结构简单、布局合理，不得有锐利的边缘和突缘。

(2) 安全防护装置应具有足够的可靠性，在规定的寿命期限内有足够的强度、刚度、稳定性、耐腐蚀性、抗疲劳性，以确保安全。

(3) 安全防护装置应与设备运转连锁，保证安全防护装置在未起作用之前，设备不能运转；安全防护罩、屏、栏的材料及其与运转部件的距离，应符合《机械安全防护装置固定式和活动式防护装或设计与制造一般要求》的规定。

(4) 光电式、感应式等安全防护装置应设置自身出现故障的报警装置。

(5) 紧急停车开关应保证瞬时动作时，能终止设备的一切行动；对有惯性运动的设备，紧急停车开关应与制动器或离合器连锁，以保证迅速终止运行；紧急停车开关的形状应区别于一般开关，颜色为红色；紧急停车开关的布置应保证操作人员易于触及，不发生危险；设备被紧急停车开关停止运行后，必须按启动顺序重新启动才能重新运转。

3. 对机械设备安全防护罩的技术要求

(1) 操作人员可能触及的传动部件，在防护罩没闭合前，不能运转。

(2) 采用固定防护罩时,操作人员触及不到运转中的活动部件。
(3) 防护罩与活动部件有足够的间隙,避免防护罩和活动部件之间的任何接触。
(4) 防护罩应牢固地固定在设备或基础上,在拆卸、调节时必须使用工具。
(5) 开启式防护罩打开时或一部分失灵时,应使活动部件不能运转或使运转中的部件停止运动。
(6) 使用的防护罩不允许给生产场所带来新的危险。
(7) 在正常操作或维护保养机械设备时不需拆卸防护罩。
(8) 防护罩必须坚固可靠,以避免与活动部件接触造成损坏或工件飞脱造成的伤害。
(9) 防护罩一般不准脚踏和站立,必须做成平台或阶梯时,平台或阶梯应能承受 1500 N的垂直力,并采取防滑措施。

(六) 机械设计本质安全

1. 本质安全

本质安全是指机械的设计者,在设计阶段采取措施来消除机械危险的一种机械安全方法。包括在设计中消除危险的部件,减少或避免在危险区域内处理工作的需求,提供自动反馈设备并使运动的部件处于密封状态之中等。

2. 失效安全

设计者应该保证当机器发生故障时不出危险。

这一类装置包括操作限制开关,限制不应该发生的冲击及运动的预设制动装置,设置把手和预防下落的装置,失效安全的限电开关等。

3. 定位安全

把机器的部件安置到不可能触及的地点,通过定位达到安全。然而,设计者必须考虑到在正常情况下不会触及到的危险部件,会在某些情况下变成可能会接触到的部件,例如登着梯子对机器进行维修的情况。

4. 机器布置

车间合理的机器安全布局,可以使事故明显减少。安全布局时要考虑如下因素:
(1) 空间:便于操作、管理、维护、调试和清洁。
(2) 照明:包括工作场所的通用照明(自然光及人工照明,但要防止炫目)和为操作机器而特需的照明。
(3) 管、线布置:不要妨碍在机器附近的安全出入,避免磕绊,有足够的上部空间。
(4) 维护时的出入安全。

二、电气安全技术

(一) 电气事故分类

电气事故可以按照不同的方式分类。按照灾害形式可以分为人身事故、设备事故、火灾、爆炸等；按照电路状况可以分为短路事故、断路事故、漏电事故等。考虑到事故可能是由局外能量作用与人体或系统内能量传递发生故障造成的，能量是造成事故的基本因素，可以采取按能量形式和来源进行分类的方法，这样，电气事故可分为触电事故、雷电灾害事故、静电事故、射频辐射伤害、电路故障事故等五类。

1. 触电事故

触电事故是由电流的能量造成的，是电流对人体的伤害。电流对人体的伤害可以分为电击和电伤。电击是电流直接作用于人体所造成的伤害。电伤是电流转换成热能、机械能等其他形式的能量作用于人体造成的伤害。

2. 雷电灾害事故

雷电是大气电，是由大自然的力量分离和积累的电荷，也是在局部范围内暂时失去平衡的正电荷和负电荷。雷电放电具有电流大、电压高等特点。其能量释放出来可能产生极大的破坏力。雷击除可能毁坏设施和设备外，还可能直接伤及人、畜，还可能引起火灾和爆炸。

3. 静电事故

静电指生产工艺过程中和工作人员操作过程中，由于某些材料的相对运动、接触与分离等原因而积累起来的相对静止的正电荷和负电荷。这些电荷周围的场中储存的能量不大，不会直接使人致命。但是，静电电压可能高达数万乃至数十万伏，可能在现场发生放电，产生静电火花。在易发生火灾和爆炸的危险场所，静电火花是一个十分危险的因素。

4. 电路故障事故

电路故障是由电能在传递、分配、转换过程中失去控制而造成的。断线、短路、接地、漏电、误合闸、误掉闸、电气设备或电气元件损坏等都属于电路故障。电气线路或电气故障可能影响到人身安全。

5. 射频辐射伤害

射频辐射伤害即电磁场伤害。人体在高频电磁场作用下吸收辐射能量，使人的中枢神经系统、心血管系统等会受到不同程度的伤害。射频辐射危害还表现为感应放电。

（二）触电事故预防技术

1. 直接接触电击预防技术

（1）绝缘

绝缘是用绝缘物把带电体封闭起来。电气设备的绝缘应符合其相应的电压等级、环境条件和使用条件。电气设备的绝缘不得受潮，表面不得有粉尘、纤维或其他污物，不得有裂纹或放电痕迹，表面光泽不得减退，不得有脆裂、破损，弹性不得消失，运行时不得有异味。

绝缘的电气指标主要是绝缘电阻。绝缘电阻用兆欧表测量。任何情况下绝缘电阻不得低于每伏工作电压 $1000\ \Omega$，并应符合专业标准的规定。

(2) 屏护

屏护是采用遮栏、护罩、护盖、箱闸等将带电体同外界隔绝开来。屏护装置应有足够的尺寸，应与带电体保证足够的安全距离：遮栏与低压裸导体的距离不应小于 0.8 m；网眼遮栏与裸导体之间的距离，低压设备不宜小于 0.15 m，10 kV 设备不宜小于 0.35 m。屏护装置应安装牢固。金属材料制成的屏护装置为防止其意外带电造成触电事故，须将其接地或接零。遮栏、栅栏应根据需要挂标志牌。遮栏出入口的门上应根据需要安装信号装置和连锁装置。

(3) 间距

间距是将可能触及的带电体置于可能触及的范围之外。其安全作用与屏护的基本相同。带电体与地面之间、带电体与树木之间、带电体与其他设施和设备之间、带电体与带电体之间均应保持一定的安全距离。安全距离的大小决定于带电体的电压高低、设备类型、环境条件和安装方式等因素。架空线路的间距须考虑气温、风力、覆冰和环境条件的影响。

在低压操作中，人体及其所携带的工具与带电体的距离不应小于 0.1 m。在高压作业中，人体及其所携带的工具与带电体的距离应满足各项最小距离的要求。距离不足时，应采取下列措施：

◆ 不足所列距离时，应装设临时遮栏。
◆ 不足所列距离时，邻近线路应当停电。
◆ 火焰不应喷向带电体。

2. 间接接触电击预防技术

(1) IT 系统

IT 系统是保护接地系统。所谓接地，就是**将设备的某一部位经接地装置与大地紧密连接起来**。IT 系统就是电源系统的带电部分不接地或通过阻抗接地，电气设备的外露导电部分接地的系统。

保护接地的做法是**将电气设备在故障情况下可能呈现危险电压的金属部位经接地线、接地体同大地紧密地连接起来**，其安全原理是**把故障电压限制在安全范围以内**。

(2) TT 系统

TT 系统是电源系统有一点直接接地，设备外露导电部分的接地与电源系统的接电地电气上无关的系统。TT 系统主要用于低压用户，即用于未装备配电变压器，从外面引进低压电源的小型用户。

(3) 保护接零（TN 系统）

TN 系统相当于传统的保护接零系统。TN 系统中的字母 N 表示电气设备在正常情况下不带电的金属部分与配电网中性点之间，亦即与保护零线之间紧密连接。保护接零的安全原理**是当某相带电部分碰连设备外壳时，形成该相对零线的单相短路；短路电流促使线路上的短路保护元件迅速动作，从而把故障设备电源断开，消除电击危险**。虽然保护接零也能降低漏电设备上的故障电压，但一般不能降低到安全范围以内。其**第一位的安全作用**

是迅速切断电源。

3．其他电击预防技术

(1) 双重绝缘和加强绝缘

双重绝缘指工作绝缘（基本绝缘）、和保护绝缘（附加绝缘）。前者是带电体与不可触及的导体之间的绝缘，是保证设备正常工作和防止电击的基本绝缘；后者是不可触及的导体与可触及的导体之间的绝缘，是当工作绝缘损坏后用于防止电击的绝缘。加强绝缘是具有与上述双重绝缘相同水平的单一绝缘。

(2) 安全电压

安全电压是在一定条件下、一定时间内不危及生命安全的电压。具有安全电压的设备属于Ⅲ类设备。

安全电压限值是在任何情况下，任意两导体之间都不得超过的电压值。我国标准规定工频安全电压有效值的限值为50 V。我国规定工频有效值的额定值有42 V、36 V、24 V、12 V和6 V。凡特别危险环境使用的携带式电动工具应采用42 V安全电压；凡有电击危险环境使用的手持照明灯和局部照明灯应采用36 V或24 V安全电压；金属容器内、隧道内、水井内以及周围有大面积接地导体等工作地点狭窄，行动不便的环境应采用12 V安全电压；水上作业等特殊场所应采用6 V安全电压。

(3) 漏电保护（剩余电流保护）

漏电保护装置主要用于防止间接接触电击和直接接触电击。漏电保护装置也用于防止漏电火灾和监测一相接地故障。

电流型漏电保护装置以漏电电流或触电电流为动作信号。动作信号经处理后带动执行元件动作，促使线路迅速分断。

有金属外壳的Ⅰ类移动式电气设备和手持式电动工具，安装在潮湿或强腐蚀等恶劣场所的电气设备，建筑施工工地的施工电气设备，临时性电气设备，宾馆类的客房内的插座、触电危险性较大的民用建筑物内的插座、游泳池或浴池类场所的水中照明设备。安装在水中的供电线路和电气设备，以及医院中直接接触人体的医用电气设备（胸腔手术室的除外）等均应安装漏电保护装置漏电保护装置的选用应当考虑多方面的因素。在浴室、游泳池、隧道等电击危险性很大的场合，应选用高灵敏度的漏电保护装置。

（三）雷电事故预防技术

1．雷电种类及危害

雷电种类

（1）直击雷。直击雷是带电积云接近地面至一定程度时，与地面目标之间的强烈放电。

（2）感应雷。感应雷也称作雷电感应，分为静电感应雷和电磁感应雷。

（3）球雷。球雷是雷电放电时形成的发红光、橙光、白光或其他颜色光的火球。从电学角度考虑，球雷应当是一团处在特殊状态下的带电气体。

雷电危害

雷电具有雷电流幅值大（可达数十千安培至数百千安培）、雷电流陡度大（可达 $50\ kA/\mu s$）、冲击性强、冲击过电压高（可达数百千安培至数千千安培）的特点。雷电有电性质、热性质、机械性质等多方面的破坏作用，均可能带来极为严重的后果，如：

- ◆ 火灾和爆炸。
- ◆ 触电。
- ◆ 设备和设施毁坏。
- ◆ 大规模停电。

2. 防雷技术

（1）防雷建筑物分类

建筑物按其火灾和爆炸的危险性、人身伤亡的危险性、政治经济价值分为三类。不同类别的建筑物有不同的防雷要求。

- ◆ 第一类防雷建筑物。指制造、使用或储存炸药、火药、起爆药、火工品等大量危险物质，遇电火花会引起爆炸，从而造成巨大破坏或人身伤亡的建筑物。
- ◆ 第二类防雷建筑物。指对国家政治或国民经济有重要意义的建筑物以及制造、使用和储存爆炸危险物质，但电火花不易引起爆炸或不致造成巨大破坏和人身伤亡的建筑物。
- ◆ 第三类防雷建筑物。指需要防雷的除第一类、第二类防雷建筑物以外需要防雷的建筑物。

（2）直击雷防护

第一类防雷建筑物、第二类防雷建筑物、第三类防雷建筑物的易受雷击部位，遭受雷击后果比较严重的设施或堆料、高压架空电力线路、发电厂和变电站等，应采取防直击雷的措施。

装设避雷针、避雷线、避雷网、避雷带是直击雷防护的主要措施。避雷针分独立避雷针和附设避雷针。独立避雷针不应设在人经常通行的地方。

（3）二次放电防护

为了防止二次放电，不论是空气中或地下，都必须保证接闪器、引下线、接地装置与邻近导体之间有足够的安全距离。在任何情况下，第一类防雷建筑物防止二次放电的最小距离不得小于 3 m，第二类防雷建筑物防止二次放电的最小距离不得小于 2 m；不能满足间距要求时应予以跨接。

（4）感应雷防护

有爆炸和火灾危险的建筑物、重要的电力设施应考虑感应雷防护。为了防止静电感应雷的危险，应将建筑物内不带电的金属装备、金属结构连成整体并予以接地。为了防止电磁感应雷的危险，应将平行管道、相距不到 100 mm 的管道用金属线跨接起来。

（5）雷电冲击波防护

变配电装置、可能有雷电冲击波进入室内的建筑物应考虑雷电冲击波防护。

(6) 人身防雷

◆ 雷暴时，应尽量减少在户外或野外逗留；在户外或野外最好穿塑料等不浸水的雨衣；如有条件，可进入有宽大金属构架或有防雷设施的建筑物、汽车或船只。

◆ 雷暴时，应尽量离开小山、小丘、隆起的小道，应尽量离开海滨、湖滨、河边、池塘旁，应尽量避开铁丝网、金属晒衣绳以及旗杆、烟囱、宝塔、孤独的树木附近，还应尽量离开没有防雷保护的小建筑物或其他设施。

◆ 雷暴时，在户内应离开照明线、动力线、电话线、广播线、收音机和电视机电源线、收音机和电视机天线以及与其相连的各种金属设备。雷雨天气应注意关闭门窗。

(四) 静电事故预防技术

工艺过程中产生的静电可能引起爆炸和火灾，也可能给人以电击，还可能妨碍生产。其中，爆炸或火灾是最大的危害和危险。

1. 易产生静电的工艺流程

◆ 固体物质大面积的摩擦；

◆ 固体物质的粉碎、研磨过程，粉体物料的筛分、过滤、输送、干燥过程，悬浮粉尘的高速运动；

◆ 在混合器中搅拌各种高电阻率物质；

◆ 高电阻率液体在管道中高速流动、液体喷出管口、液体注入容器；

◆ 液化气体、压缩气体或高压蒸气在管道中流动或由管口喷出时；

◆ 穿化纤布料衣服、穿高绝缘鞋的人员操作、行走、起立等情况。

2. 防静电措施

(1) 环境危险程度控制

静电引起爆炸和火灾的条件之一是有爆炸性混合物存在。为了防止静电的危险，可采用取代易燃介质、降低爆炸性混合物的浓度、减少氧化剂含量等控制所在环境爆炸和火灾危险程度的措施。

(2) 工艺控制

为了有利于静电的泄漏，可采用导电性工具；为了减轻火花放电和感应带电的危险，可采用阻值为 $10^7 \sim 10^9$ Ω 左右的导电性工具。

(3) 接地

接地的作用主要是消除导体上的静电。金属导体应直接接地。为了防止火花放电，应将可能发生火花放电的间隙跨接连通起来，并予以接地。

(4) 增湿

为防止大量带电，相对湿度应在 50％以上；为了提高降低静电的效果，相对湿度应提高到 65％～70％。增湿的方法不宜用于防止高温环境里的绝缘体上的静电。

(5) 抗静电添加剂

抗静电添加剂是化学药剂。在容易产生静电的高绝缘材料中加入抗静电添加剂之后，能降低材料的体积电阻率或表面电阻率以加速静电的泄露,消除静电的危险。

(6) 静电中和器

静电中和器又称静电消除器。静电中和器是能产生电子和离子的装置。由于产生了电子和离子,物料上的静电电荷得到异性电荷的中和,从而消除静电的危险。静电中和器主要用来消除非导体上的静电。

三、防火防爆安全技术

(一) 火灾分类

1. 基本概念

燃烧——是可燃物与氧化剂发生的一种氧化放热反应,通常伴有光、烟、或火焰。

火灾——是指在时间和物体上失去控制的燃烧造成的损失。

燃烧的三要素:可燃物、助燃物及着火源。

防火的主要措施就是:控制可燃物、隔绝助燃物、消除着火源。

2. 火灾分类

《火灾分类》(GB/T 4968—2008)(2008年11月4日发布 2009年4月1日实施)中,根据可燃物的类型和燃烧特性,将火灾分为A、B、C、D、E、F六类。

◆ A类火灾:指固体物质火灾。这种物质通常具有有机物质性质,一般在燃烧时能产生灼热的余烬。如木材、煤、棉、毛、麻、纸张等火灾。

◆ B类火灾:指液体或可熔化的固体物质火灾。如汽油、煤油、柴油、原油、甲醇、乙醇、沥青、石蜡等火灾。

◆ C类火灾:指气体火灾。如煤气、天然气、甲烷、乙烷、丙烷、氢气等火灾。

◆ D类火灾:指金属火灾。如钾、钠、镁、铝镁合金等火灾。

◆ E类火灾:带电火灾。物体带电燃烧的火灾。

◆ F类火灾:烹饪器具内的烹饪物(如动植物油脂)火灾。

3. 火灾等级

根据2007年6月26日,公安部下发的《关于调整火灾等级标准的通知》,新的火灾等级标准由原来的特大火灾、重大火灾、一般火灾三个等级调整为特别重大火灾、重大火灾、较大火灾和一般火灾四个等级。

(1) 特别重大火灾,指造成30人以上死亡,或者100人以上重伤,或者1亿元以上直接财产损失的火灾。

(2) 重大火灾,指造成10人以上30人以下死亡,或者50人以上100人以下重伤,或者5000万元以上1亿元以下直接财产损失的火灾。

(3) 较大火灾,指造成3人以上10人以下死亡,或者10人以上50人以下重伤,或者1000万元以上5000万元以下直接财产损失的火灾;

(4) 一般火灾，指造成 3 人以下死亡，或者 10 人以下重伤，或者 1000 万元以下直接财产损失的火灾。（注："以上"包括本数，"以下"不包括本数。）

4．燃烧过程

自然界的一切物质，在一定温度和压力下，都以一定状态（固态、液态、气态）存在。固体、液体、气体是物质的三种状态。这三种状态的物质燃烧过程是不同的。固体和液体发生燃烧，需要经过分解和蒸发，生成气体，然后由这些气体成分与氧化剂作用发生燃烧。气体物质不需要经过蒸发，可以直接燃烧。

(1) 固体物质的燃烧

固体是有一定形状的物质。它的化学结构比较紧凑，所以在常温下都以固态存在。固体物质的化学组成是不一样的，有的比较简单，如硫、磷、钾等都是由同种元素构成的物质；有的比较复杂，如木材、纸张和煤炭等，是由多种元素构成的化合物。由于固体物质的化学组成不同，燃烧时情况也不一样。有的固体物质可以直接受热分解蒸发，生成气体，进而燃烧。有的固体物质受热后先熔化为液体，然后气化燃烧，如硫、磷、蜡等。

此外，各种固体物质的熔点和受热分解的温度也不一样，有的低，有的高。熔点和分解温度低的物质，容易发生燃烧。如赛璐珞（硝化纤维素）在 80～90℃时就会软化，在 100℃时就开始分解，150～180℃时自燃。但是大多数固体物质的分解温度和熔点是比较高的。如木材先是受热蒸发掉水分，析出二氧化碳等不燃气体，然后外层开始分解出可燃的气态产物，同时放出热量，开始剧烈氧化，直到出现火焰。

另外，固体物质燃烧的速度与其体积和颗粒的大小有关，小则快，大则慢。如散放的木条要比垛成堆的圆木燃烧得快，其原因就是木条与氧的接触面大，燃烧较充分，因此燃烧速度就快。

(2) 液体物质的燃烧

液体是一种流动性物质，没有一定形状。燃烧时，挥发性强，不少液体在常温下，表面上就漂浮着一定浓度的蒸气，遇到着火源即可燃烧。

液体的种类繁多，各自的化学成分不同，燃烧的过程也就不同，如汽油、酒精等易燃液体的化学成分就比较简单，沸点较低，在一般情况下就能挥发，燃烧时，可直接蒸发生成与液体成分相同的气体，与氧化剂作用而燃烧。而有些化学组成比较复杂的液体燃烧时，其过程就比较复杂。如原油（石油）是一种多组分的混合物，燃烧时，原油首先逐一蒸发为各种气体组分，而后再燃烧。原油的燃烧与其他成分单一的液体燃烧不一样，它首先蒸发出沸点较低的组分并燃烧，而后才是沸点较高的组分。

(3) 气体物质的燃烧

易燃与可燃气体的燃烧不需要像固体、液体物质那样经过熔化、蒸发等准备过程，所以气体在燃烧时所需要的热量仅用于氧化或分解气体和将气体加热到燃点，因此容易燃烧，而且燃烧速度快。

气体燃烧有两种形式，一是扩散燃烧；二是动力燃烧。如果可燃气体与空气边混合边燃烧，这种燃烧就叫扩散燃烧（或称稳定燃烧）。如使用石油液化气罐做饭就是扩散燃烧。

如果可燃气体与空气在燃烧之前就已混合，遇到着火源立即爆炸，形成燃烧，这种燃烧就叫动力燃烧。如石油液化气罐气阀漏气时，漏出的气体与空气形成爆炸混合物，一遇到着火源，就会以爆炸的形式燃烧，并在漏气处转变为扩散燃烧。

5. 可燃物的种类

根据化学结构不同，可燃物可分为**无机可燃物**和**有机可燃物**两大类。

无机可燃物中的**无机单质**有：钾、钠、钙、镁、磷、硫、硅、氢等；**无机化合物**有：一氧化碳、氨、硫化氢、磷化氢、二硫化碳、联氨、氢氰酸等。

有机可燃物可分成低分子的和高分子的，又可分成天然的和合成的。有机物中除了多卤代烃如四氯化碳、二氟-氯一溴甲烷（1211）等不燃且可作灭火剂之外，其他绝大部分有机物都是可燃物。有机可燃物有：天然气、液化石油气、汽油、煤油、柴油、原油、酒精、豆油、煤、木材、棉、麻、纸以及三大合成材料（合成塑料、合成橡胶、合成纤维）等。

根据可燃物的物态和火灾危险特性的不同，参照危险货物的分类方法，取其中有燃烧爆炸危险性的种类，再加上一般的可燃物（不属于危险货物的可燃物），可将**可燃物分成六大类**，即**爆炸性物质**，**自燃性物质**，**遇水燃烧物质**，**可燃气体**，**易燃与可燃液体**，**易燃**、**可燃和难燃固体等六大类**。危险货物分类中能够燃烧的毒害品、放射性物品及腐蚀品，根据物态和性质分属于上述六大类可燃物。

应指出，氧化剂中的有机过氧化物等，因其自身能够分解并含碳氢元素，所以它们也是可燃的物质。另外，爆炸性物质一类中某些爆炸性化合物如硝化甘油等分子结构中含有氧元素，某些爆炸性混合物如黑火药等药剂中含有氧化剂，这些物质在没有氧气存在下也能够燃烧或爆炸，对此应予以注意。

上述六大类可燃物每一类举例如下：

第一类　爆炸性物质

点火器材有：导火索、点火绳、点火棒等；

起爆器材有：导爆索、雷管等；炸药及爆炸性药品：环三次甲基三硝胺（黑索金）、四硝化戊四醇（泰安）、硝基胍、硝铵炸药（铵梯炸药）、硝化甘油混合炸药（胶质炸药）、硝化纤维素或硝化棉（含氮量在 12.5% 以上）、高氯酸（浓度超过 72%）、黑火药、三硝基甲苯（梯恩梯）、三硝基苯酚（苦味酸）、迭氮钠、重氮甲烷、四硝基甲烷等；

其他爆炸品有：小口径子弹、猎枪子弹、信号弹、礼花弹、演习用纸壳手榴弹、焰火、爆竹等。

第二类　自燃性物质

一级自燃物质（在空气中易氧化或分解、发热引起自燃）有：黄磷、硝化纤维胶片、铝铁熔剂、三乙基铝、三异丁基铝、三乙基硼、三乙基锑、二乙基锌、651除氧催化剂、铝导线焊接药包等；

二级自燃物质（在空气中能缓慢氧化、发热引起自燃）有：油纸及其制品、油布及其制品、桐油漆布及其制品、油绸及其制品、植物油浸渍的棉、麻、毛、发、丝及野生纤维、粉片柔软云母等。

第三类 遇水燃烧物质（亦称遇湿易燃物品）

一级遇水燃烧物质（与水或酸反应极快，产生可燃气体，发热，极易引起自行燃烧）有：钾、钠、锂、氢化锂、氢化钠、四氢化锂铝、氢化铝钠、磷化钙、碳化钙（电石）、碳化铝、钾汞齐、钠汞齐、钾钠合金、镁铝粉、十硼氢、五硼氢等；

二级遇水燃烧物质（与水或酸反应较慢，产生可燃气体，发热，不易引起自行燃烧）有：石灰氮（氰氨化钙）、保险粉（低亚硫酸钠）、金属钙、锌粉、氢化铝、氢化钡、硼氢化钾、硼氢化钠等。

第四类 可燃气体

甲类可燃气体（爆炸浓度下限＜10%）有：氢气、硫化氢、甲烷、乙烷、丙烷、丁烷、乙烯、丙烯、乙炔、氯乙烯、甲醛、甲胺、环氧乙烷、炼焦煤气、水煤气、天然气、油田伴生气、液化石油气等；

乙类可燃气体（爆炸浓度下限≥10%）有：氨、一氧化碳、硫氧化碳、发生炉煤气等。

第五类 易燃和可燃液体

我国《建筑设计防火规范》中将能够燃烧的液体分成甲类液体、乙类液体、丙类液体三类。比照危险货物的分类方法，可将上述甲类和乙类液体划入易燃液体类，把丙类液体划入可燃液体类。甲、乙、丙类液体按闭杯闪点划分。

甲类液体（闪点＜28℃）有：二硫化碳、氰化氢、正戊烷、正己烷、正庚烷、正辛烷、1-己烯、2-戊烯、1-己炔、环己烷、苯、甲苯、二甲苯、乙苯、氯丁烷、甲醇、乙醇、50度以上的白酒、正丙醇、乙醚、乙醛、丙酮、甲酸甲酯、乙酸乙酯、丁酸乙酯、乙腈、丙烯腈、呋喃、吡啶、汽油、石油醚等；

乙类液体（28℃≤闪点＜60℃）有：正壬烷、正癸烷、二乙苯、正丙苯、苯乙烯、正丁醇、福尔马林、乙酸、乙二胺、硝基甲烷、吡咯、煤油、松节油、芥籽油、松香水等；

丙类液体（闪点≥60℃）有：正十二烷、正十四烷、二联苯、溴苯、环己醇、乙二醇、丙三醇（甘油）、苯酚、苯甲醛、正丁酸、氯乙酸、苯甲酸乙酯、硫酸二甲酯、苯胺、硝基苯、糠醇、机械油、航空润滑油、锭子油、猪油、牛油、鲸油、豆油、菜籽油、花生油、桐油、蓖麻油、棉籽油、葵花籽油、亚麻仁油等。

第六类 易燃、可燃与难燃固体

我国《建筑设计防火规范》中将能够燃烧的固体分成甲、乙、丙、丁四类，比照危险货物的分类方法，可将甲类、乙类固体划入易燃固体，丙类固体划入可燃固体，丁类固体划归入难燃固体。

甲类固体（燃点与自燃点低，易燃，燃烧速度快，燃烧产物毒性大）有：红磷、三硫化磷、五硫化磷、闪光粉、氨基化钠、硝化纤维素（含氮量＞12.5%）、重氮氨基苯、二硝基苯、二硝基苯肼、二硝基萘、对亚硝基酚、2,4-二硝基间苯二酚、2,4-二硝基苯甲醚、2,4-二硝基甲苯、可发性聚苯乙烯珠体等；

乙类固体（燃烧性能比甲类固体差，燃烧产物毒性也稍小）有：安全火柴、硫磺、镁粉（镁带、镁卷、镁屑）、铝粉、锰粉、钛粉、氨基化锂、氨基化钙、萘、卫生球、2-甲基萘、十八烷基乙酰胺、苯磺酰肼（发泡剂 BSH）、偶氮二异丁腈（发泡剂 N）、樟脑、生松香、三聚甲醛、聚甲醛（低分子量，聚合度 8～100）、火补胶（含松香、硫磺、铝粉等）、硝化纤维漆布、硝化纤维胶片、硝化纤维漆纸、赛璐珞板或片等；

丙类固体（燃点＞300℃的高熔点固体及燃点＜300℃的天然纤维，燃烧性能比甲、乙类固体差）的有：石蜡、沥青、木材、木炭、煤、聚乙烯塑料、聚丙烯塑料、有机玻璃（聚甲基丙烯酸甲酯塑料）、聚苯乙烯塑料、丙烯腈丁二烯苯乙烯共聚物塑料（ABS）、天然橡胶、顺丁橡胶、聚氨酯泡沫塑料、粘胶纤维、涤纶（聚对苯二甲酸乙二醇酯树脂纤维）、尼龙-66（聚己二酰己二胺树脂纤维）、腈纶（聚丙烯腈树脂纤维）、丙纶（聚丙烯树脂纤维）、羊毛、蚕丝、棉、麻、竹、谷物、面粉、纸张、杂草及贮存的鱼和肉等；

丁类固体（在空气中受到火烧或高温作用时难起火、难微燃、难炭化，有自熄性）有：沥青混凝土、经防火处理的木材及纤维织物、水泥刨花板、酚醛塑料、聚氯乙烯塑料、脲甲醛塑料、三聚氰胺塑料等。

（二）灭火

1. 灭火基本措施

灭火就是破坏燃烧条件，使燃烧反应终止。基本原理有四种，即冷却、隔离、窒息和化学抑制。前三种灭火主要是物理过程，化学抑制是个化学过程。化学抑制因内容和物质而不同，主要理解以下三种物理灭火方法。

(1) 冷却灭火法

这种灭火法的原理是将灭火剂直接喷射到燃烧的物体上，以降低燃烧的温度于燃点之下，使燃烧停止。或者将灭火剂喷洒在火源附近的物质上，使其不因火焰热辐射作用而形成新的火点。冷却灭火法是灭火的一种主要方法，常用水和二氧化碳作灭火剂冷却降温灭火。灭火剂在灭火过程中不参与燃烧过程中的化学反应。

(2) 隔离灭火法

隔离灭火法是将正在燃烧的物质和周围未燃烧的可燃物质隔离或移开，中断可燃物质的供给，使燃烧因缺少可燃物而停止。具体方法有：

◆ 把火源附近的可燃、易燃、易爆和助燃物品搬走；

◆ 关闭可燃气体、液体管道的阀门，以减少和阻止可燃物质进入燃烧区；

◆ 设法阻拦流散的易燃、可燃液体；

◆ 拆除与火源相毗连的易燃建筑物，形成防止火势蔓延的空间地带。

(3) 窒息灭火法

窒息灭火法是阻止空气流入燃烧区或用不燃烧区或用不燃物质冲淡空气，使燃烧物得不到足够的氧气而熄灭的灭火方法。具体方法有：

◆ 用沙土、水泥、湿麻袋、湿棉被等不燃或难燃物质覆盖燃烧物；

- ◆ 喷洒雾状水、干粉、泡沫等灭火剂覆盖燃烧物;
- ◆ 用水蒸气或氮气、二氧化碳等惰性气体灌注发生火灾的容器、设备;
- ◆ 密闭起火建筑、设备和孔洞;
- ◆ 把不燃的气体或不燃液体（如二氧化碳、氮气、四氯化碳等）喷洒到燃烧物区域内或燃烧物上。

2. 烟气控制

(1) 烟气的产生

可燃物完全燃烧时将转化为稳定的气相产物,而在火灾的扩散火焰中很难实现完全燃烧,燃烧反应物的混合基本上由浮力诱导产生的湍流流动控制,其中存在着较大的组分浓度梯度。

火灾中,在阴燃与有焰燃烧两种情况下生成的烟气都是可燃的,一旦被点燃就有可能转变为爆炸,这种爆炸往往发生在一些通风不畅的特殊场合;烟气也是造成轰燃和回燃发生的必要条件。

(2) 烟气毒性

在火灾中,由于毒性造成人员伤亡的罪魁祸首是一氧化碳,火灾中约有一半的人员死亡是由它造成的,另一半由直接烧伤、爆炸压力及其他有毒气体引起。另外,缺氧是气体毒性的特殊情况,悬浮固体颗粒或吸附于烟尘颗粒上的物质的毒性对人的影响也非常大。

(3) 烟气控制

烟气控制指所有可以单独或组合起来使用以减轻或消除火灾烟气危害的方法。建筑物发生火灾后,有效的烟气控制是保护人民生命财产安全的重要手段,主要有两条途径:一是挡烟,二是排烟。

挡烟是指用某些耐火性能好的物体或材料把烟气阻挡在某些限定区域,不让它流到可对人和物产生危害的地方,这种方法适用于建筑物与起火区没有开口、缝隙或漏洞的区域。排烟就是使烟气沿着对人和物没有危害的渠道排到建筑外,从而消除烟气的有害影响。排烟有自然排烟和机械排烟两种形式。

3. 灭火器的选择

(1) 根据火灾类别,应使用相应的灭火器材

- ◆ 一类,指含碳固体可燃物,如木材、棉毛、麻、纸张等燃烧的火灾。可用水型灭火器、泡沫灭火器、干粉灭火器、卤代烷灭火器。
- ◆ 二类,指甲、乙、丙类液体,如汽油、煤油、柴油、甲醇等燃烧的火灾,可用干粉灭火器、泡沫灭火器、卤代烷灭火器。
- ◆ 三类,指可燃烧气体,如煤气、天然气、甲烷等燃烧的火灾,可用干粉灭火器、卤代烷灭火器。
- ◆ 四类,指可燃的活泼金属,如钾、钠、镁等燃烧的火灾,可用干沙式铸铁粉末。
- ◆ 五类,指带电物体燃烧的火灾,可用二氧化碳、干粉、卤代烷灭火器（禁止用水）。

◆ 六类，烹饪器具内的烹饪物（如动植物油脂）火灾，根据实际情况选择。

（2）不同场所灭火器的配置

在不同的场合，应配置不同的灭火器，灭火器才能发挥最大的灭火效能和经济效益。

◆ 精密仪器和贵重设备场所，灭火剂的残渍会损坏设备，忌用水和干粉灭火剂，应选用气体灭火器。

◆ 贵重书籍和档案资料场所，为了避免水渍损失，忌用水灭火，应选用干粉灭火器或气体灭火器。

◆ 电气设备场所，热胀冷缩可能引起设备破裂，忌用水灭火，应选用绝缘性能较好的气体灭火器或干粉灭火器。

◆ 高温设备场所，热胀冷缩可能引起设备破裂，忌用水灭火，应选用干粉灭火器或气体灭火器。

◆ 化学危险物品场所，有些灭火剂可能与某些化学物品起化学反应，有导致火灾扩大的可能，应选用与化学物品不起化学反应的灭火器。

◆ 可燃气体场所，有可能出现气体泄漏火灾，应选用扑灭可燃气体灭火效果较好的水进行灭火。

（三）爆炸

1. 爆炸

爆炸（explosion）是指物质由一种状态迅速转变为另一种状态，并在瞬间释放出巨大的能量，同时伴随着声响，爆炸分为物理爆炸、化学爆炸、核爆炸。

物质的燃烧与爆炸需要三要素：可燃物、氧化剂和火源。它们必须在适当的比例和一定的状态下才能燃烧或爆炸，过量的可燃物与不充足的氧化剂或高浓度的氧化剂与不足量的可燃物都不能燃烧或爆炸。当一定浓度的可燃物（可燃气体、蒸气、粉尘）与氧化剂混合形成具有爆炸性的混合体系达到一定的浓度范围时，遇火源即发生爆炸。这个浓度范围称为爆炸极限（explosive limit），可燃性混合体系能够发生爆炸的最低浓度称为爆炸下限（lower explosion limit）最高浓度称为爆炸上限（upper explosion limit）。当可燃性混合体系浓度低于爆炸下限时，过量空气起到冷却作用，阻止了火焰的蔓延；当可燃性混合体系浓度高于爆炸上限浓度时则是由于空气不足火焰不能蔓延，所以当可燃性混合体系浓度低于或高于爆炸极限浓度时不会着火或爆炸。

2. 爆炸极限影响因素

（1）可燃气体

混合系的组分不同，爆炸极限也不同。同一混合系，由于初始温度、系统压力、惰性介质含量、混合系存在空间及器壁材质以及点火能量的大小等都能使爆炸极限发生变化。主要影响因素包括以下方面。

①温度影响

因为化学反应与温度有很大的关系，所以，爆炸极限数据必定与混合物规定的初始温度有关。初始温度越高,引起的反应越容易传播。一般规律是,混合系原始温度升高,则爆炸极限范围增大即下限降低,上限增高。

②压力影响

系统压力增高,爆炸极限范围也扩大,明显体现在爆炸上限的提高。这是由于压力升高,使分子间的距离更为接近,碰撞几率增高,使燃烧反应更容易进行,爆炸极限范围扩大,特别是爆炸上限明显提高。压力减小,则爆炸极限范围缩小,当压力降至一定值时,其上限与下限重合,此时的压力称为为混合系的临界压力,低于临界压力,系统不爆炸。

③惰性气体含量影响

混合系中惰性气体量增加,爆炸极限范围缩小,惰性气体浓度提高到某一数值时,混合系就不能爆炸。

惰性气体种类不同,对爆炸极限的影响也不同。以汽油为例,其爆炸极限范围按氮气、燃烧废气、二氧化碳、氟利昂21、氟利昂12、氟利昂11顺序依次缩小。

④容器、管径影响

容器、管子直径越小,则爆炸范围越小,当管径小到一定程度时,单位体积火焰所对应的固体冷却表面散发出的热量就会大于产生的热量,火焰便会中断熄灭。火焰不能传播的最大管径称为临界直径。

容器材料也有很大影响,如氢和氟在玻璃器皿中混合,即使在液态空气温度下,置于黑暗处仍可发生爆炸;而在银器中,在一般温度下才能发生爆炸反应。

⑤点火强度影响

点火能的强度高,燃烧自发传播的浓度范围也就越宽,尤其是爆炸上限向可燃气含量较高的方向移动。如甲烷在100 V电压、1 A电流火花作用下,无论何种混合比例情况均不爆炸;若电流增加到2 A,其爆炸极限为$5.9\%\sim13.6\%$;电流上升到3 A时,其爆炸极限为$5.85\%\sim14.8\%$。

⑥干湿度影响

通常可燃气与空气混合物的相对湿度对于爆炸宽度影响虽小,但在极度干燥时,爆炸范围宽度为最大。

⑦热表面、接触时间的影响

热表面的面积大,点火源与混合物的接触时间长等都会使爆炸极限扩大。

除表述因素之外,混合系统接触的封闭外壳的材质、机械杂质、光照、表面活性物质等都可能影响到爆炸极限范围,可燃气体的爆炸上限和氧与氮在空气中的比例几乎无关。因为氧和氮的比热容相近,燃烧热传递到这两种气体都会导致相同的燃烧温度,所以,混合气体一旦被点燃,过剩的氧是否被氮所取代,无关紧要。在生产实践中,爆炸上限与空气中的氧含量有很大的关系。这是由于可燃气或可燃蒸气过剩,也就是氧气不足所致。

(2) 可燃蒸气

可燃蒸气的爆炸极限是由可燃液体产生的蒸气浓度决定的。对于可燃液体而言,爆炸下限对应的闪点温度又可以称为爆炸下限温度，爆炸上限浓度对应的液体温度又可以称为爆炸上限温度。

可燃蒸气的爆炸上限和氧与氮在空气中的比例几乎无关，与空气中的氧含量有很大的关系，原因是由于氧气不足致使可燃气或可燃蒸气过剩。

(3) 可燃粉尘

①粒度。粉尘爆炸下限受粒度的影响很大，粒度越高（粒径越小）爆炸下限越低。

②水分。含尘空气有水分存在时，爆炸下限提高，甚至失去爆炸性。欲使产品成为不爆炸的混合物，至少使其含50%的水。

③氧的浓度。粉尘与气体的混合物中，氧气浓度增加将导致爆炸下限降低。

④点燃源。粉尘爆炸下限受点燃源温度、表面状态的影响，温度高、表面积大的点燃源，可使粉尘爆炸下限降低。

四、起重机械安全技术

（一）起重机械定义和类型

起重机械，是指用于垂直升降或者垂直升降并水平移动重物的机电设备，包括额定起重量大于或者等于0.5 t的升降机，额定起重量大于或者等于1 t，且提升高度大于或等于2 m的起重机，以及承重形式固定的电动葫芦等。

起重机械可分为三类：

◆ 轻小型起重设备。如千斤顶、滑车、电葫芦、卷扬机等。

◆ 起重机。如桥式起重机、门式起重机、塔式起重机、流动式起重机等。

◆ 升降机。工厂使用最多、最广泛的是桥式起重机。

（二）起重机械工作特点

◆ 起重机械通常都具有庞大的金属结构和比较复杂的机构，能完成一个或几个起升、下降和水平运动，作业过程中常常是几个不同方向的运动同时操作，技术难度较大。

◆ 所吊运的物料多种多样，载荷是变化的，重达成百上千吨，长则几十米至上百米，形状很不规则，还有散粒、液体、热融、易燃、易爆、强酸碱等危险品，使吊运过程复杂而危险。

◆ 大多数起重机需要在较大范围内运行，活动空间较大，危险面也增大。

◆ 暴露的、活动的零部件较多，且常与吊运作业人员直接接触（吊钩、钢丝绳等），潜在许多偶发的危险因素。

◆ 作业环境复杂：工矿企业、码头、车站、建筑工地等场所都有起重机在运行，作业场所还常会遇到高温、高压、易燃、易爆、输电线路、强磁场、暴风雨等危险因素，这些都会对设备及人员构成威胁。

◆ 作业人员常需多人配合，存在较大难度，要求驾驶、指挥、司索等作业人员熟练配合，协调工作，互相照应。

(三) 起重机械安全装置

起重机械属于特种设备,鉴于其安全至关重要,因此在起重机械上需装设安全装置。不同类型的起重机,应安装不同类型和性能的安全装置。较常见的安全装置有以下几种:

1. 过卷扬限制器

根据规定,起重机的卷扬机构必须装有过卷扬限制器,当吊钩滑车起升距起重机构架 300 mm 时,可以自动切断电机的电源,电动机停止运转。这样,可保证起重机的安全运行,避免由于过卷扬提升,而造成的钢丝绳被拉断、重物坠落等事故的发生。

2. 行程限制器

它是防止起重机驶近轨道末端而发生撞击事故,或两台起重机在同一条轨道上发生碰撞事故,所采取的安全装置。行程限制器,能保证距离轨道末端 200 mm 处以及起重机互相驶近距 500 mm 处时,立即切断电源,停止运行。

3. 自动连锁装置

桥式起重机上多有裸线通过,为了预防检修人员触电,要求在驾驶室通往车驾(或桥架)的仓门口处装设自动连锁装置,实现检修时停电,检修完后通电,保证检修作业的安全。

4. 缓冲器

缓冲器是一种吸收起重机与物体相碰时的能量的安全装置,在起重机的制动器和终点开关失灵后起作用。当起重机与轨道端头立柱相接时,保证起重机较平稳地停车。起重机上常用的缓冲器有橡胶缓冲器,弹簧缓冲器和液压缓冲器。

当车速超过 120 m/min 时,一般缓冲器不能满足要求,必须采用光线式防止冲撞装置、超声波式防止冲撞装置以及红外线反射器等。

5. 制动器

起重设备上的制动器,能使起重设备在升降、平移和旋转过程中随时停止工作和使重物停留在任何高度上的一种装置,既能防止意外事故,又能满足工作要求。

制动器的种类繁多,有弹簧式制动器、安全摇柄等。由于制动器的作用对于起重机来说十分重要,许多事故的发生往往是由于制动器的失灵或发生故障而造成的。因此,为保障起重作业安全,必须加强对制动器的检查与保养,一般要求每班检查一次。

6. 重量限制器

重量限制器是起重机的超载防护装置。按其结构方式和工作原理的不同,可分为机械式和电子式两种类型。在起重作业过程中,当起重量超过起重机额定起重量的 10% 时,重量限制器将起作用,使机构断电,停止工作,从而起到超载限制的作用。

7. 力矩限制器

对于动臂变幅的起重机(如塔式起重机、流动式起重机等),除考虑载荷的大小,还应考虑随着动臂变幅引起的载荷重心至起重机的距离的变化,即起重力矩问题。力矩限制器就是一种综合起重量和起重机运行幅度两方面因素,以保证起重力矩始终在允许范围内的安全装置,可分为机械式和电子式两种类型。

机械式力矩限制器有杠杆式和水平吊臂上使用的两种限制器。在起吊操作中,当起重量增大到限定值时,该限制器能够带动控制块以触动控制开关而断开电源,停止工作。

电子式力矩限制器在操作过程中能够通过仪表自动将实际起重力矩与额定起重力矩进行比较,若超载,继电器就会自动切断工作机构电源,保证安全。电子式力矩限制器克服了机械式力矩限制器的缺点,广泛应用于各种起重机上。

8．危险电压警报器

臂架型起重机在输电线附近作业时,由于操作不当,臂架钢丝绳等过于接近甚至碰触电线,都会造成感电或触电事故。为了防止这类事故研制出危险电压报警器,其原理是:报警器输电线路为三相交流电,各相间相位差为120°,空间电场分布是交变电场,从理论上讲,距各相线距离相等的点的电位应为零。但实际线路布设,不存在电位为零的点,根据电场分布特性,只要检测出触电位的绝对值和电位梯度,与预先设置的基准电压比较,就可以判断臂架距电线的距离,并及时发出警报。

报警器由检测器和警报器组成。检测器安装在起重机臂端,其上端的金属球作为检测探头,可以检测电线周围的电场。检测器内部的前置放大器将微弱的电场信号放大后,送警报器进行比较处理。

（四）起重机械日常管理

1．安全技术档案

起重机械使用企业要建立健全设备安全技术档案,起重机械档案包括:

（1）起重机械出厂技术资料、产品合格证、使用维护说明书、易损零件图、电气原理、电器元件布置图、必要的安全附件型式试验报告、监督检验证明文件等有关资料。

（2）安装过程中需要的技术资料,安装位置,启用时间。

（3）特种设备检验机构出具的验收证明或定期《检验报告书》。

（4）日常保养、维护、大修、改造、变更、检查和试验记录。

（5）设备事故、人身事故记录。

（6）上级主管部门的设备安全评价。

（7）特种设备及安全附件、安全保护装置、测量调控装置及有关附属仪器仪表的维保及检测记录。

2．起重机械安全管理制度

要保证起重机械安全运行就要有完善的管理规章制度,使作业者有章可循,管理者有法可依。健全与落实特种设备组织管理机构,配置强有力的专业管理队伍,并保持相对稳定以适应管理工作要求,管理制度应有如下内容:

(1) 起重机械事故应急救援预案。
(2) 职能管理部门与司机的岗位责任制。
(3) 安全操作技术规程。
(4) 维保大修、改造、报废制度。
(5) 日常检查及定期检查维修保养制度。
(6) 管理、操作维修人员培训考核制度。
(7) 操作人员交接班制度。
(8) 起重机械安全技术档案管理制度。

3. 特种设备事故应急措施和援救预案

根据《特种设备安全监察条例》第六十五条规定，特种设备使用单位应制定特种设备的事故应急专项预案，并定期进行事故演练。特种设备使用单位应设立以单位领导牵头，特种设备安全管理部门为主，相关部门配合的紧急事故救援领导小组，明确职责，责任到人。根据本单位特种设备使用情况，判断可能出现的故障、引发的险情、意外事故的发生，制订出适合本单位起重机械特点的应对措施。该措施应包括对起重机械出现事故后的处理原则，紧急情况下所采取的程序、方法、步骤及相关部门人员的职责、分工协作等，并定期组织现场演习。

4. 起重机械运行管理

(1) 操作人员的管理

操作人员在上岗前要对所使用的起重机械的结构、工作原理、技术性能、安全操作规程、保养维修制度等相关知识和国家有关法规、规范、标准进行学习掌握。经当地技术监督部门培训对理论知识和实际操作技能两个方面考核合格后，方能上岗操作。

(2) 起重机械的"三定"管理

"三定"是指定人、定机、定岗制度。起重机械的"三定"制度首先是制度的制定和制度形式的确定，其中定人、定机是基础，要求人人有岗有责，起重机台台有人操作管理；"定岗"责任是保证。

(3) 定期检查维护管理

起重机械使用单位要经常对在用的起重机械进行检查维保，并制订一项定期检查管理制度，包括日检、周检、月检、年检，对起重机进行动态监测，有异常情况随时发现，及时处理，从而保障起重机械安全运行。

日检

由司机负责作业的例行保养项目，主要内容为清洁卫生，润滑传动部位，调整和紧固工作。通过运行测试安全装置灵敏可靠性，监听运行中有无异常声音。

周检

由维修工和司机共同进行，除日检项目外，主要内容是外观检查，检查吊钩、取物装置、钢丝绳等使用的安全状态、制动器、离合器、紧急报警装置的灵敏、可靠性，通过运行观测传动部件有无异常响声，及过热现象。

月检

由设备安全管理部门组织检查、同使用部门有关人员共同进行，除周检内容外，主要对起重机械的动力系统、起升机构、回转机构、运行机构、液压系统进行状态检测，更换磨损、变形、裂纹、腐蚀的零部件，对电气控制系统，检查馈电装置、控制器、过载保护、安全保护装置是否可靠。通过测试运行检查起重机械的泄漏、压力、温度、振动、噪声等原因引起的故障征兆。经观测对起重机的结构、支承、传动部位进行状态下主观检测，了解掌握起重机整机技术状态，检查确定异常现象的故障源。

年检

由单位领导组织设备安全管理部门挑头，同有关部门共同进行，除月检项目外，主要对起重机械进行技术参数检测，可靠性试验，通过检测仪器，对起重机械、各工作机构运动部件的磨损、金属结构的焊缝、测试探伤，通过安全装置及部件的试验，对起重设备运行技术状况进行评价。安排大修、改造、更新计划。

5.起重机械安全技术检查内容

起重机械安全技术检验方法有两种，一种是感官检查；另一种是利用测试仪器、仪表对设备测控。

(1)感官检查

起重机械安全技术检查很大部分凭检验人员通过看、听、嗅、问、摸来进行。《起重机械检验规程》(2002)所规定的起重机械检验项目中占总项目70%以上是感官检验。通过感官的看、听、嗅、问、摸对起重机械进行全面的直观诊断，来获得所需信息和数据。

看：通过视觉根据起重机械结构特点，观察其重要传动部位、承力结构要点、故障现象源兆。

听：通过听觉分析出起重机械设备各部位运行声音是否正常，判断异常声音出自部位，了解病因，找出病源。

嗅：通过嗅觉分辨起重机械运动部位现场气味，辨别零部件的过热、磨损、过烧的位置。

问：向司机及有关人员询问起重机运行过程中，易出故障点，发生故障经过、类别。判定起重机安全技术状况。

摸：通过用手触摸起重机运行部件，根据温度变化、振动情况，判断故障位置和故障性质。

(2)测试仪器、仪表的测挖

根据国内外起重机械发展趋势来看，现代化的应用状态监测和故障诊断技术已在起重机械设计和使用中广泛推广。在起重机械运作状态下，利用监测诊断仪器和专家监控系统，对起重机械进行检(监)测，随时掌握起重机技术状况，预知整机或系统的故障征兆及原因，把事故消除于萌芽状态。

(3) 起重机通用部件的安全检查

吊钩

检查吊钩的标记和防脱装置是否符合要求，吊钩有无裂纹、剥裂等缺陷；吊钩断面磨损、开口度的增加量、扭转变形，是否超标；吊钩颈部及表面有无疲劳变形、裂纹及相关销轴、套磨损情况。

钢丝绳

检查钢丝绳规格、型号与滑轮卷筒匹配是否符合设计要求；钢丝绳固定端的压板、绳卡、契块等钢丝绳固定装置是否符合要求；钢丝绳的磨损、断丝、扭结、压扁、弯折、断股、腐蚀等是否超标。

制动装置

制动器的设置、制动器的型式是否符合设计要求；制动器的拉杆、弹簧有无疲劳变形、裂纹等缺陷；销轴、心轴、制动轮、制动摩擦片是否磨损超标；液压制动是否漏油；制动间隙调整、制动能力能否符合要求。

卷筒

卷筒体、筒缘有无疲劳裂纹、破损等情况；绳槽与筒壁磨损是否超标；卷筒轮缘高度与钢丝绳缠绕层数能否相匹配；导绳器、排绳器工作情况是否符合要求。

滑轮

滑轮是否设有防脱绳槽装置；滑轮绳槽、轮缘是否有裂纹、破边、磨损超标等状况，滑轮转动是否灵活。

减速机

减速机运行时有无剧烈金属摩擦声、振动、壳体辐射等异常声音；轴端是否密封完好，固定螺栓是否松动有缺损等状况；减速机润滑油选择、油面高低、立式减速机润滑油泵运行，开式齿轮传动润滑等是否符合要求。

车轮

车轮的踏面、轮轴是否有疲劳裂纹现象，车轮踏面轮轴磨损是否超标，运行中是否出现啃轨现象，造成啃轨的原因是什么。

联轴器

联轴器零件有无缺损、连接松动、运行冲击现象。联轴器、销轴、轴销孔、缓冲橡胶圈磨损是否超标。联轴器与被连接的两个部件是否同心。

(4) 起重机安全保护装置的检查

超载保护装置

超载保护装置是否灵敏可靠、符合设计要求，液压超载保护装置的开启压力；机械、电子及综合超载保护器报警、切断动力源设定点的综合误差是否符合要求。

力矩限制器

力矩限制器是臂架类型起重机防超载发生倾翻的安全装置。通过增幅法或增重法检查力矩限制器灵敏可靠性，并检查力矩限制器报警、切断动力源设定点的综合误差是否在规定范围内。

极限位置限制器

检查起重设备的变幅机构、升降机构、运行机构达到设定位置距离时能否发生报警信号，自动切断向危险方向运行的动力源。

防风装置

对于臂架根部铰接点高度大于50m的起重机应检查风速仪，当达到风速设定点时或工作极限风速时能否准确报警。露天工作在轨道上运行的起重机应检查夹轨器、铁鞋、锚固装置各零部件是否变形、缺损和它们各自独立工作的可靠性。对自动夹轨器，应检查对突发性阵风防风装置与大车运行制动器配合实现非锚定状态下的防风功能与电气连锁开关功能的可靠性。

防后倾翻装置

对动臂变幅和臂架类型起重机应检查防后倾装置的可靠性，电气连锁的灵敏性，检查变幅位置和幅度指示器的指示精度。

缓冲器

对不同类型起重量、运行速度不同的起重机，应检查所配置的缓冲器是否相匹配，并检查缓冲器的完好性、运行到两端能否同时触碰止挡。

防护装置

检查起重机上各类防护罩、护栏、护板、爬梯等是否完备可靠，起重机上外露的有可能造成卷绕伤人的开式传动；联轴器、链轮、链条、传动带等转动零部件有无防护罩，起重机上人行通道，爬梯及可能造成人员外露部位有无防护栏，是否符合要求。露天作业起重机电气设备应设防雨罩。

（五）起重机械安全事故

1. 起重事故类型

（1）失落事故：在起重作业中，吊载、吊具等重物从空中坠落所造成的人身伤亡和设备毁坏的事故；

（2）挤伤事故：在起重作业中，作业人员被挤压在两个物体之间，造成的挤伤、压伤、击伤等人身伤亡事故；

（3）坠落事故：从事起重作业的人员从起重机机体上高空处发生坠落造成的伤亡事故；

（4）触电事故：从事起重作业的人员，遭受电击所发生的伤亡事故；

（5）机毁事故：起重机机体因失去整体稳定性而发生倾翻翻倒，造成重机机体严重损坏以及人员伤亡的事故；

（6）其他事故：包括误操作事故、起重机之间的相互碰撞事故、安全装置失效事故、野蛮操作事故、偶然事故等。

2. 造成起重伤害事故的主要因素

在日常起重作业中，常见的伤害事故有脱钩砸人，钢丝绳断裂抽人，移动吊物撞人，滑车砸人以及倾翻事故，坠落事故，提升设备过卷扬事故，起重设备误触高压线或感应带电体触电等。

造成这些事故的原因是多方面的，但主要因素有操作因素和设备因素。

操作因素主要有：

（1）起吊方式不当，造成脱钩或起重物摆动伤人。

（2）违反操作规程，如超载起重，或人处于危险区工作等。

（3）指挥不当，动作不协调等。

设备因素主要有：

（1）吊具失效，如吊钩、抓斗、钢丝绳、网具等损坏而造成重物坠落。

（2）起重设备的操纵系统失灵或安全装置失效而引起事故，如制动装置失灵而造成重物的冲击和夹挤。

（3）构件强度不够，如塔式起重机的倾倒，其原因是塔身的倾覆力矩超过其稳定力矩所致。

（4）电器损坏而造成触电事故。

（5）桥式起重机出轨事故，其原因多数为啃轨现象造成紧固件松动所致。

（六）起重机械安全事故预防

1. 起重机操作人员安全基本要求

（1）起重机驾驶人员接班时，应对制动器、吊钩、钢丝绳和安全装置进行检查。发现性能不正常时，应在操作前排除。

（2）开车前，必须鸣铃或报警。操作中接近人时，亦应给予断续铃声或报警。

（3）按指挥信号操作。对紧急停车信号，不论何人发出，都应立即执行。

（4）确认起重机上无人时，才可以闭合主电源。如电源断路装置上加锁或有标牌时，应由有关人员消除后，才可闭合主电源。

（5）闭合主电源前，应将所有控制器手柄置于零位。

（6）工作中突然断电时，应将所有的控制器手柄扳回零位；在重新工作前，应检查起重机动作是否都正常。

（7）在轨道上露天作业的起重机，当工作结束时，应将起重机锚定住；当风力大于6级时，一般应停止工作，并将起重机锚定住，对于门座起重机等在沿海工作的起重机，当风力大于7级时，应停止工作，并将起重机锚定住。

（8）司机进行维护保养时，应切断主电源，并挂上标志牌或加锁。如有未消除的故障，应通知接班的司机。

2. 起重伤害事故的预防

起重伤害事故一般有挤压、高处坠落、重物坠落、倒塌、折断、倾覆、触电、撞击事故等。每一种事故都与其环境有关,有人为造成的,也有因设备有缺陷造成的,或人和设备双重因素造成的。

(1) 起重机挤压事故的预防

起重机挤压事故的发生及预防有以下三种情况:

①起重机机体与固定物、建筑物之间的挤压。这种事故多是发生在运行起重机或旋转起重机与周围固定物之间。如桥式起重机的端梁与周围建筑物的立柱、墙之间,塔式起重机、流动式起重机旋转时其尾部与其他设施之间发生的挤压事故。事故多数由于空间较小,被害者位于司机视野的死角,或是司机缺乏观察而造成的。因此,在起重机与固定物之间要有适当的距离,至少要有 0.5 m 间距,作业时禁止有人通过。

②吊具、吊装重物与周围固定物、建筑物之间的挤压。对此,首先应合理布置场地、堆放重物。货物的堆放应有适当间隙,巨大构件和容易滚动及翻倒的货物要码放合理,便于搬运。其次,应选择适合所吊货物的吊具和索具,合理地捆绑与吊挂,避免在空中旋转或脱落。禁止直接用手拖拉旋转的重物,信号指挥人员要按原定的吊装方案指挥。

③起重机、升降机自身结构之间的挤压事故。如检查维修人员在汽车起重机转台与其他构件之间发生的挤压事故。物料升降机中以建筑升降机问题较多,主要是防护装置不全,如无上升限位器,无防护栏杆或无防护门等。防护措施是:操纵卷扬机的位置要得当;没有封闭的吊笼,其通道应该封闭,不准过人;通道入口应设防护栏杆;检修接近上极限装置时,要注意防止撞头;底坑工作时,要注意桥箱和配重落下,避免事故发生。

(2) 起重作业高处坠落事故预防

起重机的操纵、检查、维修工作多是高处作业。梯子、栏杆、平台是起重机上的工作装置和安全防护设施。在上述操作地点,都必须按规定装设护圈、栏杆的平台,防止人员坠落;桥箱、吊笼运行时,要注意不准超载;制动器和承重构件,必须符合安全要求;防坠落装置必须可靠;电器设备要有保险装置,并要定期检查,防止事故。

(3) 起重机械吊具或吊物坠落事故的预防

吊物或吊具坠落是起重伤害中数量较多的一种。这类事故的发生,主要是由于绑挂方法不当,司机操作不良,吊具、索具选择不当,起升、超载限制器失灵等原因而造成的。因此,必须加强预防措施,主要有以下方面:

◆ 提升高度限位器,要保证有效,避免过卷扬事故,司机在作业前要检查提升高度限位器是否有效,失效时应不准启动;

◆ 要注意检查吊钩,是否有磨损或有无裂纹变形,该报废的不准使用;

◆ 要检查钢丝绳的状况,每班操作前都必须将钢丝绳从头到尾的细致检查一遍,是否有磨损、断丝、断脱,有无显著变形、扭结、弯折等,不符合的要及时更换。

(4) 起重机倾翻、折断、倒塌事故预防

倾翻事故多数发生在流动式起重机和沿轨道运行的塔式起重机。造成事故的原因主要是超载,支护不当,在基础不稳固状态下起吊重物,或负载转弯、超速运行等。预防措施是:起重机司机应该严格执行操作规程,防止麻痹大意;塔式起重机除防止超载外,还要注意按要求配重、压重、铺设轨道和安装合格。

折断倒塌事故包括结构折断和零部件折断，如吊臂折断、主轴断裂等，主要是由于超载、机构及零部件的缺陷、违章操作和自然灾害等原因造成的。每次使用都要对各主要部件和安全装置进行检查，防止由于机械部件的损坏而发生折断倾翻事故。此外，在作业过程中，当风速超过 20 m/s 时，要停止作业。在安装中如果遇到 13 m/s 的风、下雨、下雪等恶劣天气，应停止作业。

(5) 起重机械触电事故预防

起重机发生触电事故比较多。一种情况是维修、保养人员在起重机上发生的触电事故，主要是违章带电作业，碰到滑线或线路漏电，或者是保养人员在作业过程中，其他人员不知起重机上有人作业，误合电闸而造成。因此，在维修作业时，必须停电拉闸，且有人监护；同时要注意检查起重机的接地电阻和绝缘电阻，保证接地和绝缘良好。另外，起重机靠近输电线路造成触电事故。要教育司机，在行驶和作业中必须与输电线路保持一定距离。

五、锅炉安全技术

锅炉是生产和生活中广泛使用的提供热能的承压设备。由于承受压力，就存在爆炸的危险。因此，确保锅炉的安全运行，有着特殊的意义。我国把它列为特种设备，要求企业进行特殊管理。

锅炉，顾名思义是由"锅"和"炉"两大部分组成的设备。"锅"是锅炉中盛水和汽的部分，它的作用是吸收"炉"放出来的热量，从而使低温水变成高温水（热水锅炉）。或者变成具有一定压力和温度的蒸汽（蒸汽锅炉）。由于"锅"要承受压力，所以一般称为"受压部件"。"炉"是锅炉中燃烧燃料的部分，它的作用是使燃料燃烧，从而产生热量供"锅"吸收，一般称为"燃烧设备"。

(一) 锅炉分类

1. 按出口介质分类

锅炉按其出口介质不同，可分为蒸汽锅炉和热水锅炉两大类。

蒸汽锅炉，按其工作压力高低不同，又可分为低压锅炉、中压锅炉、高压锅炉和超高压锅炉。

热水锅炉，按其出口水温高低不同，又可分为低温热水锅炉和高温热水锅炉。

2. 按锅炉结构分类

锅炉按其结构不同，可分为立式锅壳锅炉、卧式锅壳锅炉（上述两类锅炉俗称火管锅炉）和水管锅炉三大类。

立式锅壳锅炉，指锅壳纵向轴线垂直于地面，燃料在炉胆中燃烧后，烟气在受热面管子内部流动，锅水在管子外部流动的锅炉。如立式横火管锅炉、立式弯水管锅炉等。

卧式锅壳锅炉,指锅壳纵向轴线平行于地面,燃料在炉胆或外置式炉膛中燃烧后,烟气在受热面管子内部流动,锅水在管子外部流动的锅炉。如卧式外燃火管锅炉、卧式烟水管锅炉等。

水管锅炉,指燃料在炉膛燃烧后,烟气在受热面管子外部流动,锅水在管子内部流动锅炉。如双锅筒弯水管锅炉、直流锅炉等。

(二) 锅炉运行的特殊性

锅炉在运行时,不仅要承受一定的温度压力,而且要遭受介质的侵蚀和飞灰的磨损,因此具有爆炸的危险。如果锅炉在设计、制造及安装过程中存在缺陷,或者维护不当,年久失修,或因管理不善,违反操作规程等,都可能发生设备事故,造成减产、停产或影响产品质量;严重时,还会发生爆炸事故,给人民生命和国家财产造成巨大的损失。

锅炉爆炸是指锅炉的受压元件(主要锅筒)突然发生破裂,使其中蒸汽和饱和水的能量迅速释放出来,这样一个物理变化过程。

锅炉爆炸的危害主要来自两方面:
◆ 锅炉内的蒸汽和饱和水急剧膨胀放出的能量造成的危害;
◆ 锅炉内的蒸汽和部分饱和水迅速蒸发而产生的大量蒸汽,向四周扩散所造成的危害。

(三) 对锅炉本体的安全技术要求

(1) 锅炉的设计必须符合安全、可靠的要求。锅炉受压元件的强度,应按现行的锅炉元件强度计算标准进行计算。锅筒或锅壳的壁厚,在任何情况下,均不应小于 6 mm。

(2) 锅炉结构各部分在运行中应能自由膨胀。锅炉的水循环应保证受热面得到可靠的冷却。

(3) 水管锅炉锅筒的最低安全水位,应能保证对下降管可靠地供水。火管锅炉的最低安全水位,应高于最高火界 100 mm。

(4) 锅炉上应开设必要的人孔、手孔、检查孔,以便于安装、维修和清扫外部。受压元件的人孔盖、手孔盖应采取内闭式,以避免锅水、蒸汽喷出伤人。盖的结构应保证衬垫不会吹出。

(5) 用煤粉、油或气体作燃料的锅炉,应设有在风机电源跳闸时自动切断燃料供应的连锁装置,并尽量装设点火程序控制和灭火保护装置,在容易爆炸的部位应装设防爆门。防爆门的装置应不致危及人身安全。

(6) 制造锅炉受压元件的金属材料,应是锅炉专用的优质碳素钢或低合金钢,以保证在使用条件(如温度、压力等)下具有规定的机械性能(如强度、韧性等)和良好的抗疲劳、耐腐蚀性能。

(四) 对锅炉安全附件的要求

(1) 蒸发量大于 0.5 t/h 的蒸汽锅炉,或额定供热量大于 0.35 MW ($30×10^4$ k cal[①]/h)

注:[①] 1 cal=4.186 J。

的热水锅炉,至少应装设两个安全阀。小于和等于上述参数的锅炉,至少应装设一个安全阀。

(2) 安全阀须铅直地安装。阀上必须有下列装置:
◆ 杠杆式安全阀要有防止重锤自移动的装置和限制杠杆越出的导架。
◆ 弹簧式安全阀要有提升手和防止随便拧动调整螺丝的装置。
◆ 静重式安全阀要有防止重片飞脱的装置。

(3) 为防止安全阀的阀芯和阀座粘住,应定期对安全阀作手动或自动的排放试验。

(4) 安全阀每年至少进行一次整定和校验。安全阀经过校验后,应加锁或铅封,严禁用加重物、移动重锤、将阀芯卡死等手段提高安全阀起座压力或使安全阀失效。

(5) 每台蒸汽锅炉必须装有与锅炉蒸汽空间直接相连接的压力表。在给水管的调节阀前、可分式省煤器出口、过热器出口和主汽阀之间及再热器进出口,也应装压力表。每台热水器锅炉的进水阀出口和出水阀入口,都应装一个压力表,在循环水泵的进水管和出水管上,也应装压力表。

(6) 压力表装用前应做校验,并在刻度盘上划红线指出工作压力。装用后每半年至少校验一次。压力表校验后应封印。

(7) 压力表有下列情况之一时,应停止使用:
◆ 有限止钉的压力表在无压力时,指针转动后不能回到限止钉处;没有限止钉的压力表在无压时,指针离零位的数值超过压力表规定允许误差。
◆ 表面玻璃破碎或表盘刻度模糊不清。
◆ 封印损坏或超过校验有效期限。
◆ 表内泄漏或指针跳动。
◆ 其他影响压力表准确的缺陷。

(8) 每台蒸汽锅炉至少应装两个彼此独立的水位表。蒸发量小于和等于 0.2 t/h 的蒸汽锅炉,可以装一个水位表;蒸发量大于和等于 2 t/h 的蒸汽锅炉,必须装设高低水位警报器。

(9) 水位表应有指示最高、最低安全水位的明显标志,以及放水旋塞(或放水阀门)和接到安全地点的放水管。

(10) 水位表和锅筒之间的汽水连接管应尽可能地短。汽连管应能自动向水位表疏水,水位接管应能自动向锅筒疏水,避免形成假水位。

(11) 锅筒及每个下集箱的最低处,都应装排污阀或放水阀。排污管和放水管应尽量减少弯头,保证排污及放水畅通,并接到室外安全的地点。

(五) 对锅炉运行管理的安全要求

(1) 锅炉房不应直接设在聚集人多的房间(如浴室、教室、剧院、商店、医院等),或在其上面、下面、贴邻或主要疏散出口的两旁。锅炉房每层至少应有两个出口,分别设在两侧。锅炉房通向室外的门应向外开,在锅炉运行期是不准锁住或闩住,锅炉房内工作室或生活室的门应向锅炉房内开。

(2) 使用锅炉的单位，应根据本单位实际情况，建立以岗位责任制为主要内容的各项规章制度（如安全操作制度、交接班制度、管理制度、定期检验制度、文明锅炉房和先进司炉工竞赛制度等）。具有自动控制系统的锅炉，还应建立巡回监视检查和定期对自动仪表进行校验检修制度。

(3) 蒸汽锅炉运行中，遇有下列情况之一时，应立即停炉：
- 锅炉水位降低到锅炉运行规程所规定的水位下极限以下时；
- 不断加大向锅炉给水及采取其他措施，但水位仍继续下降；
- 锅炉水位已升到运行规程所规定的水位上极限以上时；
- 给水机械全部失效；
- 水位表或安全阀全部失效；
- 锅炉元件损坏，危及运行人员安全；
- 燃烧设备损坏，炉墙倒塌或锅炉构架被烧红等，严重威胁锅炉安全运行；
- 其他异常运行情况，且超过安全运行允许范围。

(4) 热水锅炉运行中，遇有下列情况之一时，应立即停炉：
- 因循环不良造成炉水汽化，或锅炉出口热水温度上升到与出口压力不相应饱和温度的差小于20℃；
- 炉水温度急剧上升失去控制；
- 循环泵或补给水泵全部失效；
- 压力表或安全阀全部失效；
- 锅炉元件损坏，危及运行人员安全；
- 补给水泵不断补水，锅炉压力仍然继续下降；
- 燃烧设备损坏、炉墙倒塌或锅炉构架被烧红等，严重威胁锅炉安全运行；
- 其他异常运行情况，且超过安全运行允许范围。

(5) 锅炉应每年进行一次停炉内外部检验，每6年进行一次水压试验。定期停炉检验的重点如下：
- 上次检验有缺陷的部位；
- 锅炉受压元件的内外表面，特别是开孔、铆缝、焊缝、板边等处有无裂纹、裂口和腐蚀；
- 管壁有无磨损和腐蚀，特别是处于烟气流速较高及吹灰器作用附近的管壁；
- 铆缝是否严密，有无性脆化；
- 胀口是否严密，管端受胀部分有无环形裂纹；
- 受压元件有无凹陷、弯曲、鼓包和过热；
- 锅炉和砖衬接触处有无腐蚀；
- 受压元件或锅炉构架有无因砖墙或隔火墙损坏而发生过热；
- 进水管和排污管与锅筒的接口处有无腐蚀、裂纹，排污阀和排污管连接部分是否牢靠；

◆ 安全附件是否灵敏、可靠，水位计、安全阀、压力表等与锅炉本体连接的通道是否堵塞；

◆ 自动控制、讯号系统及仪表是否灵敏可靠；

◆ 水侧内部的水垢、水渣是否过多。

（6）锅炉水压试验前，应进行内外部检验，如必要时还应作强度核算。不得用水压试验的方法确定锅炉的工作压力。

在工业生产中发生了伤亡事故，必须及时抢救伤员，以减少可能造成的损失。因此，每位职工都有必要学会一些正确进行现场救护的方法。

六、压力容器安全技术

（一）压力容器分类

压力容器按在生产工艺过程中的作用原理分为：反应压力容器、换热压力容器、分离压力容器和储存压力容器。按设计压力分为：低压（$0.1\ \text{MPa} \leqslant p < 1.6\ \text{MPa}$）、中压（$1.6\ \text{MPa} \leqslant p < 10\ \text{MPa}$）、高压（$10\ \text{MPa} \leqslant p < 100\ \text{MPa}$）和超高压容器（$p \geqslant 100\ \text{MPa}$）。按照《压力容器安全技术监察规程》中根据压力容器的压力等级、品种、介质毒性程度和易燃介质等，将压力容器划分为三类：第一类、第二类和第三类压力容器。

（二）压力容器的部分安全附件

压力容器除了和锅炉有相似的安全附件外，还有一些其他安全附件。

1. 安全阀

安全阀会根据压力系统的工作压力自动启闭，一般安装于封闭系统的设备或管路上保护系统安全。当设备或管道内压力超过安全阀设定压力时，即自动开启泄压，保证设备和管道内介质压力在设定压力之下，保护设备和管道正常工作，防止发生意外，减少损失。

2. 爆破片

爆破片装置又称为爆破膜或防爆膜，是一种非重闭式泄压装置，由进口静压使爆破片受压爆破而泄放出介质，以防止容器或系统内的压力超过预定的安全值。与安全阀相比，爆破片具有结构简单，泄压反应快，密封性能好，适应性强等特点。

3. 安全阀与爆破片装置的组合

安全阀与爆破片装置并联组合时，爆破片的标定爆破压力不得超过容器的设计压力。安全阀的开启压力应略低于爆破片的标定爆破压力。

4. 爆破帽

爆破帽一端封闭，中间具有一薄弱断面的厚壁短管，爆破压力误差较小，泄放面积较小，多用于超高压容器。超压时其断裂的薄弱断面在开槽处和形状处。

5. 易熔塞

易熔塞属于"熔化型"（"温度型"）安全泄放装置，它的动作取决于容器壁的温度，主要用于中、低压的小型压力容器，在盛装液化气体的钢瓶中应用更为广泛。

6. 紧急切断阀、减压阀

紧急切断阀是一种特殊结构和特殊用途的阀门，它通常与截止阀串联安装在紧靠容器的介质出口管道上，以便在管道发生大量泄漏时进行紧急止漏，一般还具有过流闭止及超温闭止的性能，并能在近程和远程独立进行操作。减压阀是利用膜片、弹簧、活塞等敏感元件改变阀瓣与阀座之间的间隙，当介质通过时产生节流，压力下降而使其减压的阀门。

7. 温度计、液位计

液位计又称液面计，是用来观察和测量容器内液位位置变化情况的仪表。特别是对于盛装液化气体的容器，液位计是一个必不可少的安全装置。对于需要控制壁温的容器，还必须装设测试壁温的温度计。

（三）压力容器的检验

压力容器的定期检验包括：外部检查、内外部检验和水压试验。

1. 外部检查

外部检验是指在用压力容器运行中的定期在线检查，每年至少进行一次。外部检查可以由检验单位有资格的检验员进行，也可由经安全监察机构认可的使用单位压力容器专业人员进行。

2. 内外部检验

内外部检验是指在用压力容器停机时的检验，应由检验单位有资格的检验员进行。压力容器投用后首次内外部检验周期一般为3年，内外部检验周期的确定取决于压力容器的安全状况等级。当压力容器安全状况等级为1、2级时，每6年至少进行一次内外部检验；当压力容器安全状况等级为3级时，每3年至少进行一次内外部检验。

3. 耐压试验

耐压试验是指压力容器停机检验时，所进行的超过最高使用压力的液压试验或气压试验。对固定式压力容器，每两次内外部检验期间内，至少进行一次耐压试验；对移动式压力容器，每6年至少进行一次耐压试验。

（四）压力容器的安全操作

正确合理地操作和使用压力容器，是保证其安全运行的一项重要措施。对压力容器安全操作的基本要求有以下方面。

1. 平稳操作

平稳操作主要是指缓慢地进行加载和卸载以及运行期间保持载荷的相对稳定。压力容器开始加压时，速度不宜过快，尤其要防止压力的突然升高，因为过高的加载速度会降低材料的断裂韧性，可能使存在微小缺陷的容器在压力的冲击下发生脆断。高温容器或工作温度在零度以下的容器，加热或冷却也应缓慢进行，以减小壳体的温度梯度。运行中更应该避免容器温度的突然变化，以免产生较大的温度应力。运行中压力频繁地或大幅度地波动，对容器的抗疲劳破坏是极不利的，因此应尽量避免压力波动，保持操作压力的稳定。

2. 防止超载

由于压力容器允许使用的压力、温度、流量及介质充装等参数是根据工艺设计要求和保证安全生产的前提下制订的，故在设计压力和设计温度范围内操作可确保运行安全。反之如果容器超载超温超压运行，就会造成容器的承受能力不足，因而可能导致压力容器爆炸事故的发生。

3. 容器运行期间的检查

在压力容器运行过程中，对工艺条件、设备状况及安全装置等进行检查，以便及时发现不正常情况，采取相应的措施进行调整或消除，防止异常情况的扩大和延续，保证容器的安全运行。

4. 操作记录

操作记录是生产操作过程中的原始记录，操作人员应认真及时、准确真实地记录容器实际运行状况。

5. 容器的紧急停止运行

运行中若容器突然发生故障、严重威胁安全时，容器操作人员应及时采取紧急措施，停止容器运行，并上报上级领导。

6. 容器的维护保养

加强容器的维护保养防止容器因被腐蚀而致壁厚减薄甚至发生断裂事故。具体措施为：容器在运行过程中保持完好的防腐层，经常检查防腐层有无自行脱落或在装料和安装内部附件时被刮落或撞坏；控制介质含水量，经常排放容器中的冷凝水，消除产生腐蚀的因素，消灭容器的"跑、冒、滴、漏"等。

7. 容器停用期间的维护

容器长期或临时停用时应将介质排除干净，对容器有腐蚀性介质要经过排放、置换、清洗等技术处理。处理后应保持容器的干燥和洁净，减轻大气对停用容器的腐蚀。另外也可采用外表面涂刷油漆的方法，防止大气腐蚀。

七、建筑施工安全技术

（一）建筑施工多发事故类别

从建筑物的建造过程以及建筑施工的特点可以看出，施工现场的操作人员随着从基础

—主体—屋面等分项工程的施工,要从地面到地下再回到地面再上到高空,经常处在露天、高处和交叉作业的环境中。建筑施工的高处坠落、物体打击、触电和机械伤害等4个类别的伤亡事故多年来一直居高不下,被称为四大伤害。随着建筑物的高度从高层到超高层,其地下室亦从地下一层到地下二层或地下三层,土方坍塌事故也随之增多,特别是在城市里,拆除工程增多,因此在四大伤害的基础上增加了坍塌事故。据2004年全国建筑施工伤亡事故分析,高处坠落占到建筑业死亡总数的53.10%,坍塌占14.43%,物体打击占10.57%,机械伤害占9.82%,触电占7.18%,这5类事故占总事故的95%以上。

(二)建筑施工中危险源的识别

五类事故发生的主要部位就是建筑施工中的危险源。

(1)高处坠落。人员从临边、洞口作业中,包括屋里边、楼板边、阳台边、预留洞口、电梯井口、楼梯口等处坠落;从脚手架上坠落;龙门架(井字架)物料提升机和塔吊在安装、拆除过程坠落;安装、拆除模板时坠落;结构和设备吊装时坠落。

(2)坍塌。施工中发生的坍塌事故主要是:现浇混凝土梁、板的模板支撑失稳倒塌,基坑边坡失稳引起土石方坍塌,拆除工程中的坍塌,施工现场的围墙及在建工程屋面板质量低劣坍落。

(3)物体打击。人员受到同一垂直作业面的交叉作业中和通道口处坠落物体的打击。

(4)机械伤害。主要是垂直运输机械设备、吊装设备、各类桩机等对人的伤害。

(5)触电。对经过或靠近施工现场的外电线路没有或缺少防护、在搭设钢管架、绑扎钢筋或起重吊装过程中,碰触这些线路造成触电;使用各类电器设备触电;因电线破皮、老化、又无开关箱等触电。

(三)建筑施工安全技术措施

建筑施工安全技术措施是施工组织设计中的重要组成部分,是具体安排和指导工程安全施工的安全管理与技术文件,是针对每项工程在施工过程中可能发生的事故隐患和可能发生安全问题的环节进行预测,从而在技术上和管理上采取措施,消除或控制施工过程中的不安全因素,防范发生事故。

建筑施工企业在编制施工组织设计时,应当根据建筑工程的特点制订相应的安全技术措施。因此,建筑施工安全技术措施是工程施工中安全生产的指令性文件,在施工现场管理中具有安全生产法规的作用,必须认真编制和贯彻执行。

建筑施工安全技术措施主要包括:

◆ 进入施工现场的安全规定;
◆ 地面及深坑作业的防护;
◆ 高处及立体交叉作业的防护;
◆ 施工用电安全;
◆ 机械设备的安全使用;
◆ 为确保安全,对采用的新工艺、新材料、新技术和新结构,制订行之有效的专门安全技术措施；

◆ 预防因自然灾害（防台风、防雷击、防洪水、防地震、防暑降温、防滑等）造成事故的措施

◆ 防火防爆措施。

（四）施工现场安全规定

施工现场是建筑行业生产产品的场所，为了保证施工过程中施工人员的安全和健康，应建立施工现场安全规定。

◆ 悬挂标牌与安全标识。施工现场的入口处应当设置"一图五牌"，即：工程总平面布置图和工程概况牌、管理人员及监督电话牌、安全生产规定牌、消防保卫牌、文明施工管理制度牌，以接受群众监督。在场区有高处坠落、触电、物体打击等危险部分应悬挂安全标志牌。

◆ 施工现场四周用硬质材料进行围挡封闭，在市区内其高度不得低于1.8 m。场内的地坪应当做硬化处理，道路应当坚实畅通。施工现场应当保持排水系统畅通，不得随意排放。各种设施和材料的存放应当符合安全规定和施工总平面图的要求。

◆ 施工现场的孔、洞、口、沟、坎、井以及建筑物临边，应当设置围挡、盖板和警示标志，夜间应当设置警示灯。

◆ 施工现场的各类脚手架（包括操作平台及模板支撑），应当按照标准进行设计，采取符合规定的工具和器具，按专项安全施工组织设计搭设，并用绿色密目式安全网全封闭。

◆ 施工现场的用电线路、用电设施的安装和使用应当符合临时的用电规范和安全操作规程，并按照施工组织设计进行架设，严禁任意拉线接电。

◆ 施工单位应当采取措施控制污染，做好施工现场的环境保护工作。

◆ 施工现场应当设置必要的生活设施并符合国家卫生有关规定要求，应当做到生活区与施工区、加工区的分离。

◆ 进入施工现场必须佩戴安全帽；攀登与独立悬空作业配挂安全带。

（五）施工过程中的安全操作知识

施工现场的施工队伍中有两类人员参加施工，一类是管理人员，包括项目经理、施工员、技术员、质监员、安全员；另一类是操作人员，包括瓦工、木工、钢筋工等各工种人员。

施工管理人员是指挥、指导、管理施工的人员，在任何情况下，不应为了抢进度，而忽视安全规定，指挥工人冒险作业。操作人员应通过三级安全教育、安全技术交底和每日的班前活动，掌握保护自己生命安全和健康的知识和技能，杜绝冒险蛮干，做到不伤害自己、不伤害别人、也不被别人伤害。各类人员除了做到不违章指挥、不违章作业以外，还应熟悉以下建筑施工安全的特点：

◆ 安全防护措施和设施要不断地补充和完善。随着建筑物从基础到主体结构的施工，

不安全因素和安全隐患也在不断地变化和增加,这就需要及时地针对变化了的情况和新出现的隐患采取措施进行防护,确保安全生产。

◆ 在有限的空间交叉作业,危险因素多。在施工现场的有限空间里集中了大量的机械、设施、材料和人。随着在建工程形象进度的不断变化、机械与人、人与人之间的交叉作业就会越来越频繁,因此,受到伤害的机会是很多的,这就需要建筑工人增强安全意识,掌握安全生产方面的法律、法规、规范、标准知识,杜绝违章施工冒险作业。

(六) 施工现场安全措施

1. 安全目标管理

安全目标管理的主要内容如下:

(1) 控制伤亡事故指标。

(2) 施工现场安全达标。在施工期间内都必须达到《建筑施工安全检查标准》的合格以上要求。

(3) 文明施工。要制订施工现场全工期内总体和分阶段的目标,并要进行责任分解落实到人,制订考评办法,奖优罚劣。

2. 文明施工

根据建设部《建筑施工安全检查标准》的规定,在工程施工期间内,施工现场都能做到地坪硬化、场区绿化、五小设施(办公室、宿舍、食堂、厕所、浴室)卫生化、材料堆放标准化等文明施工的标准。

3. 安全技术交底

任何一项分部分项工程在施工前,工程技术人员都应根据施工组织设计的要求,编写有针对性的出全技术交底书,由施工员对班组工人进行交底。接受交底的工人,听过交底后,应在交底书上签字。

4. 安全标志

在危险处,如:起重机械、临时用电设施、脚手架、出入通道口、楼梯口、电梯井口、孔洞口、桥梁口、隧道口、基坑边沿、爆破物及有害危险气体和液体存放处等,都必须按《安全色》、《安全标志》和《工作场所职业病危害警示标识》的规定悬挂醒目的安全标志牌。

5. 季节性施工

建筑施工是露天作业,受到的天气变化影响很大,因此,在施工中要针对季节的变化制订相应施工措施,主要包括雨季施工和冬季施工。高温天气应采取防暑降温措施。

6. 尘毒防治

建筑施工中主要有水泥粉尘、电焊锰尘及油漆涂料等有毒气体的危害,随着工艺的改革,有些尘毒危害已经消除。如实施商品混凝土以后、水泥污染正在消除。其他的尘毒应采取措施治理。施工单位应向作业人员提供安全防护用具和安全防护服落,并书面告知危险岗位的操作规程和违章操作的危害。作业人员应当遵守安全施工的强制性标准、规章制度和操作规程。

第二节 危险有害因素辨识与控制

一、危险有害因素的定义

(1) 危险因素是指能对人造成伤亡或对物造成突发性损害的因素。
(2) 有害因素是指能影响人的身体健康、导致疾病或对物造成慢性损害的因素。

通常情况下,二者并不加以区分而统称为危险有害因素,主要指客观存在的危险、有害物质或能量超过临界值的设备、设施和场所等。

二、危险有害因素的分类

对危险有害因素进行分类的目的在于安全评价时便于进行危险有害因素的分析与识别。危险有害因素分类的方法多种多样,安全评价中常用"按导致事故的直接原因"和"参照事故类别"的方法进行分类。

(一) 按导致事故的直接原因进行分类

根据《生产过程危险和有害因素分类与代码》(GB/T 13861—92) 的规定,将生产过程中的危险有害因素分为如下六类。

1. 物理性危险有害因素

(1) 设备、设施缺陷(强度不够、刚度不够、稳定性差、密封不良、应力集中、外形缺陷、外露运动件、操纵器缺陷、制动器缺陷、控制器缺陷、设备设施其他缺陷等);
(2) 防护缺陷(无防护、防护装置和设施缺陷、防护不当、支撑不当、防护距离不够、其他防护缺陷等);
(3) 电危害(带电部位裸露、漏电、雷电、静电、电火花、其他电危害等);
(4) 噪声危害(机械性噪声、电磁性噪声、流体动力性噪声、其他噪声等);
(5) 振动危害(机械性振动、电磁性振动、流体动力性振动、其他振动危害等);
(6) 电磁辐射(电离辐射:包括 X 射线、γ 射线、α 粒子、β 粒子、质子、中子、高能电子束等;非电离辐射:包括紫外线、激光、射频辐射、超高压电场等);
(7) 运动物危害(固体抛射物、液体飞溅物、坠落物、反弹物、土/岩滑动、料堆/垛滑动、飞流卷动、冲击地区、其他运动物危害等);
(8) 明火;
(9) 能造成灼伤的高温物质(高温气体、高温液体、高温固体、其他高温物质等);
(10) 能造成冻伤的低温物质(低温气体、低温液体、低温固体、其他低温物质等);
(11) 粉尘与气溶胶(不包括爆炸性、有毒性粉尘与气溶胶);

(12) 作业环境不良（基础下沉、安全过道缺陷、采光照明不良、有害光照、缺氧、通风不良、空气质量不良、给/排水不良、涌水、强迫体位、气温过高、气温过低、气压过高、气压过低、高温高湿、自然灾害、其他作业环境不良等）；

(13) 信号缺陷（无信号设施、信号选用不当、信号位置不当、信号不清、信号显示不准、其他信号缺陷等）；

(14) 标志缺陷（无标志、标志不清晰、标志不规范、标志选用不当、标志位置缺陷、其他标志缺陷等）；

(15) 其他物理性危险和有害因素。

2. 化学性危险有害因素

(1) 易燃易爆性物质（易燃易爆性气体、易燃易爆性液体、易燃易爆性固体、易燃易爆性粉尘与气溶胶、遇湿易燃物质和自燃性物质、其他易燃易爆性物质等）；

(2) 反应活性物质（氧化剂、有机过氧化物、强还原剂）；

(3) 有毒物质（有毒气体、有毒液体、有毒固体、有毒粉尘与气溶胶、其他有毒物质等）；

(4) 腐蚀性物质（腐蚀性气体、腐蚀性液体、腐蚀性固体、其他腐蚀性物质等）；

(5) 其他化学性危险和有害因素。

3. 生物性危险有害因素

(1) 致病微生物（细菌、病毒、其他致病性微生物等）；

(2) 传染病媒介物；

(3) 致害动物；

(4) 致害植物；

(5) 其他生物危险和有害因素。

4. 心理、生理性危险有害因素

(1) 负荷超限（体力负荷超限、听力负荷超限、视力负荷超限、其他负荷超限）；

(2) 健康状况异常；

(3) 从事禁忌作业；

(4) 心理异常（情绪异常、冒险心理、过度紧张、其他心理异常）；

(5) 识别功能缺陷（感知延迟、识别错误、其他识别功能缺陷）；

(6) 其他心理、生理性危险和有害因素。

5. 行为性危险有害因素

(1) 指挥错误（指挥失误、违章指挥、其他指挥错误）；

(2) 操作错误（误操作、违章作业、其他操作错误）；

(3) 监护错误；

(4) 其他错误；

(5) 其他行为性危险和有害因素。

6. 其他危险有害因素

(1) 搬举重物；

(2) 作业空间；

(3) 工具不合适；

(4) 标识不清。

(二) 参照事故类别进行分类

此种分类方法所列的危险有害因素与企业职工伤亡事故处理（调查、分析、统计）和职工安全教育的口径基本一致，为安全生产监督管理部门、行业主管部门职业安全卫生管理人员和企业广大职工、安全管理人员所熟悉，易于接受和理解，便于实际应用，但缺乏全国统一规定，尚待在应用中进一步提高其系统性和科学性。

1. 参照《企业职工伤亡事故分类标准》（GB 6441—86）进行分类

参照《企业职工伤亡事故分类标准》（GB 6441—86），综合考虑起因物、引起事故的诱导性原因、致害物、伤害方式等，将危险因素分为 20 类。

(1) 物体打击

指物体在重力或其他外力的作用下产生运动，打击人体造成人身伤亡事故，不包括因机械设备、车辆、起重机械、坍塌等引发的物体打击。

(2) 车辆伤害

指企业机动车辆在行驶中引起的人体坠落和物体倒塌、下落、挤压伤亡事故，不包括起重设备提升、牵引车辆和车辆停驶时发生的事故。

(3) 机械伤害

指机械设备运动（静止）部件、工具、加工件直接与人体接触引起的夹击、碰撞、剪切、卷入、绞、碾、割、刺等伤害，不包括车辆、起重机械引起的机械伤害。

(4) 起重伤害

指各种起重作业（包括起重机安装、检修、试验）中发生的挤压、坠落、（吊具、吊重）物体打击和触电。

(5) 触电

包括雷击伤亡事故。

(6) 淹溺

包括高处坠落淹溺，不包括矿山、井下透水淹溺。

(7) 灼烫

指火焰烧伤、高温物体烫伤、化学灼伤（酸、碱、盐、有机物引起的体内外灼伤）、物理灼伤（光、放射性物质引起的体内外灼伤），不包括电灼伤和火灾引起的烧伤。

(8) 火灾

(9) 高处坠落

指在高处作业中发生坠落造成的伤亡事故，不包括触电坠落事故。

(10) 坍塌

指物体在外力或重力作用下,超过自身的强度极限或因结构稳定性破坏而造成的事故,如挖沟时的土石塌方、脚手架坍塌、堆置物倒塌等,不适用于矿山冒顶片帮和车辆、起重机械、爆破引起的坍塌。

(11) 冒顶片帮

(12) 透水

(13) 放炮

指爆破作业中发生的伤亡事故。

(14) 火药爆炸

指火药、炸药及其制品在生产、加工、运输、贮存中发生的爆炸事故。

(15) 瓦斯爆炸

(16) 锅炉爆炸

(17) 容器爆炸

(18) 其他爆炸

(19) 中毒和窒息

(20) 其他伤害

三、危险有害因素辨识

(一) 基本概念

1. 危险源

危险源是指可能造成人员伤害、财产损失或环境破坏的根源,可以是存在危险的一台设备、一个系统或一个系统中存在危险的一部分。如煤气罐中的煤气泄漏,遇火可能发生爆炸,因此,煤气罐是一个危险源。

2. 危险源辨识

危险源辨识是发现、识别系统中危险源的工作,这是安全生产监督管理工作中一件非常重要的工作。它是危险源控制的基础,只有辨识了危险源之后才能采取有效的措施控制危险源。

由于危险源是"潜在的"不安全因素,比较隐蔽,所以危险源辨识是件非常困难的工作。以前,人们主要根据以往的事故经验进行危险源辨识工作。如美国的海因里希建议通过与操作者交谈或到现场检查,查阅以往的事故记录等方式来发现危险源。但是,在系统比较复杂的场合,危险源的辨识工作就更加困难,需要专门的知识、经验和方法。

(二) 危险有害因素辨识的主要内容

尽管现代企业千差万别,但如果能够通过事先对危险有害因素进行辨识,找到危险源,并采取相应的措施(如改进设计、增加安全设施等),就可以大大提高系统的安全性。

危险、有害因素的辨识过程实际上就是系统安全分析的过程。因此,在辨识危险、有害因素时，要全面、有序地进行识别，防止出现漏项。其主要内容包括以下方面。

1. 厂址

从厂址的工程地质、地形地貌、水文、气象条件、周围环境、交通运输条件、自然灾害、消防支持等方面进行分析识别。

2. 厂区平面布置

从功能分区、防火间距和安全间距、风向、建筑物朝向、危险有害物质设施、动力设施（氧气站、乙炔气站、压缩空气站、锅炉房、液化石油气站等）、道路、储运设施等方面进行分析识别。

3. 道路及运输

从运输、装卸、消防、疏散、人流、物流、平面交叉运输和竖向交叉运输等几个方面进行分析识别。

4. 建筑物

厂房的火灾危险源：从耐火等级、结构、层数、占地面积、防火间距、安全疏散等方面进行分析识别。

库房储存物品的火灾危险源：从耐火等级、结构、层数、占地面积、安全疏散、防火间距等方面进行分析识别。

5. 工艺过程

从物料（毒性、腐蚀性、燃爆性）温度、压力、速度、作业及控制条件、事故及失控状态等方面进行分析识别。

6. 生产设备、装置

对于工艺设备可从高温、低温、高压、腐蚀、振动、关键部位的备用设备、控制、操作、检修和故障、失误时的紧急异常情况等方面进行辨识。

对于机械设备可从运动零部件和工件、操作条件、检修作业、误运转和误操作等方面进行辨识。

对于电气设备可从触电、断电、火灾、爆炸、误运转和误操作、静电、雷电等方面进行辨识。

还应注意辨识高处作业设备、特殊单体设备（如锅炉房、乙炔站、氧气站）等的危险、有害因素。

7. 作业环境

重点关注粉尘、毒物、噪声、振动、高温、低温、辐射及其他有害因素的作业场所。

8. 安全管理措施

可以从安全生产管理组织机构、安全生产管理制度、事故应急救援预案、特种作业人员培训、日常安全管理等方面进行辨识。

(三) 危险有害因素的辨识方法

常用的危险有害因素辨识方法包括经验分析法、材料性质和生产条件分析法以及危险评价方法等。

1. 经验分析法

总结生产经验有助于辨识危险，包括对照分析法和类比分析法：

◆ 对照分析法是对照有关标准、法规、检查表或依靠分析人员的观察能力，借助于经验和判断能力直观地对评价对象的危险有害因素进行分析的方法。其优点是简便、易行；缺点是容易受到分析人员的经验和知识等方面的限制。对此，可采用检查表的方法加以弥补。

◆ 类比分析法是利用相同或类似工程或作业条件的经验和劳动安全卫生的统计资料来类推、分析评价对象的危险有害因素。

2. 材料性质和生产条件分析法

了解生产或使用的材料性质是危害辨识的基础，危害辨识中常用的材料性质有：毒性、生物退化性、气味阈值、物理性质、化学性质、稳定性、燃烧及爆炸特性等。初始危害辨识可通过简单比较材料性质来进行，如对火灾，只要辨识出易燃和可燃材料，就可将它们分类，为各类火灾危害进行进一步的评价。生产条件也会产生危险或使生产过程中材料的危险性加剧。例如，水就其性质来说没有爆炸危险，然而，如果生产工艺的温度和压力超过了沸点，则存在蒸汽爆炸的危险。此外，分析生产条件也可使有些危险材料免于进一步分析和评价，例如，某材料的闪点高于400℃，而生产在室温和常压下进行，这就可以排除材料引发重大火灾的可能性。在危险辨识时既要考虑正常生产过程，也要考虑生产不正常的情况，既要考虑现时的情况，还要考虑过去和将来出现或可能出现的情况。

3. 危险评价方法

危险评价起源于20世纪30年代美国的保险行业。目前用于进行企业（生产过程或装置）危险评价方法已达几十种。危险评价方法已从初期的定性评价发展到半定量和定量评价。危险评价包括危险辨识和危险评价两部分。

(1) 安全检查表

为了系统地找出系统中的不安全因素，把系统加以剖析，查出各层次的不安全因素，然后确定检查项目，以提问的方式把检查项目按系统的组成顺序编制成表，以便进行检查或评审，这种表就叫作安全检查表。

(2) 作业条件危险性评价

这是一种简单易行的评价人们在具有潜在危险性环境中作业时的危险性半定量评价方法。它是用与系统风险率有关的三种因素指标值之积来评价系统人员伤亡风险大小的，这三种因素是：

L——发生事故的可能性大小；

E——人体暴露在这种危险环境中的频繁程度；

C——一旦发生事故会造成的损失后果。

但是,要取得这三种因素的科学准确的数据,却是相当繁琐的过程。为了简化评价过程,可采取半定量计值法,给三种因素的不同等级分别确定不同的分值,再以三个分值的乘积 D 来评价危险性的大小。即:$D=L\times E\times C$。

(3) 其他几种主要的分析方法

初步危险分析 PHA 法:初步危险分析是一份实现系统安全危害分析的初步或初始的计划,是在方案开发初期阶段或设计阶段之初完成的。

故障类型及影响分析 FMEA 法:这种方法的特点是从元件、器件的故障开始,逐次分析其影响及应采取的对策。

事件树分析 ETA 法:是一种逻辑的演绎法,它在给定一个初因事件的情况下,分析此初因事件可能导致的各种事件序列的结果,从而定性与定量地评价系统的特性,并帮助分析人员获得正确的决策。

故障树分析(FTA)法:是一种演绎的系统安全分析方法。它是从要分析的特定事故或故障开始,层层分析其发生原因,一直分析到不能再分解为止,得到形象、简洁的逻辑树图形,以图形的方式表明"系统是怎样失效的"。

如果—怎么办/检查表分析法:如果—怎么办/检查表分析方法是将如果—怎么办方法的创造性和安全检查表分析方法的系统性特征结合起来,达到取长和补短的目的。

(四)危险有害因素辨识的程序与内容

危险源辨识的程序如图 4-1 所示。

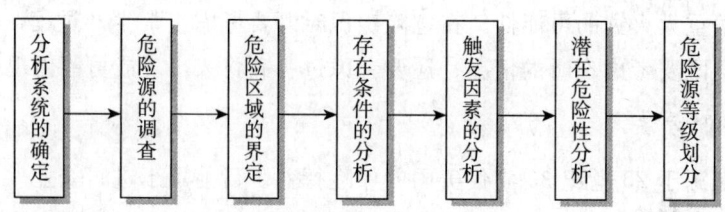

图 4-1 危险源辨识程序

1. 危险源的调查

在进行危险源调查之前首先确定所要分析的系统,例如,是对整个企业还是某个车间或某个生产工艺过程。然后对所分析系统进行调查,调查的主要内容有:

◆ 生产工艺设备及材料情况:工艺布置,设备名称、容积、温度、压力,设备性能,设备本质安全化水平,工艺设备的固有缺陷,所使用的材料种类、性质、危害,使用的能量类型及强度等。

◆ 作业环境情况:安全通道情况,生产系统的结构、布局,作业空间布置等。

◆ 操作情况:操作过程中的危险,工人接触危险的频度等。

◆ 事故情况:过去事故及危害状况,事故处理应急方法,故障处理措施。

◆ 安全防护:危险场所有无安全防护措施,有无安全标志,燃气、物料使用有无安全措施等。

2. 危险区域的界定

即划定危险源点的范围。首先应对系统进行划分，可按设备、生产装置及设施划分子系统，也可按作业单元划分子系统。然后分析每个子系统中所存在的危险源点，一般将产生能量或具有能量、物质、操作人员作业空间、产生聚集危险物质的设备、容器作为危险源点。最后以危险源点为核心加上防护范围即为危险区域，这个危险区域就是危险源的区域。在确定危险源区域时，可按以下方法界定：

◆ 按危险源是固定还是移动界定。如运输车辆、车间内的搬运设备为移动式，其危险区域应随设备的移动空间而定。而锅炉、压力容器、储油罐等则是固定源，其区域范围也固定。

◆ 按危险源是点源还是线源界定。一般线源引起的危害范围较点源的大。

◆ 按危险作业场所来划定危险源的区域。如有发生爆炸、火灾危险的场所，有被车辆伤害的场所，有触电危险的场所，有高处坠落危险的场所，有腐蚀、放射、辐射、中毒和窒息危险的场所等。

◆ 按危险设备所处位置作为危险源的区域。如锅炉房、油库、氧气站、变配电站等。

◆ 按能量形式界定危险源。如化学危险源、电气危险源、机械危险源、辐射危险源和其他危险源等。

3. 存在条件及触发因素的分析

一定数量的危险物质或一定强度的能量，由于存在条件不同，所显现的危险性也不同，被触发转换为事故的可能性大小也不同。因此存在条件及触发因素的分析是危险源辨识的重要环节。存在条件分析包括：储存条件（如堆放方式、其他物品情况、通风等）、物理状态参数（如温度、压力等）、设备状况（如设备完好程度、设备缺陷、维修保养情况等）、防护条件（如防护措施、故障处理措施、安全标志等）、操作条件（如操作技术水平、操作失误率等）、管理条件等。

触发因素可分为人为因素和自然因素。人为因素包括个人因素（如操作失误、不正确操作、粗心大意、漫不经心、心理因素等）和管理因素（如不正确管理、不正确的训练、指挥失误、判断决策失误、设计差错、错误安排等）。自然因素是指引起危险源转化的各种自然条件及其变化。如气候条件参数（气温、气压、湿度、大气风速）变化、雷电、雨雪、振动、地震等。

4. 潜在危险性分析

危险源转化为事故，其表现是能量和危险物质的释放，因此危险源的潜在危险性可用能量的强度和危险物质的量来衡量。能量包括电能、机械能、化学能、核能等，危险源的能量强度越大，表明其潜在危险性越大。危险物质主要包括燃烧爆炸危险物质和有毒有害危险物质两大类。前者泛指能够引起火灾或爆炸的物质，如可燃气体、可燃液体、易燃固体、可燃粉尘、易爆化合物、自燃性物质、混合危险性物质等。后者系指直接加害于人体，造成人员中毒、致病、致畸、致癌等的化学物质。可根据使用的危险物质量来描述危

险源的危险性。

5. 危险源等级划分

危险源分级实质上是对危险源的评价，一般按危险源在触发因素作用下转化为事故的可能性大小与发生事故的后果的严重程度划分，可分为非常容易发生、容易发生、较容易发生、不容易发生、难以发生、极难发生。根据危害程度可分为可忽略的、临界的、危险的、破坏性的等级别。也可按单项指标来划分等级。如高处作业根据高度差指标将坠落事故危险源坠落高度划分为四级（一级：2～5 m；二级：5～15 m；三级：15～30 m；特级：30 m以上）。按压力指标将压力容器划分为低压容器、中压容器、高压容器、超高压容器。

从控制管理角度，通常根据危险源的潜在危险性大小、控制难易程度、事故可能造成损失情况进行综合分级。根据航空工业企事业单位危险源的划分方法，Ⅰ级危险源是指可能造成多人死亡，设备系统造成重大损失的生产场所；Ⅱ级危险源是指可能造成死亡或多人重伤，导致设备造成较大损失的生产场所；Ⅲ级危险源指可能造成重伤，导致设备造成损失的生产现场。不同行业与不同企业采取的划分方法也各异，企业内部也可根据本企业的实际情况进行划分。划分的原则是突出重点，便于控制管理。

第三节 安全评价

一、安全评价概述

安全评价是利用系统工程方法对拟建或已有工程、系统可能存在的危险性及其可能产生的后果进行综合评价和预测，并根据可能导致的事故风险的大小，提出相应的安全对策措施，以达到工程、系统安全的过程。安全评价应贯穿于工程、系统的设计、建设、运行和退役整个生命周期的各个阶段。对工程、系统进行安全评价既是政府安全监督管理的需要，也是企业、生产经营单位搞好安全生产的重要保证。

安全评价的目的是查找、分析和预测工程、系统存在的危险、有害因素及可能导致的危险、危害后果和程度，提出合理可行的安全对策措施，指导危险源监控和事故预防，以达到最低事故率、最少损失和最优的安全投资效益。安全评价要达到的目的包括以下几个方面：

(1) 促进实现本质安全化生产

系统地从工程、系统设计、建设、运行等过程对事故和事故隐患进行科学分析，针对事故和事故隐患发生的各种可能原因事件和条件，提出消除危险的最佳技术措施方案。特别是从设计上采取相应措施，实现生产过程的本质安全化，做到即使发生误操作或设备故障时，系统存在的危险因素也不会因此导致重大事故发生。

(2) 实现全过程安全控制

在设计之前进行安全评价，可避免选用不安全的工艺流程和危险的原材料以及不合适的设备、设施，或当必须采用时，提出降低或消除危险的有效方法。设计之后进行的评价，可查出设计中的缺陷和不足，及早采取改进和预防措施。系统建成以后运行阶段进行的系统安全评价，可了解系统的现实危险性，为进一步采取降低危险性的措施提供依据。

(3) 建立系统安全的最优方案，为决策提供依据

通过安全评价分析系统存在的危险源、分布部位、数目、事故的概率、事故严重度，预测和提出应采取的安全对策措施等，决策者可以根据评价结果选择系统安全最优方案和管理决策。

(4) 为实现安全技术、安全管理的标准化和科学化创造条件

通过对设备、设施或系统在生产过程中的安全性是否符合有关技术标准、规范相关规定的评价，对照技术标准、规范找出存在问题和不足，以实现安全技术和安全管理的标准化、科学化。

二、安全评价内容和分类

（一）安全评价内容

安全评价是一个利用安全系统工程原理和方法识别和评价系统、工程存在的风险的过程，这一过程包括危险有害因素识别及危险和危害程度评价两部分。危险有害因素识别的目的在于识别危险来源；危害程度评价的目的在于确定和衡量来自危险源的危险性及危险程度及应采取的控制措施，以及采取控制措施后仍然存在的危险性是否可以被接受。在实际的安全评价过程中，这两个方面是不能截然分开、孤立进行的，而是相互交叉、相互重叠于整个评价工作中。安全评价的基本内容如图 4-2 所示。

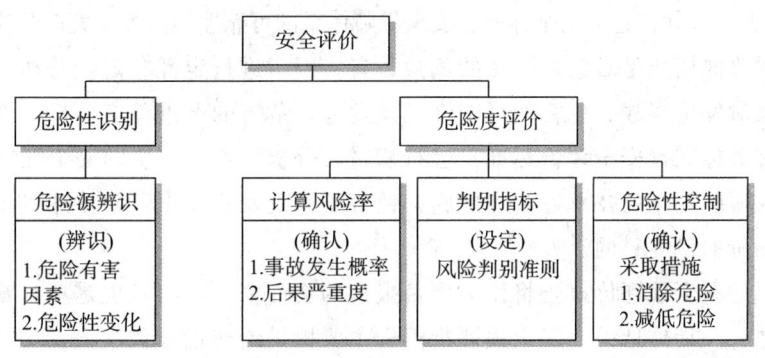

图 4-2 安全评价的基本内容

随着现代科学技术的发展，在安全技术领域里，由以往主要研究、处理那些已经发生和必然发生的事件，发展为主要研究、处理那些还没有发生，但有可能发生的事件，并把这种可能性具体化为一个数量指标，计算事故发生的概率，划分危险等级，制订安全标准和对策措施，并进行综合比较和评价，从中选择最佳的方案，预防事故的发生。安全评价通过危险性识别及危险度评价，客观地描述系统的危险程度，指导人们预先采取相应措施，来降低系统的危险性。

(二) 分类

目前国内将安全评价通常根据工程、系统生命周期和评价的目的分为安全预评价、安全验收评价、安全现状综合评价和专项安全评价四类。实际它是三大类，即安全预评价、安全验收评价、安全现状评价，专项评价应属现状评价的一种，属于政府在特定的时期内进行专项整治时开展的评价。

1. 安全预评价

安全预评价是根据建设项目可行性研究报告的内容，分析和预测该建设项目可能存在的危险、有害因素的种类和程度，提出合理可行的安全对策措施及建议。安全预评价实际上就是在项目建设前应用安全评价的原理和方法对系统（工程、项目）的危险性、危害性进行预测性评价。

安全预评价以拟建建设项目作为研究对象，根据建设项目可行性研究报告提供的生产工艺过程、使用和产出的物质、主要设备和操作条件等，研究系统固有的危险及有害因素，应用系统安全工程的方法，对系统的危险性和危害性进行定性、定量分析，确定系统的危险、有害因素及其危险、危害程度；针对主要危险、有害因素及其可能产生的危险、危害后果提出消除、预防和降低的对策措施；评价采取措施后的系统是否能满足规定的安全要求，从而得出建设项目应如何设计、管理才能达到安全指标要求的结论。概括来说，即是：

(1) 预评价是一种有目的的行为，它是在研究事故和危害为什么会发生、是怎样发生的和如何防止发生这些问题的基础上，回答建设项目依据设计方案建成后的安全性如何、是否能达到安全标准的要求及如何达到安全标准、安全保障体系的可靠性如何等至关重要的问题。

(2) 预评价的核心是对系统存在的危险、有害因素进行定性、定量分析，即针对特定的系统范围，对发生事故、危害的可能性及其危险、危害的严重程度进行评价。

(3) 用有关标准（安全评价标准）进行衡量，分析、说明系统的安全性。

(4) 采取哪些优化的技术、管理措施，使各子系统及建设项目整体达到安全标准的要求，这是预评价的最终目的。

最后形成的安全预评价报告将作为项目报批的文件之一，同时也是项目最终设计的重要依据文件之一。具体地说，安全预评价报告主要提供给建设单位、设计单位、业主、政府管理部门，在设计阶段必须落实安全预评价所提出的各项措施，切实做到建设项目在设计中的"三同时"。

2. 安全验收评价

安全验收评价是在建设项目竣工验收之前、试生产运行正常后，通过对建设项目的设施、设备、装置实际运行状况及管理状况的安全评价，查找该建设项目投产后存在的危险、有害因素，确定其程度，提出合理可行的安全对策措施及建议。

安全验收评价是运用系统安全工程原理和方法，在项目建成试生产正常运行后，在正式投产前进行的一种检查性安全评价。它通过对系统存在的危险和有害因素进行定性和定量的检查，判断系统在安全上的符合性和配套安全设施的有效性，从而作出评价结论并提出补救或补偿措施,以促进项目实现系统安全。

安全验收评价是为安全验收进行的技术准备,最终形成的安全验收评价报告将作为建设单位向政府安全生产监督管理机构申请建设项目安全验收审批的依据。另外,通过安全验收还可检查生产经营单位的安全生产保障,确认《安全生产法》的落实。

在安全验收评价中要查看安全预评价在初步设计中的落实,初步设计中的各项安全措施落实的情况,以及施工过程中的安全监理记录,安全设施调试、运行和检测情况等等,以及隐蔽工程等安全落实情况,同时落实各项安全管理制度措施等等。

3. 安全现状综合评价

安全现状综合评价是针对系统、工程的(某一个生产经营单位总体或局部的生产经营活动的)安全现状进行的安全评价,通过评价查找其存在的危险、有害因素,确定其程度,提出合理可行的安全对策措施及建议。

这种对在用生产装置、设备、设施、储存、运输及安全管理状况进行的全面综合安全评价,是根据政府有关法规的规定或是根据生产经营单位职业安全、健康、环境保护的管理要求进行的,主要内容包括:

(1) 全面收集评价所需的信息资料,采用合适的安全评价方法进行危险识别、给出量化的安全状态参数值。

(2) 对于可能造成重大后果的事故隐患,采用相应的数学模型,进行事故模拟,预测极端情况下的影响范围,分析事故的最大损失以及发生事故的概率。

(3) 对发现的隐患,根据量化的安全状态参数值、整改的优先度进行排序。

(4) 提出整改措施与建议。

评价形成的安全现状综合评价报告的内容应纳入生产经营单位安全隐患整改和安全管理计划,并按计划加以实施和检查。

4. 专项安全评价

专项安全评价是根据政府有关管理部门的要求进行的,是对专项安全问题进行的专题安全分析评价,如危险化学品专项安全评价,非煤矿山专项评价等。

专项安全评价是针对某一项活动或场所,如一个特定的行业、产品、生产方式、生产工艺或生产装置等,存在的危险、有害因素进行的安全评价,目的是查找其存在的危险、有害因素,确定其程度,提出合理可行的安全对策措施及建议。

如果生产经营单位是生产或储存、销售剧毒化学品的企业,评价所形成的专项安全评价报告则是上级主管部门批准其获得或保持生产经营营业执照所要求的文件之一。

三、安全评价的原则

安全评价是落实"安全第一、预防为主、综合治理"方针的重要技术保障,是安全生产监督管理的重要手段。安全评价工作以国家有关安全的方针、政策和法律、法规、标准为依据,运用定量和定性的方法对建设项目或生产经营单位存在的职业危险、有害因素进行识别、分析和评价，提出预防、控制、治理对策措施，为建设单位或生产经营单位减少事故发生的风险，为政府主管部门进行安全生产监督管理提供科学依据。

安全评价是关系到被评价项目能否符合国家规定的安全标准，能否保障劳动者安全与健康的关键性工作。由于这项工作不但具有较复杂的技术性，而且还有很强的政策性；因此，要做好这项工作，必须以被评价项目的具体情况为基础，以国家安全法规及有关技术标准为依据，用严肃的科学态度，认真负责的精神，强烈的责任感和事业心，全面、仔细、深入地开展和完成评价任务。在工作中必须自始至终遵循合法性、公正性、科学性和针对性原则。

（一）合法性

安全评价是国家以法规形式确定下来的一种安全管理制度，安全评价机构和评价人员必须由国家安全生产监督管理部门予以资质核准和资格注册，只有取得了认可的单位才能依法进行安全评价工作。政策、法规、标准是安全评价的依据，政策性是安全评价工作的灵魂。所以，承担安全评价工作的单位必须在国家安全生产监督管理部门的指导、监督下严格执行国家及地方颁布的有关安全的方针、政策、法规和标准等；在具体评价过程中，全面、仔细、深入地剖析评价项目或生产经营单位在执行产业政策、安全生产和劳动保护政策等方面存在的问题，并且在评价过程中主动接受国家安全生产监督管理部门的指导、监督和检查，力争为项目决策、设计和安全运行提出符合政策、法规、标准要求的评价结论和建议，为安全生产监督管理提供科学依据。

（二）科学性

安全评价涉及学科范围广，影响因素复杂多变。安全预评价在实现项目的本质安全上有预测、预防性；安全现状综合评价在整个项目上具有全面的现实性；安全验收评价在项目的可行性上具有较强的客观性；专项安全评价在技术上具有较高的针对性。为保证安全评价能准确地反映被评价项目的客观实际和结论的正确性，在开展安全评价的全过程中，必须依据科学的方法、程序，以严谨的科学态度全面、准确、客观地进行工作，提出科学的对策措施，作出科学的结论。

危险、有害因素产生危险、危害后果需要一定条件和触发因素，要根据内在的客观规律分析危险、有害因素的种类、程度，产生的原因及出现危险、危害的条件及其后果，才能为安全评价提供可靠的依据。

现有的评价方法均有其局限性，评价人员应全面、仔细、科学地分析各种评价方法的原理、特点、适用范围和使用条件，必要时，还应用多种评价方法进行评价，进行分析综合、互为补充、互相验证，提高评价的准确性，避免局限和失真。评价时，切忌生搬硬套、主观臆断、以偏概全。

从收集资料、调查分析、筛选评价因子、测试取样、数据处理、模式计算和权重值的给定，直至提出对策措施、作出评价结论与建议等，每个环节都必须严守科学态度，用科学的方法和可靠的数据，按科学的工作程序一丝不苟地完成各项工作，努力在最大程度上保证评价结论的正确性和对策措施的合理性、可行性和可靠性。

受一系列不确定因素的影响，安全评价在一定程度上存在误差。评价结果的准确性直接影响到决策的正确，安全设计的完善，运行是否安全、可靠。因此，对评价结果进行验证十分重要。为不断提高安全评价的准确性，评价单位应有计划、有步骤地对同类装置、国内外的安全生产经验、相关事故案例和预防措施以及评价后的实际运行情况进行考察、分析、验证，利用建设项目建成后的事后评价进行验证，并运用统计方法对评价误差进行统计和分析，以便改进原有的评价方法和修正评价的参数，不断提高评价的准确性、科学性。

（三）公正性

评价结论是评价项目的决策依据、设计依据、能否安全运行的依据，也是国家安全生产监督管理部门在进行安全监督管理的执法依据。因此，对于安全评价的每一项工作都要做到客观和公正。既要防止受评价人员主观因素的影响，又要排除外界因素的干扰，避免出现不合理、不公正。

评价的正确与否直接涉及被评价项目能否安全运行；涉及国家财产和声誉会不会受到破坏和影响；涉及被评价单位的财产会否受到损失，生产能否正常进行；涉及周围单位及居民会否受到影响；涉及被评价单位职工乃至周围居民的安全和健康。因此，评价单位和评价人员必须严肃、认真、实事求是地进行公正的评价。

安全评价有时会涉及一些部门、集团、个人的某些利益。因此，在评价时，必须以国家和劳动者的总体利益为重，要充分考虑劳动者在劳动过程中的安全与健康，要依据有关标准法规和经济技术的可行性提出明确的要求和建议。评价结论和建议不能模棱两可、含糊其辞。

（四）针对性

进行安全评价时，首先应针对被评价项目的实际情况和特征，收集有关资料，对系统进行全面的分析。其次要对众多的危险、有害因素及单元进行筛选，针对主要的危险、有害因素及重要单元应进行重点评价，并辅以重大事故后果和典型案例进行分析、评价。由于各类评价方法都有特定适用范围和使用条件，要有针对性地选用评价方法；最后要从实际的经济、技术条件出发，提出有针对性的、操作性强的对策措施，对被评价项目作出客观、公正的评价结论。

四、安全评价程序

安全评价程序主要包括：准备阶段，危险、有害因素识别与分析，定性定量评价，提出安全对策措施，形成安全评价结论及建议，编制安全评价报告，如图4-3所示。

1. 准备阶段

明确被评价对象和范围，收集国内外相关法律法规、技术标准及工程、系统的技术资料。

2. 危险有害因素识别与分析

根据被评价的工程、系统的情况，识别和分析危险、有害因素，确定危险、有害因素存在的部位、存在的方式、事故发生的途径及其变化的规律。

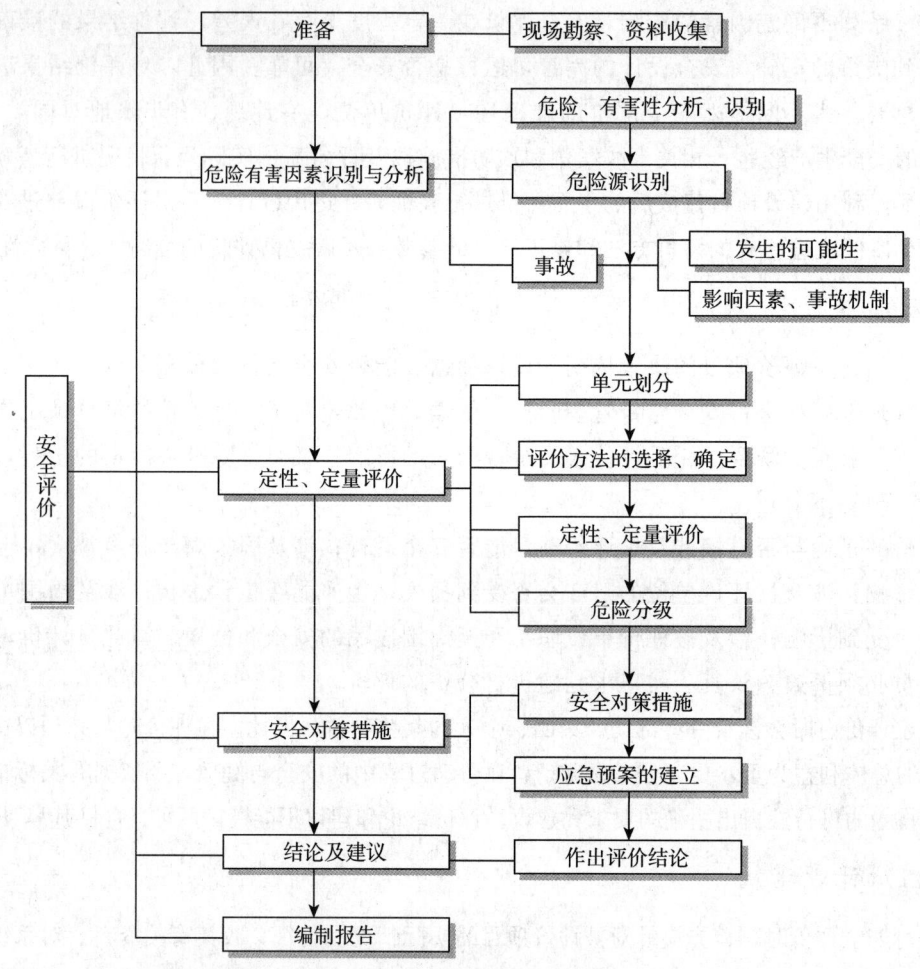

图 4-3　安全评价的基本程序

3. 定性、定量评价

在危险有害因素识别和分析的基础上，划分评价单元，选择合理的评价方法，对工程、系统发生事故的可能性和严重程度进行定性、定量评价。

4. 安全对策措施

根据定性、定量评价结果，提出消除或减弱危险、有害因素的技术和管理措施及建议。

5. 评价结论及建议

简要地列出主要危险、有害因素的评价结果，指出工程、系统应重点防范的重大危险因素，明确生产经营者应重视的重要安全措施。

6. 安全评价报告的编制

依据安全评价的结果编制相应的安全评价报告。

五、安全评价依据

安全评价是政策性很强的一项工作，必须依据我国现行的法律、法规和技术标准，以保障被评价项目的安全运行，保障劳动者在劳动过程中的安全与健康。这些法规、标准等可随法规、标准条文的修改或新法规、标准的出台而变动。

（一）法律、法规

1. 安全法规的规范性文件

主要有以下几种：

（1）宪法。宪法的许多条文直接涉及安全生产和劳动保护问题，这些规定既是安全法规制定的最高法律依据，又是安全法律、法规的一种表现形式。

（2）法律。是由国家立法机构以法律形式颁布实施的，例如《中华人民共和国劳动法》、《中华人民共和国安全生产法》、《中华人民共和国矿山安全法》等。

（3）行政法规。由国务院制定的安全生产行政法规。例如国务院发布的《危险化学品管理条例》、《女职工保护规定》等。

（4）部门规章。由国务院有关部门制定的专项安全规章，是安全法规各种形式中数量最多的。如国家安全生产监督管理局发布的《安全评价通则》及各类安全评价导则，（原）劳动部发布的《建设项目（工程）劳动安全卫生监察规定》、《建设项目（工程）职业安全卫生设施和技术措施验收办法》等。

（5）地方性法规和地方规章。地方法规是由各省、自治区、直辖市人大及其常务委员会制定的有关安全生产的规范性文件；地方规章是由各省、自治区、直辖市政府，其首府所在地的市和经国务院批准的较大的市政府制定的有关安全生产的专项文件。

（6）国际法律文件。主要是我国政府批准加入的国际劳工公约（目前共22个）。

2. 安全评价目前所依据的主要法规

（1）《中华人民共和国劳动法》。本法设立了劳动安全专章，对以下方面提出了明确要求：劳动安全卫生设施必须符合国家规定的标准；劳动安全卫生设施必须与主体工程同时设计、同时施工、同时投入生产和使用的"三同时"原则；从事特种作业的劳动者必须经过专门培训并取得特种作业资格。

（2）《中华人民共和国安全生产法》。本法涉及安全评价的规定有：依法设立的为安全生产提供服务的中介机构，依照法律、行政法规和执业准则，接受生产经营单位的委托为其安全生产工作提供技术服务；矿山建设项目和用于生产、储存危险物品的建设项目，应当分别按照国家有关规定进行安全条件论证和安全评价；生产经营单位对重大危险源，应当登记建档，进行定期检测、评估、监控，并制定应急预案，告知从业人员和相关人员在紧急情况下应采取的应急措施；承担安全评价、认证、检测、检验工作的机构违规的处罚原则。

(3)《中华人民共和国矿山安全法》。本法对矿山建设的安全保障、矿山开采的安全保障、矿山生产经营单位的安全管理、矿山事故处理、矿山安全的行政管理及法律责任等做了明确规定。

(4)国家安全生产监督管理局、国家煤矿安全监督局（安监管技装字［2002］45号）《关于加强安全评价机构管理的意见》。本文件首次明确规定安全评价的主要内容为：安全评价是指运用定量或定性的方法，对建设项目或生产经营单位存在的职业危险因素和有害因素进行识别、分析和评估；安全评价包括安全预评价、安全验收评价、安全现状综合评价和专项安全评价。

(5)国家安全生产监督管理局《安全评价通则》。本通则规定了系统、工程的安全评价的基本原则和要求、评价工作程序、评价报告书的内容及要求、评价方法的选择原则、评价报告书的格式等，是具体进行评价工作的操作依据。

(二) 标准

1. 标准的分类和分级

根据《中华人民共和国标准化法》规定，我国标准分为4级：国家标准、行业标准、地方标准、企业标准。国家标准由国务院标准化行政主管部分负责组织制定和审批；行业标准由国务院有关行政主管部分负责制订和审批，并报国务院标准化行政主管部分备案；地方标准由省级政府标准化行政主管部分负责制订和审批，并报国务院标准化行政主管部门和国务院有关行政主管部门备案；企业标准由企业制订，由企业法人代表或法人代表授权的主管领导批准、发布，由企业法人代表授权的部门统一管理，企业产品标准应向当地标准化行政主管部门和有关行政主管部门备案。

关于标准的分类，目前我国比较通用的分类方法有5种：

(1)按标准发生作用的范围和审批标准级别来分，则分为上述国家标准、行业标准、地方标准、企业标准4级。

(2)按标准的约束性来分，分为强制性标准和推荐性标准两类。强制性标准是保障人体健康、人身、财产安全的国家标准或行业标准和法律及行政法规规定强制执行的标准，其他标准则是推荐性标准。《中华人民共和国标准化法》规定：强制性标准，必须执行，不符合强制性标准的产品，禁止生产、销售和进口；推荐性标准，国家鼓励企业自顾采用。

(3)按标准在标准系统中的地位和作用来分，分为基础标准和一般标准两类。基础标准是指一定范围内作为其他标准的基础并普遍使用的标准，具有广泛的指导意义，例如GB 2900电工名词术语；GB 3100~3102量和单位，为基础标准。相对于基础标准的其他标准，则称为一般标准。

(4)按标准化对象在生产过程中的作用来分，则分为产品标准，原材料标准，零部件标准，工艺和工艺装备标准，设备维修标准，检验和试验方法标准，检验、测量和试验设备标准，搬运、储存、包装、标识标准等。

(5) 按标准的性质来分,则分为技术标准、管理标准和工作标准。技术标准主要包括基础标准、产品标准、方法标准、安全、卫生及环境保护标准;管理标准主要包括技术管理、生产管理、经营管理及劳动组织管理标准;工作标准主要包括通用工作标准、专用工作标准和工作程序标准。

2. 风险判别指标

风险判别指标(下简称指标)或判别准则的目标值,是用来衡量系统风险大小以及危险、危害性是否可接受的尺度。无论对定性评价,还是定量评价来说,若没有指标,评价者将无法判定系统的危险和危害性是高还是低,是否达到了可接受的程度,以及改善到什么程度系统的安全水平才可以接受,定性、定量评价也就失去了意义。

常用的指标有安全系数、安全指标或失效概率等。例如,人们熟悉的安全指标有事故频率、财产损失率和死亡概率等。

在判别指标中,特别值得说明的是风险的可接受指标。世界上没有绝对的安全,所谓安全就是事故风险达到了合理可行并尽可能低的程度。减少风险是要付出代价的,无论减少危险发生的概率还是采取防范措施使可能造成的损失降到最小,都要投入资金、技术和劳务。通常的做法是将风险限定在一个合理的、可接受的水平上。因此,在安全评价中不是以危险性、危害性为零作为可接受标准,而是以这个合理的、可接受的指标作为可接受标准。指标不是随意规定的,而是根据具体的经济、技术情况和对危险、危害后果、危险、危害发生的可能性(概率、频率)和安全投资水平进行综合分析、归纳和优化,通常依据统计数据,有时也依据相关标准,制订出的一系列有针对性的危险危害等级、指数,以此作为要实现的目标值,即可接受风险。

可接受风险是指在规定的性能、时间和成本范围内达到的最佳可接受风险程度。显然,可接受风险指标不是一成不变的,它将随着人们对危险根源的深入了解、随着技术的进步和经济综合实力的提高而变化。另外需要指出,风险可接受并非说我们就放弃对这类风险的管理,因为低风险随时间和环境条件的变化有可能升级为重大风险,所以应不断进行控制,使风险始终处于可接受范围内。

随着与国际并轨的需要,在安全评价中经常采用一些国外的定量评价方法,其指标反映了评价方法制定国(或公司)的经济、技术和安全水平,一般是比较先进的,但采用时必须考虑二者之间的具体差异,进行必要的修正,否则会得出不符合实际情况的评价结果。

第四节 常用安全评价方法

安全评价,亦称系统风险评价或系统危险评价。是安全系统工程的重要组成部分。安全评价是采用科学的方法辨识系统存在的危险因素,并根据其事故风险大小采取相应的安全措施,以达到系统安全的目的。

任何系统，在其生命周期内都有发生事故的可能，区别只在于发生频率和损失严重程度不同而已。因为系统的规划、设计、制造、试验、安装、使用等各个阶段都可能产生各种类型的危险、有害因素。在一定条件下，如果对危险因素失去控制或防范不周，就会发展为事故，造成人员伤亡和财产损失。为了控制事故的发生，或减少事故损失，就必须对它们有充分的认识，掌握危险因素发展为事故的规律，即要充分揭示系统存在的所有危险因素，以及形成事故的可能性和发生事故造成的损失大小，进而衡量系统的事故风险大小，据此确定是否需要进行系统的技术改造和采取防范措施，变更后的系统危险因素能否得到有效控制，技术上是否可行，经济上是否合理，以及系统是否最终达到了社会认可的安全指标。这些就是安全评价的基本内容和过程。

一、安全评价单元的划分

（一）评价单元的概念

评价单元就是在危险、有害因素分析的基础上，根据评价目标和评价方法的需要，将系统分成的有限、确定范围进行评价的单元。

划分评价单元是为评价目标和评价方法服务的，要便于评价工作进行，有利于提高评价工作的准确性。评价单元一般以生产工艺、工艺装置、物料的特点和特征与危险、有害因素的类别、分布有机结合进行划分，还可以按评价的需要将一个评价单元再划分为若干子评价单元或更细致的单元。由于至今尚无一个明确通用的"规则"来规范单元的划分方法，因此会出现不同的评价人员对同一个评价对象划分出不同的评价单元的现象。由于评价目标不同、各评价方法均有自身特点，只要达到评价的目的，评价单元划分并不要求绝对一致。

（二）评价单元的划分原则

通常，在确定评价单元时应考虑以下几个方面的原则：

（1）"评价单元"是装置的一个独立部分，在理论上能够容易地说明它的特点；

（2）对于特定"单元"的边界，其判别标准可以以设备与相邻设备之间的隔离屏障（如一定的距离、防火墙、防护堤等）进行划分；

（3）在不增加危险性前提的情况下，可把危险性潜能影响因素类似的单元归并为一个较大的单元。

（三）常用评价单元的划分方法

1. 以危险、有害因素的类别为主划分评价单元

（1）对工艺方案、总体布置及自然条件、社会环境对系统影响等综合方面危险、有害因素的分析和评价，宜将整个系统作为一个评价单元。

（2）将具有共性危险因素、有害因素的场所和装置划为一个单元。按危险因素类别各划归一个单元，再按工艺、物料、作业特点（即其潜在危险因素不同）划分成子单元分别

评价；进行安全评价时，宜按有害因素（有害作业）的类别划分评价单元。

2. 以装置和物质特征划分评价单元

（1）按装置工艺功能划分；

（2）按布置的相对独立性划分；

（3）按工艺条件划分评价单元；

（4）按储存、处理危险物质的潜在化学能、毒性和危险物质的数量划分评价单元。

二、安全评价方法的选用

（一）评价方法的分类

评价方法是对系统的危险性进行分析、评价的工具。常用的方法主要有定性和定量两种。

1. 定性安全评价方法

定性安全评价方法主要是根据经验和直观判断能力对生产系统的工艺、设备、设施、环境、人员和管理等方面的状况进行定性的分析。安全评价的结果是一些定性的指标，如是否达到了某项安全指标、事故类别和导致事故发生的因素等。它一般将危险性分为几个定性等级，并规定达到那个等级（以上或以下）即认为系统是安全的。常用严重性等级表示危险的严重程度，如表 4-1 所示。

表 4-1　危险事件的严重等级

严重度等级	等级说明	事故后果说明
Ⅰ	灾难的	人员死亡或系统报废
Ⅱ	严重的	人员严重受伤、严重职业病或系统严重损坏
Ⅲ	轻度的	人员轻度受伤、轻度职业病或系统轻度损坏
Ⅳ	轻微的	人员受伤程度和系统损坏程度都轻于Ⅲ级

事故发生的可能性可根据危险事件出现的频繁程度，定性的分为五级，如表 4-2 所示。

表 4-2　危险事件的可能性等级

可能性程度	说明	单个项目具体发生情况	总体发生情况
A	频繁	频繁发生	连续发生
B	很可能	在寿命期内会出现若干次	频繁发生
C	有时	在寿命期内有时可能发生	发生若干次
D	极少	在寿命期内不易发生，但有可能发生	不易发生，但可预期发生
E	不可能	极不易发生，以至于可以认为不会发生	不易发生，但有可能发生

目前，国内外运用的定性评价方法多达数十种，如安全检查表法、专家现场询问观察法、因素图分析法、事故引发和发展分析、作业条件危险性评价法、故障类型和影响分析法、危险可操作性研究等。

2. 定量安全评价方法

定量安全评价方法是运用基于大量的实验结果和广泛的事故资料统计分析获得的指标或规律（数学模型），对生产系统的工艺、设备、设施、环境、人员和管理等方面的状况进行定量的计算，安全评价的结果是一些定量的指标，如事故发生的概率、事故的伤害（或破坏）范围、定量的危险性、事故致因因素的事故关联度或重要度等。目前，国内外已开发出几十种定量评价方法，如事件树分析法、事故树分析法、火灾爆炸指数分析法等方法，每种评价方法的原理、目标、应用条件、适用的评价对象都不尽相同，各有其特点。

3. 半定量安全评价方法

半定量安全评价方法是建立在实践经验的基础上，合理打分，根据最后的分值或概率风险与严重度的乘积进行分级。由于它具有很强的可操作性，而且还能根据分值有一个明确的级别，因此，被广泛地应用于地质、冶金、电力等领域。由于化工、煤矿等行业的系统比较复杂、不确定因素较多，对于人员失误的概率估计困难，因此，这些行业一般不运用这种方法进行安全评价。

（二）评价方法的选用

企业在选用评价方法时，应根据系统的特点、具体情况和需求，以及评价方法的特点进行综合考虑，以便能够选用正确的方法进行正确的评价，提高评价结构的准确性。企业选择评价方法时，应考虑下列问题：

1. 评价对象（系统）的特点

根据评价对象的规模、组成部分、复杂程度、工艺类型（行业类别）、工艺过程、原材料和产品、作业条件等情况，选择评价方法。

（1）根据系统的规模、复杂程度选择

随着规模、复杂程度的增大，有些评价方法的工作量、工作时间和费用相应增大，甚至超过容许的条件。在这种情况下应先用简捷的方法进行筛选，然后确定需要评价的详细程度，再选择适当的评价方法。

（2）根据评价对象的工艺类型和工艺特征选择

评价方法大多适用于某些工艺过程和评价对象，如美国道化学公司评价法、蒙德法、国内化工部的评价方法等适用于化工类工艺过程的安全评价，故障类型和影响分析法适用于机械、电气系统的安全评价。

（3）根据评价对象的危险性选择

据过去的统计资料，对危险性较高的对象往往采用系统的、较严格的定量评价方法；反之，倾向采用经验的、不太详尽的定性评价方法。评价对象若同时存在几类主要危险、有害因素，这时往往需要采用多种评价方法分别对评价对象进行评价。规模大、复杂、危险性高的评价对象往往先用简单、定性的评价方法（如安全检查表法、预先危险性分析法等）进行评价，然后再对重点部位（单元）用较严格的定量法（如事件树分析法、火灾爆炸指数法等）进行评价。

2. 评价目标

对系统评价的最终目标是评价出系统的危险性，但在具体评价中可根据需要（或用户提出的要求）对系统提出不同的评价目标，例如，危险等级、事故（故障）概率、事故造成的经济损失、危险区域（半径）等等，所以需要根据评价目标选择适用的评价方法。

3. 资料占有情况

一些评价方法，特别是定量评价方法，应用时需要有必要的统计数据（如各因素、事件、故障发生概率，评价标准目标值等）作依据；若缺少这些数据，就限制了定量评价方法的应用。

如果评价对象技术资料、数据齐全，则可进行定性及定量评价并选择相应的定性、定量评价方法。若对象属于新开发的性质，资料、数据不充分，又缺乏可类比的技术资料和数据，则只能采用预先危险性分析等方法进行概略性评价。

4. 其他因素

包括评价人员的知识和经验、完成评价工作的时限、经费支持状况、评价单位设施（软、硬件）配备和评价人员及管理人员的习惯、爱好等。

三、常用评价方法介绍

安全评价的内容复杂而多样，评价的目标和对象也各不相同。目前常用的评价方法主要有：安全检查表法、预先危险性分析法、故障类型和影响分析法、事件树分析法、事故树分析法、美国道化学公司的火灾爆炸指数法、日本危险度评价法、英国危险度评价法等等。

（一）安全检查表法（SCA）

为了找出系统中的不安全因素，把系统加以剖析，列出各层次的不安全因素，然后确定检查项目，以提问的方式把检查项目按系统的组成顺序编制成表，以便进行检查或评审，这种表就叫做安全检查表（如表4-3所示）。安全检查表是进行安全检查，发现和查明各种危险和隐患、监督各项安全规章制度的实施，及时发现并制止违章行为的一个有力工具。由于这种检查表可以事先编制并组织实施，自20世纪30年代开始应用以来，已经发展成为预测和预防事故的重要手段。这种方法的评价过程如图4-4所示。

表4-3 安全检查表

序号	检查项目	检查依据	结果（是/否）	发现问题

这种方法的优点是：能够事先编制，故可有充分的时间组织有经验的人员来编写，做到系统化、完整化、不会漏掉能导致危险的关键因素；可以根据规定的标准、规范和法规，检查遵守的情况，提出准确的评价；表的应用方式是采用提问的方式，要求回答"是

/否"，给人的印象深刻，能起到安全教育的作用。表内还可注明改进措施的要求，隔一段时间后重新检查改进情况；简明易懂，操作人员和管理人员都易于理解和掌握。这种方法的缺点是只能作定性的评价，不能给出定量评价结果。

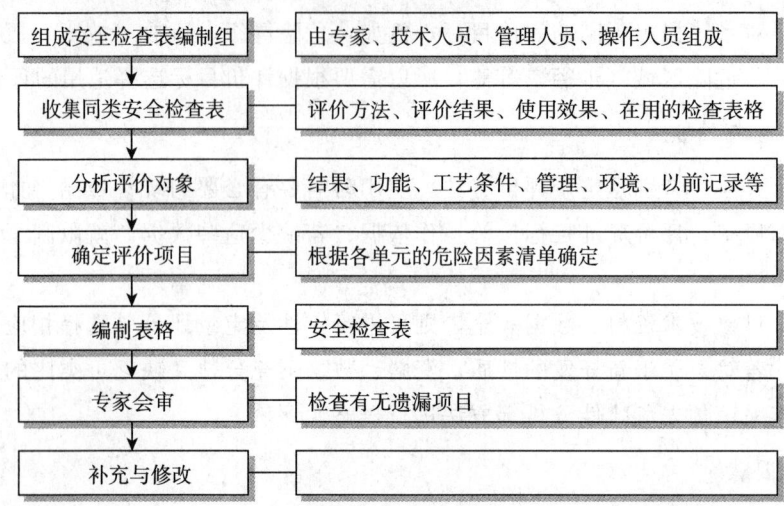

图 4-4　安全检查表法

（二）预先危险性分析法（PHA）

预先危险性分析也称初始危险分析，是在每项生产活动之前，特别是在设计的开始阶段，对系统存在危险类别、危险出现条件、事故后果等进行概略地分析，尽可能评价出潜在的危险性。其评价过程如图 4-5 所示：

预先危险性分析的主要目的是识别系统中的潜在危险，确定其危险等级，确定安全性设计准则，提出消除或控制危险的措施，防止危险发展成事故，内容如表 4-4 所示。

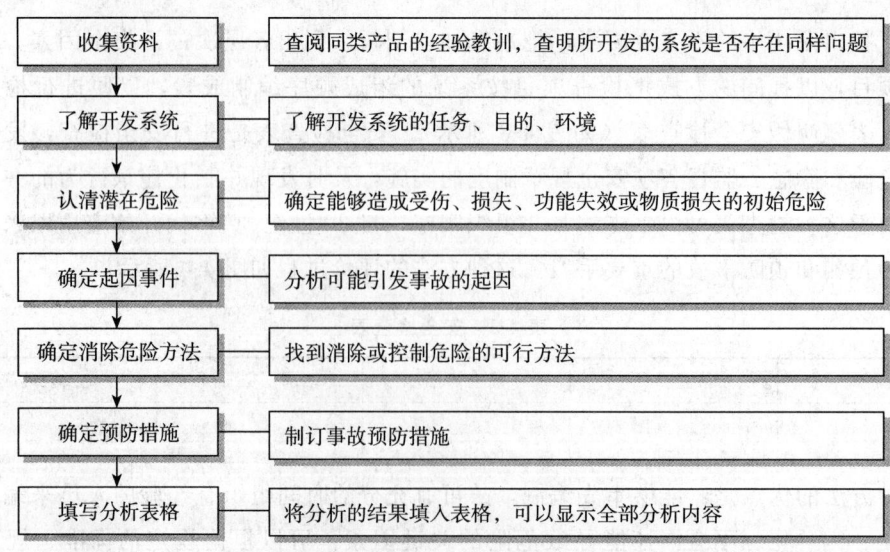

图 4-5　预先危险性分析法

表 4-4 预先危险性分析表

危险因素	触发事件	现象	事故原因	事故结果	危险等级	防治对策

此外，预先危险性分析还可提供下述信息：为制定或修定安全工作计划提供信息；确定安全性工作安排的优先顺序；确定进行安全责任试验的范围；确定进一步分析的范围，特别是为故障树分析确定不希望发生的事件；编写初始危险分析报告，作为分析结果的书面记录；确定系统或设备安全要求，编制系统或设备的性能及设计说明书。

预先危险性分析法的优点主要表现在能够防患于未然。由于它是在系统开发初期和设计阶段就做的危险性分析，因而它能够充分考虑故障危险、有害因素及其发生事故出现的可能性，使系统设计更加安全、合理。其缺点是只能作定性的评价，不能给出定量评价结果。

值得一提的是，预先危险性分析是一种应用范围较广的定性评价方法，它需要由具有丰富知识和经验的工程技术人员、操作人员和安全管理人员进行操作和实施。

(三) 故障类型和影响分析法 (FMEA)

故障类型和影响分析是一种归纳分析方法，它是在设计阶段对系统的各个组成部分，如子系统、设备和元件进行分析，分析它们可能发生的故障类型及其产生的影响，以便采取相应的对策，提高系统的安全可靠性。FMEA 的评价过程如图 4-6 所示。

故障类型和影响分析的目的是辨识单一设备和系统的故障模式及每种故障模式对系统或装置造成的影响。故障类型和影响分析的步骤为明确系统本身的情况，确定分析程度和水平，绘制系统图和可靠性框图，列出所有的故障类型并选出对系统有影响的故障类型，理出造成故障的原因。在故障类型和影响分析中不直接确定人的影响因素，人失误、误操作等影响通常作为一个设备故障模式表示出来。

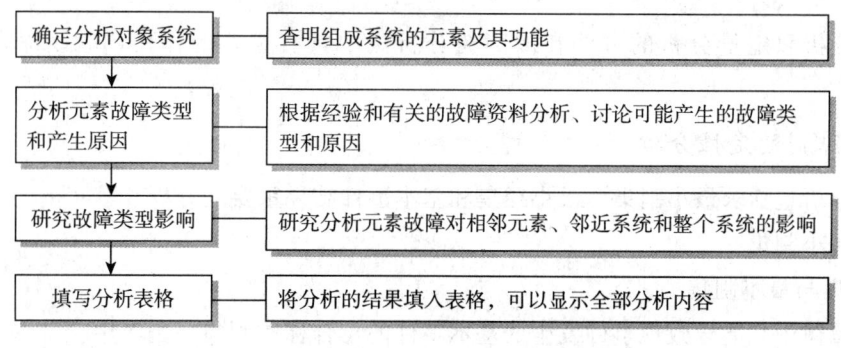

图 4-6 故障类型和影响分析法

目前,这种方法广泛用于核电站、化工、机械、电子及仪表工业中,主要是在设计阶段使用该方法。

(四) 故障树分析法(FTA)

故障树分析又称事故树分析,是一种描述事故因果关系的系统安全分析方法。它是从要分析的特定事故(最上层的事故即顶事故)开始,层层分析其发生的原因,一直分析到事故的底事件(底事件又称为基本事件)为止。它主要是对系统的危险性进行识别评价,运用定性和定量的方法进行分析,能够简单、形象地找出事故或故障的运用,体现了系统安全分析方法研究安全问题的系统性、准确性和预测性的特点。故障树分析法的评价过程如图4-7所示。

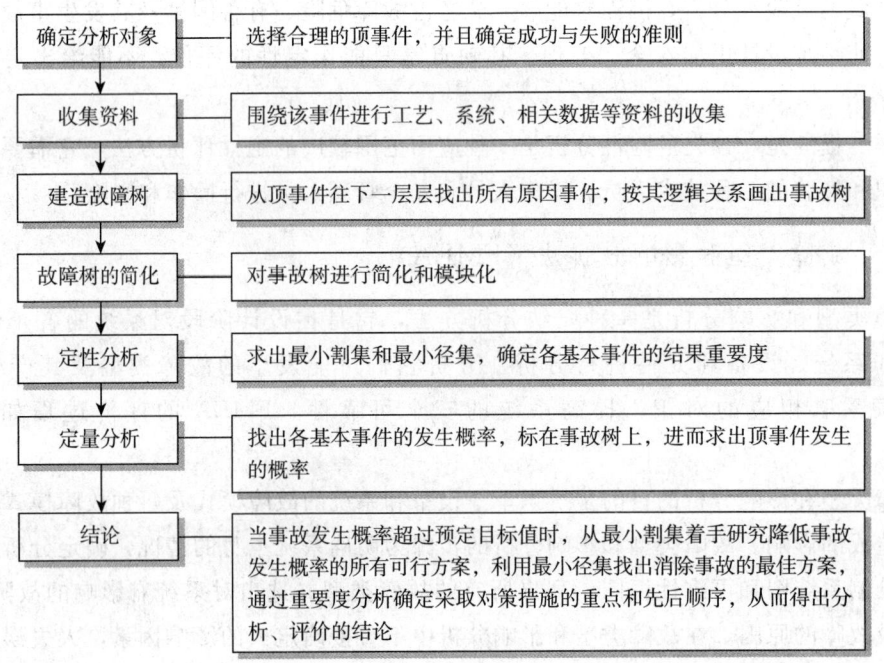

图4-7 故障树分析法

定性分析和定量分析的方法在故障树分析法中具有重要的作用,应该深入理解和掌握。

1. 故障树的定性分析

定性分析包括求最小割集、最小径集和基本事件结果重要度分析。

(1) 最小割集

◆ 割集与最小割集。

在故障树中凡能导致顶事件发生的基本事件的集合称作割集。割集中全部基本事件均发生时,则顶事件一定发生。

最小割集是能导致顶事件发生的最低限度的基本事件的集合。割集中任一基本事件不发生，顶上事件就不会发生。

◆ 最小割集的求法

对于已经简化的故障树，可将故障树结构函数式展开，所得各项即为各最小割集；对于尚未简化的故障树，结构函数式展开后的各项尚需用布尔代数运算法则（如吸收率、德·摩根率等）进行处理，方可得到最小割集。

（2）最小径集

在故障树中凡是不能导致顶事件发生的最低限度的基本事件的集合称作最小径集。

在最小径集中，去掉任何一个基本事件，便不能保证一定不发生事故。因此最小径集表达了系统的安全性。

最小径集的求法是将故障树转化为对偶的成功树，求成功树的最小割集即故障树的最小径集。

（3）结构重要度

按照一定公式可以计算结构重要度系数，根据计算结果确定出结构重要度的次序。

2．故障树的定量分析

定量分析是在求出各基本事件发生概率的情况下，计算顶事件的发生概率。具体做法是：

（1）收集树中各基本事件的发生概率；

（2）由最下面基本事件开始计算每一个层次事件的发生概率；

（3）将计算过的各层次事件的概率代入它上面的逻辑门，计算其输出概率，依此上推，直达顶部事件，最终求出的即为该事故的发生概率。

故障树分析法可用于复杂系统的可靠性及安全性分析，如核电站，以及各种生产实践的安全分析、各类可靠性分析和伤亡事故分析。但是，它要求分析人员必须十分熟悉对象系统，具有丰富的实践经验，能够准确熟练地应用分析方法。

（五）事件树分析法（ETA）

事件树分析法是用来分析普通设备故障或工艺异常（称为初始事件）导致事故发生的可能性。该方法是从原因到结果的归纳分析方法。它在给定一个初始事件的前提下，分析此事件可能导致的后续事件的结果。整个事件序列是以图形表示的，并且成扇状，故称事件树。

事件树可以描述系统中可能发生的事件，特别是在安全分析中，在寻找系统可能导致的严重后果时，是一种有效的方法。例如，美国的拉氏姆逊教授曾在没有先例的情况下，大规模、有效地使用了 FTA、ETA 方法，分析了核电站的危险、有害因素，并被以后发生的核电站事故所证实。

事件树分析法的分析过程如图 4-8 所示：

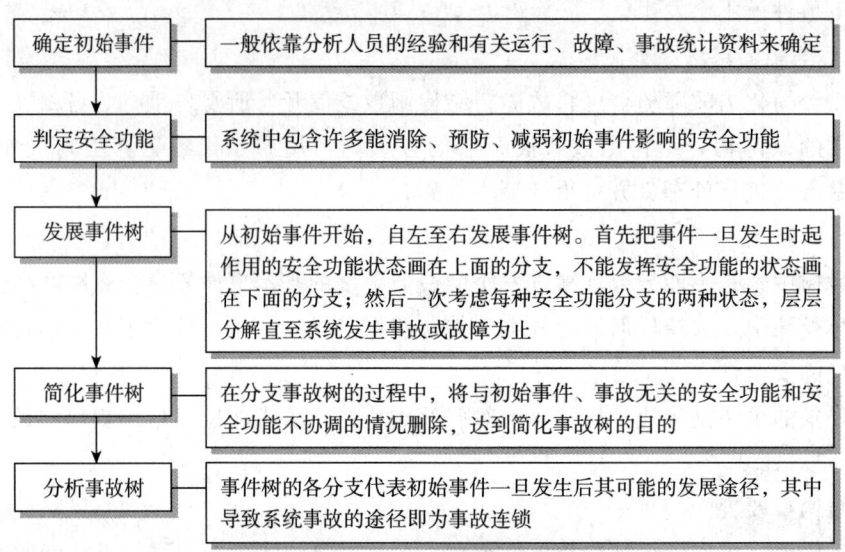

图 4-8 事件树分析法

事件树分析法适用于多环节事件和多重保护系统的危险分析和评价，既可用于定性分析，也可用于定量分析。

（六）美国道化学公司火灾、爆炸危险指数法

火灾爆炸危险指数法为美国道化学公司所发明。它以物质系数为基础，再考虑工艺过程中其他因素如操作方式、工艺条件、设备状况、物料处理、安全装置情况等的影响，来计算每个单元的危险度数值，然后按数值大小划分危险度级别。该评价方法对管理因素考虑较少，因此，它主要是对化工生产过程中固有危险的度量。由于道化学公司评价方法将化学理论与跨国企业的实践经验有机结合起来，所以它能客观地量化潜在的火灾爆炸和反应性事故的预期损失，具有较高权威性。

该方法适用于管理严格、资料充分、系统复杂的大型化工企业。其评价程序如图 4-9 所示。

美国道化学公司的火灾、爆炸指数法首开化工生产危险度定量评价之先河。经过多年的实践，道化学公司不断对其进行修改和完善，目前已有第七版。方法的评价结果是以火灾爆炸指数来表示的，并且道化学公司在吸收其他评价方法优点的基础上，又进一步把单元的危险度转化为最大可能财产损失，使得该方法更加成熟，使用范围更加广泛。目前，几乎所有的国家都有企业采用这种方法进行化学品的危险性评价。我国的易燃、易爆、有毒类危险源评价方法也是在充分吸收道化学公司评价方法优点的基础结合中国国情而改进的一种评价方法。

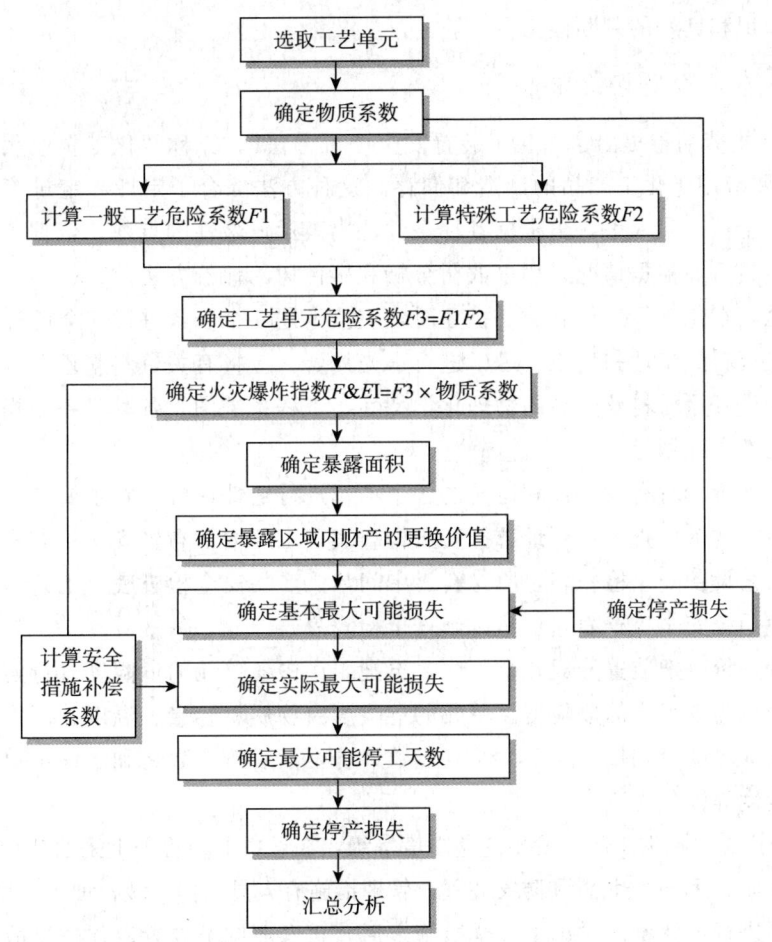

图 4-9 火灾爆炸危险指数法

（七）英国帝国化学公司（IDI）危险度评价法

1974 年英国帝国化学公司（IDI）蒙德分部根据化学工业的特点，对道化学公司评价方法进行了补充和发展，故帝国化学公司危险度评价法又称为蒙德法，其应用范围也是化工企业。它对道化学评价方法的补充如下：

（1）可对较广范围内的工程及贮存设备进行评价；

（2）包括具有爆炸性的化学物质的使用管理；

（3）采用补偿办法以便能够区别给定的燃料与别的反应物（如氢气与空气、氯气或氧气）；

（4）根据事故案例的研究，考虑了对危险性水平在相当影响的几个特殊工程类型的危险性。

（5）评价中采用了毒性的观点。

总之，该评价方法重新确定了某些补偿系数，对处于各种安全项目水平之下的装置，可以进行单元设备现实危险性的评价。它要求评价人员熟练掌握方法，熟悉系统，并具有丰富的专业知识和良好的判断能力。

（八）日本危险度评价法

1976年日本劳动省提出了"化工装置安全评价方法"，亦称"化工企业六步骤安全评价法"。它主要应用于化工产品的制造和储存。这种方法综合了定性和定量等数种评价方法。它先从安全检查表入手，再根据各种条件评出表示危险性的点数，依据点数采取相应的安全措施，最后，根据情况采用事故树分析和事件树的评价方法。

具体来说，在化工厂进行新建、扩建时，应按下述6个步骤进行安全评价：

（1）有关资料的整理和讨论。为了进行事先评价，应将有关资料整理并加以讨论。资料包括建厂条件、原材料及产品的物理化学特性、工程系统图、各种设备、操作要领、人员配备、安全教育计划等。

（2）定性评价。对有关设计和运转的各个项目进行定性评价。它主要是用安全评价表进行评价，包括8个检查表：厂址选择安全检查表，工厂内部布置安全检查表，建筑物安全检查表，工艺设备安全检查表，原材料、中间体、产品安全检查表，工艺过程安全检查表，输送储存系统安全检查表，消防设施安全检查表。

（3）定量评价。把装置分成几个工序，再把工序中各单元的危险度进行定量，以其中最大的危险度作为本工序的危险度。单元的危险度由物质、容量、温度、压力和操作五个项目确定，其危险度分别按10，5，2，0点数计分，然后按点数之和来评定单元的危险程度等级，危险度等级分为三个。

（4）安全措施。根据工序评价出的危险度等级，在设备上和管理上采取相应的措施。设备方面的措施有11种安全装置和防灾装置，管理措施有人员安排、教育训练、维护检修等。

（5）案例进行再评价。讨论了安全措施之后，再参照同类装置以往的事故案例评价其安全性。如果有需要改进的地方，再按照上一步重复进行讨论其安全措施。属于第Ⅱ、Ⅲ级危险度的装置，经过以上评价之后，即可进行建设。

（6）用事故树（FTA）进行再评价。对属于第Ⅰ级危险度的装置，用FTA进行再评价。如果通过安全性的再评价，发现需要改进的地方，则应修改相应的设计内容，然后才能开始建设。

关键概念

本质安全	失效安全	定位安全	电气事故分类
雷电事故种类	触电事故预防	静电事故预防	火灾分类
爆炸　　爆炸极限	起重机械	锅炉	压力容器
建筑施工安全技术措施	危险有害因素	危险源	危险源辨识
安全评价	安全预评价	安全现状评价	安全验收评价
评价单元	安全检查表法		

问题与问答

1. 机械设备危险部位都有哪些？

2. 机械伤害类型有哪些？机械伤害有哪些预防对策？

3. 今天，你去一个汽车加工企业进行安全检查，需要做哪些准备？准备检查哪些项目？应该准备哪些表格？

4. 今天一个企业邀请你去做一份电气安全技术的报告，你打算提醒员工哪些注意点，觉得哪些措施有益于企业安全管理实践？

5. 有个企业打电话到安监局，问避雷针设计安装的问题，你打算如何回答？你觉得这样的回答，企业满意吗？

6. 走在一个毛纺织厂的车间，你突然想起静电的事情，打算建议一下，应该怎么说？

7. 企业邀请你做一个"火灾和逃生"内容的培训，你应该如何安排内容？

8. 和质监局一起进行起重机的安全检查，你应该检查哪些安全管理内容？应该检查哪些通用部件？起重机容易发生什么事故？

9. 昨天发生了一起锅炉爆炸事故，你要去进行事故调查，需要准备哪些材料，才可以顺利开展工作？

10. 建筑施工的"五大事故"是什么？对施工现场进行安全检查，主要检查哪些内容？

11. 危险有害因素按照事故的直接原因如何分类？《企业职工伤亡事故分类标准》把事故分为哪二十类？

12. 在哪些方面需要进行安全评价？安全评价主要考虑哪些因素？

13. 风险控制措施要遵循哪些原则？具体体现在哪些方面？

第五章

重大危险源管理与应急救援

本章主要内容：
- ◆ 介绍重大危险源辨识标准
- ◆ 重大危险源申报登记
- ◆ 应急救援预案及其编制方法
- ◆ 重大危险源监控系统

学习要求：
- ◆ 熟练掌握我国重大危险源辨识标准
- ◆ 了解有关重大危险源辨识申报登记的内容
- ◆ 了解有关应急救援预案要素的知识及其编制要点
- ◆ 了解我国现阶段的重大危险源监控系统

第一节 重大危险源辨识

自1982年欧共体颁布了《工业活动中重大事故危险法令》以来，美国、加拿大、印度、泰国等也都发布了相应的标准，1996年澳大利亚颁布了"重大危险源控制"国家标准［NOHSC：1014（1996）］。这些法规或标准中辨识重大危险源的依据都是物质的危险性及临界量。根据1997年由原劳动部组织实施的六城市重大危险源普查试点结果，参考国外同类标准，结合我国工业生产的特点和火灾、爆炸、毒物泄漏重大事故的发生规律，国家安全生产监督管理局安全科学技术研究中心和中国石油化工股份有限公司青岛安全工程研究院起草提出了国家标准《重大危险源辨识》（GB 18218—2000），此标准现经过第一次修订，修订后的标准《危险化学品重大危险源辨识》（GB 18218—2009，以下简称《重大危险源辨识》）自2009年12月1日实施，我国重大危险源的辨识工作按此标准进行。

一、重大危险源辨识

根据危险有害因素与风险评价来确定重大危险源，对它进行管理控制，并建立重大危险源事故应急救援体系,这样就能够预防和减少重大事故的发生和财产的损失。并且一旦发生重大事故,可以启动应急救援系统,将紧急事故局部化,尽量缩小重大事故对人和财产的影响。

(一)重大危险源的概念

1993年6月第80届国际劳工大会通过的《预防重大工业事故公约》将"重大事故"定义为:在重大危害设施内的一项活动过程中出现意外的突发性的事件,如严重泄漏、火灾或爆炸,其中一种或多种危险物质,并导致对工人、公众或环境造成即刻的或延期的严重危险。"重大危险设施"(即重大危险源)定义为:长期地或临时地生产、加工、搬运、使用或储存危险物质,且危险物质的数量等于或超过临界量的单元。

(二)重大危险源危险等级的划分规定

按照可能发生的最严重事故后果,重大危险源的危险等级可以分为以下四级:

(1)一级重大危险源:可能造成特别重大事故的(死亡人数≥30人或重伤50人(含)以上,或直接经济损失1000万元以上的);

(2)二级重大危险源:可能造成特大事故的(死亡人数10~29人或重伤30~49人,或直接经济损失500~1000万元的);

(3)三级重大危险源:可能造成重大事故的(死亡人数3~9人或重伤10~29人,或直接经济损失100~500万元的);

(4)四级重大危险源:可能造成一般事故的(死亡人数1~2人或重伤3~9人,或直接经济损失100万元以下的)

一级重大危险源每一年至少进行一次安全评估,二级重大危险源每两年至少进行一次安全评估,三级、四级重大危险源每三年至少进行一次安全评估。

重大危险源具有下列情况之一的,应当重新进行安全评估:

(1)实施新建、改建、扩建工程的;

(2)生产工艺、材料以及生产过程、设备、设施等发生变更的;

(3)外部环境因素发生重大变化的;

(4)发生生产安全事故的;

(5)国家有关标准发生变化的。

(三)重大危险源辨识方法

防止重大工业事故发生的第一步是辨识或确认高危险性的工业设施(即危险源)。一般由政府主管部门或权威机构在物质毒性、燃烧、爆炸特性基础上,确定危险物质及其临界量标准(即重大危险源辨识标准)。通过危险物质及其临界量标准(参见表5-1、表5-2),就可以确定哪些是可能发生重大事故的潜在危险源。

重大危险源的物质量超过其临界量包括以下两种情况:

①单元内任一种危险物品的贮存量达到或超过其对应的临界量。

②单元内储存多种危险物品,且每一种物品的储存量均未达到或超过其对应临界量,

但满足下面的公式：单元内存在的危险化学品为多种时，若满足式(5-1)，则定为重大危险源：

$$\frac{q_1}{Q_1}+\frac{q_2}{Q_2}+\cdots+\frac{q_n}{Q_N}\geqslant 1 \tag{5-1}$$

式中 $q_1, q_2, \cdots, q_n$——每种危险化学品实际存在量，单位为吨（t）；

$Q_1, Q_2, \cdots, Q_N$——与各危险化学品相对应的临界量，单位为吨（t）；

表 5-1 危险化学品名称及临界量

序号	类别	危险化学品名称和说明	临界量（t）
1	爆炸品	叠氮化钡	0.5
2		叠氮化铅	0.5
3		雷酸汞	0.5
4		三硝基苯甲醚	5
5		三硝基甲苯	5
6		硝化甘油	1
7		硝化纤维素	10
8		硝酸铵（含可燃物>0.2%）	5
9	易燃气体	丁二烯	5
10		二甲醚	50
11		甲烷，天然气	50
12		氯乙烯	50
13		氢	5
14		液化石油气（含丙烷、丁烷及其混合物）	50
15		一甲胺	5
16		乙炔	1
17		乙烯	50
18	毒性气体	氨	10
19		二氟化氧	1
20		二氧化氮	1
21		二氧化硫	20
22		氟	1
23		光气	0.3
24		环氧乙烷	10
25		甲醛（含量>90%）	5
26		磷化氢	1
27		硫化氢	5
28		氯化氢	20
29		氯	5
30		煤气（CO，CO 和 H_2、甲烷的混合物等）	20
31		砷化三氢（胂）	1
32		锑化氢	1
33		硒化氢	1
34		溴甲烷	10

续表

序号	类别	危险化学品名称和说明	临界量（t）
35	易燃液体	苯	50
36		苯乙烯	500
37		丙酮	500
38		丙烯腈	50
39		二硫化碳	50
40		环己烷	500
41		环氧丙烷	10
42		甲苯	500
43		甲醇	500
44		汽油	200
45		乙醇	500
46		乙醚	10
47		乙酸乙酯	500
48		正己烷	500
49	易于自燃的物质	黄磷	50
50		烷基铝	1
51		戊硼烷	1
52	遇水放出易燃气体的物质	电石	100
53		钾	1
54		钠	10
55	氧化性物质	发烟硫酸	100
56		过氧化钾	20
57		过氧化钠	20
58		氯酸钾	100
59		氯酸钠	100
60		硝酸（发红烟的）	20
61		硝酸（发红烟的除外，含硝酸＞70％）	100
62		硝酸铵（含可燃物≤0.2％）	300
63		硝酸铵基化肥	1000
64	有机过氧化物	过氧乙酸（含量≥60％）	10
65		过氧化甲乙酮（含量≥60％）	10
66	毒性物质	丙酮合氰化氢	20
67		丙烯醛	20
68		氟化氢	1
69		环氧氯丙烷（3-氯-1,2-环氧丙烷）	20
70		环氧溴丙烷（表溴醇）	20
71		甲苯二异氰酸酯	100
72		氯化硫	1
73		氰化氢	1
74		三氧化硫	75
75		烯丙胺	20
76		溴	20
77		乙撑亚胺	20
78		异氰酸甲酯	0.75

表 5-2　未在表 5-1 中列举的危险化学品类别及其临界量

物质类别	危险性分类及说明	临界量（t）
爆炸品	1.1A 爆炸品	1
	除 1.1A 项爆炸品以外其他 1.1 项爆炸品	10
	除 1.1 项爆炸品以外的其他爆炸品	50
气体	易燃气体：危险性属 2.1 项的气体	10
	氧化性气体：危险性属 2.2 项非易燃无毒气体且次要危险性为 5 类的气体	200
	剧毒气体：危险性属 2.3 项且急性毒性为 1 的毒性气体	5
	有毒气体：危险性属 2.3 项的其他毒性气体	50
易燃液体	极易燃液体：沸点≤35℃且闪点<0℃的液体，或保存温度一直在其沸点以上的易燃液体	10
	高度易燃液体：闪点<23℃的液体（不包括极易燃液体），液态退敏爆炸品	1000
	易燃液体：23℃≤闪点<61℃的液体	5000
易燃固体	危险性属于 4.1 项且包装为Ⅰ类的物质	200
易于自燃的物质	危险性属于 4.2 项且包装为Ⅰ类或Ⅱ类的物质	200
遇水放出易燃气体的物质	危险性属于 4.3 项且包装为Ⅰ类或Ⅱ类的物质	200
氧化性物质	危险性属于 5.1 项且包装为Ⅰ类的物质	50
	危险性属于 5.1 项且包装为Ⅱ或Ⅲ类的物质	200
有机过氧化物	危险性属于 5.2 项的物质	50
毒性物质	危险性属于 6.1 项且急性毒性为类别 1 的物质	50
	危险性属于 6.1 项且急性毒性为类别 2 的物质	500

注：以上危险化学品危险性类别及包装类别根据 GB 12268 确定，急性毒性类别根据 GB 20592 确定。

二、重大危险源的监督管理

生产经营单位是本单位重大危险源安全管理的责任主体，生产经营单位主要负责人对本单位重大危险源的安全管理工作全面负责。在对重大危险源调查和评价后，企业应对每一个重大危险源制订出一套严格的安全管理制度，明确重大危险的管理明确重大危险的管理责任人，负责人，根据重大危险源的等级，建立相应的安全监控系统或者安全监控设施，保证安全监控系统或者监控设施的有效运行。

（一）意义和目标

以"三个代表"为指导，全面贯彻《安全生产法》，坚持"安全第一、预防为主、综合治理"的方针，坚持以人为本，树立全面、协调、可持续的科学发展观，促进经济社会和人的全面发展，坚持"关口前移"、"重心下降"、"科技兴安"，努力实现安全生产工作从被动防范向源头管理转变，遏制和减少重、特大事故的发生。

重大危险源的监督管理是一项系统工程，需要合理设计、统筹规划。既要促使企业强化内部管理，落实措施，自主保安，又要针对各地实际，有的放矢，便于政府统一领导，科学决策，依法实施监控和安全生产行政执法，以实现重大危险源监督管理工作的科学化、制度化和规范化。

（二）重大危险源监督管理的要求

（1）各级安全监管部门、煤矿安全监察机构要进一步提高对重大危险源监督管理工作重要性的认识，自觉从践行"三个代表"和执政为民的高度，加强对重大危险源普查、评估、监控、治理工作的组织领导和监督检查，切实防范重、特大事故的发生，保障人民群众生命财产安全和社会经济的全面、协调、可持续发展，把强化重大危险源监督管理工作作为安全生产监督检查和考核的一项重要内容，布置好，落实好。

（2）各级安全监管部门、煤矿安全监察机构应当成立重大危险源监督管理工作领导小组和技术指导小组，统一领导、协调和指导辖区内重大危险源的监督管理工作。

（3）各级安全监管部门、煤矿安全监察机构应当进一步加大监督检查和行政执法的力度，督促辖区内存在重大危险源的生产经营单位认真落实国家有关重大危险源监督管理的规定和要求，全面开展重大危险源普查登记和监控管理工作。检查中发现生产经营单位对重大危险源未登记建档，或者未进行评估、监控及未制订应急预案的，要依据《安全生产法》第八十五条的规定严肃查处。对因重大危险源管理监控不到位、整改不及时而导致重、特大事故的，要依法严肃追究生产经营单位主要负责人和相关人员的责任。

（4）各级安全监管部门、煤矿安全监察机构监督检查中发现重大危险源存在事故隐患的，应当责令生产经营单位立即整改；在整改前或者整改中无法保证安全的，应当责令生产经营单位从危险区域内撤出作业人员，暂时停产、停业或者停止使用；难以立即整改的，要限期完成，并采取切实有效的防范、监控措施。

（5）各级安全监管部门、煤矿安全监察机构要加强重大危险源申报登记的宣传和培训工作，按照国家安监总局组织编写的《重大危险源申报登记与管理》（试行）教材做好培训工作，指导生产经营单位做好重大危险源的申报登记和管理工作。

（6）为规范重大危险源的监督管理，各地区应统一按照国家局组织开发的重大危险源信息管理系统软件，建立本地区重大危险源数据库，并根据重大危险源的分布和危险等级，有针对性地做好日常监督工作，采取措施，切实防范重、特大事故的发生，确保安全生产形势的稳定好转。

第二节　重大危险源申报登记

关于重大危险源的申报，国家安全生产监督管理总局在2004年发布了《关于开展重大危险源监督管理工作的指导意见》安监管协调字〔2004〕56号文件。

根据《安全生产法》的有关规定，为全面掌握重大危险源的数量、状况及其分布，加强对重大危险源的监督管理，有效防范重、特大事故的发生。2003年11月以来，国家安全生产监督管理总局（国家煤矿安全监察局）（以下简称国家局）在河北、辽宁、江苏、浙江、福建、重庆、广西、甘肃开展了重大危险源申报登记试点工作。《国务院关于进一步加强安全生产工作的决定》下发后,各地认真贯彻落实,陆续开展了重大危险源普查登记和监控工作。为加强管理,统一标准,规范运行,现对开展重大危险源监督管理工作提出如下指导意见。

一、意义和依据

以"三个代表"重要思想为指导,全面贯彻《安全生产法》,坚持"安全第一、预防为主、综合治理"的方针,坚持以人为本,树立全面、协调、可持续的科学发展观,促进经济社会和人的全面发展,坚持"关口前移"、"重心下移",坚持"科技兴安",努力实现安全生产工作从被动防范向源头管理转变,遏制和减少重、特大事故的发生。

《安全生产法》第三十三条规定:"生产经营单位对重大危险源应当登记建档,进行定期检测、评估、监控,并制定应急预案,告知从业人员和相关人员在紧急情况下应当采取的应急措施。生产经营单位应当按照国家有关规定将本单位重大危险源及有关安全措施、应急措施报有关地方人民政府负责安全生产监督管理的部门和有关部门备案。"《国务院关于进一步加强安全生产工作的决定》(国发〔2004〕2号)要求"搞好重大危险源的普查登记,加强国家、省(区、市)、市(地)、县(市)四级重大危险源监控工作"。

二、目标和任务

重大危险源的监督管理是一项系统工程,需要合理设计,统筹规划。首先是要开展重大危险源的普查登记;其次是开展重大危险源的检测评估;第三是对重大危险源实施监控防范;第四是对有缺陷和存在事故隐患的危险源实施治理;第五是通过对重大危险源的监控管理,既要促使企业强化内部管理,落实措施,自主保安,又要针对各地实际,有的放矢,便于政府统一领导,科学决策,依法实施监控和安全生产行政执法,以实现重大危险源监督管理工作的科学化、制度化和规范化。

主要任务:

(1) 开展重大危险源普查登记,摸清底数,掌握重大危险源的数量、状况和分布情况,建立重大危险源数据库和定期报告制度;

(2) 开展重大危险源安全评估,对重要的设备、设施以及生产过程中的工艺参数、危险物质进行定期检测,建立重大危险源评估监控的日常管理体系;

(3) 建立国家、省(区、市)、市(地)、县(市)四级重大危险源监控信息管理网络系统,实现对重大危险源的动态监控、有效监控;

(4) 对存在缺陷和事故隐患的重大危险源进行治理整顿,督促生产经营单位加大投入,采取有效措施,消除事故隐患,确保安全生产;

(5) 建立和完善有关重大危险源监控和存在事故隐患的危险源治理的法规和政策,探索建立长效机制。

三、重大危险源申报登记的范围

重大危险源是指长期地或者临时地生产、加工、搬运、使用或储存危险物品,且危险物品的数量等于或超过临界量的单元(包括场所和设施)。根据国家标准《重大危险源辨识》(GB 18218—2009)和《安全生产法》的规定,以及实际工作的需要,重大危险源申报登记的范围如下:

(1)贮罐区(贮罐);
(2)库区(库);
(3)生产场所;
(4)压力管道;
(5)锅炉;
(6)压力容器;
(7)煤矿(井工开采);
(8)金属非金属地下矿山;
(9)尾矿库。

四、重大危险源的登记与评估

生产经营单位应当按照《安全生产法》、《重大危险源辨识》(GB 18218—2009)和申报登记范围的要求对本单位的重大危险源进行登记建档,并填写《重大危险源申报表》报当地安全监管部门(或煤矿安全监察机构)生产经营单位应建立重大危险源安全管理档案,主要包括以下内容:
(1)重大危险源报表;
(2)重大危险源管理制度;
(3)重大危险源管理与监控实施方案;
(4)重大危险源安全评价(评估)报告;
(5)重大危险源监控检查表;
(7)重大危险源应急救援预案和演练方案。

生产经营单位应当每两年至少对本单位的重大危险源进行一次安全评估,并出具安全评估报告。安全评估工作应由注册安全评价人员或注册安全工程师主持进行,或者委托具备安全评价资格的评价机构进行。安全评估报告应包括重大危险源的基本情况,危险、有害因素辨识与分析,可能发生的事故类型、严重程度,重大危险源等级,安全对策措施,应急救援措施和评估结论等。安全评估报告应报当地安全监管部门(或煤矿安全监察机构)备案。

重大危险源的生产过程以及材料、工艺、设备、防护措施和环境等因素发生重大变化，或者国家有关法规、标准发生变化时，生产经营单位应当对重大危险源重新进行安全评估，并将有关情况报当地安全监管部门（或煤矿安全监察机构）。

第三节　重大危险源监控

一、重大危险源宏观监控系统

（一）宏观监控的主要思路

在对重大危险源进行普查、分级，并制定有关重大危险源监督管理法规的基础上，明确存在重大危险源的企业对于危险源的管理责任、管理要求（包括组织制度、报告制度、监控管理制度及措施、隐患整改方案、应急措施方案等），促使企业建立重大危险源控制机制，确保安全。

安全生产监督管理部门依据有关法规对存在重大危险源的企业实施分级管理，针对不同级别的企业确定规范的现场监督方法，督促企业执行有关法规，建立监控机制，并督促隐患整改。建立健全新建、改建企业重大危险源申报、分级制度，使重大危险源管理规范化、制度化。同时与技术中介组织配合，根据企业的行业、规模等具体情况提供监控的管理及技术指导。在各地开展工作的基础上，逐步建立全国范围内的重大危险源信息系统，以便各级安全生产监督管理部门及时了解、掌握重大危险源状况，从而建立企业负责、安全生产监督管理部门监督的重大危险源监控体系。

重大危险源的安全监督管理工作主要由区县一级安全监督管理部门进行。信息网络建成之后，市级安全监督管理部门可以通过网络针对一、二级危险源的情况和监察信息进行了解，有重点地进行现场监察；国家安全监督管理部门可以通过网络对各城市的一级危险源的监察情况进行监督。

（二）宏观监控系统的设计思想

各城市应建立重大危险源信息管理系统。该系统包括各企业重大危险源的普查分类申报信息、危险源分级评价信息、企业对重大危险源管理情况信息及事故应急预案，以及安全监督管理部门对重大危险源的监察记录等信息，有条件的城市可建立以地理信息系统为基础的重大危险源信息管理系统，使重大危险源的分布情况更加直观。该系统可以把安全监督管理部门对重大危险源监控管理工作提高到一个新的档次，直接通过计算机实现对各企业重大危险源监控工作的监督管理及跟踪企业重大危险源的分布变化情况，使安全监督管理部门的管理工作从直观性到实时性都有很大的提高，为安全监督管理部门更好的服务。

为了便于信息的传递和更新，各城市应建立各区县安全监督管理部门与市安全监督管理部门的信息网络系统，以建立实时网络，定期进行数据的更新。

设立国家重大危险源监控中心，建立以地理信息系统为基础的重大危险源监控总系统，并搜集各城市重大危险源的分布管理情况，对已经建立地理信息系统的城市可以将城市重大危险源的分布、状况信息和管理情况直接在总系统的电子地图上显示出来，为国家安全监督管理部门决策服务所用。待条件成熟之后，可以把重大危险源监控总系统、各城市的监控子系统以及企业的计算机监控系统通过网络相连。

（三）宏观监控系统网络设计方案

各子系统要求采集城市所辖的重大危险源信息，在各城市的地理信息系统（电子地图）上进行危险源信息的统计、报表以及多媒体信息显示，并将危险源信息和监察企业执行重大危险源安全管理有关规定的情况及时发送给监控总系统。

监控总系统要求上国际互联网（Internet），建立自己的网络主页（HomePage），以便子系统和其他授权用户可以在网上访问总系统的主页，子系统将危险源信息和监察企业执行重大危险源安全管理有关规定的情况通过 Internet 及时发送给监控总系统。

重大危险源宏观监控系统的网络组成结构框图如图 5-1 所示。

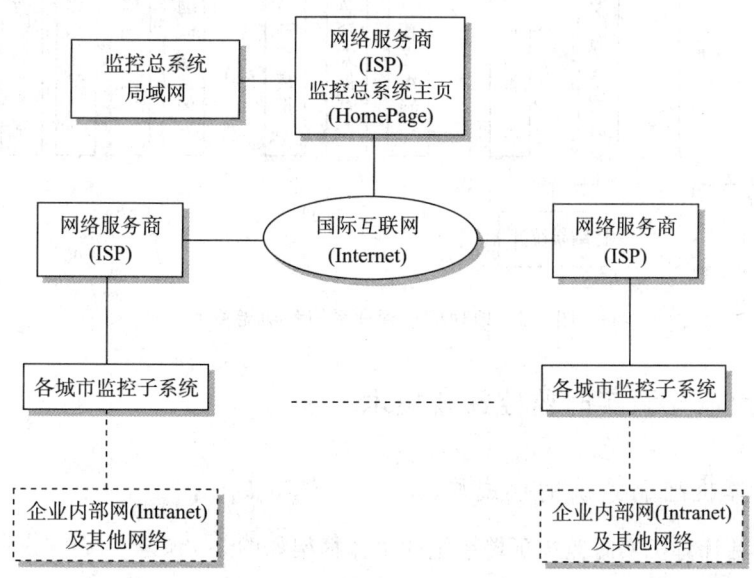

图 5-1　重大危险源宏观监控系统的网络组成结构框图

（四）城市重大危险源信息管理系统

城市重大危险源信息管理系统集计算机数据管理、多媒体、地理信息系统于一身，能够为领导和有关部门及时、直观、形象地提供重大危险源信息，在发生事故后抢险、救援信息，有利于有关领导及时、准确地决策，最大限度地减少发生重大事故的可能性及事故后造成的各项损失。城市重大危险源信息管理系统为城市重大危险源的管理工作，在综合采用现代技术和科技新成果，提高此项工作的现代化水平方面探索了一条新路子。目前，北京、青岛等城市已在此方面做出了有益的尝试。

系统的目标和任务主要包括：

(1) 重大危险源信息（包括多媒体及地理信息）的管理；

(2) 重大危险源危险程度评估的计算机辅助分析；

(3) 重大危险源事故应急救援预案的形象表述；

(4) 为政府部门宏观管理和政府决策提供准确、全面、形象的信息、依据和手段，提高政府部门安全生产管理水平，促进重大事故隐患及重大危险源管理的规范化和科学化。

图 5-2 说明了系统各功能的关系。

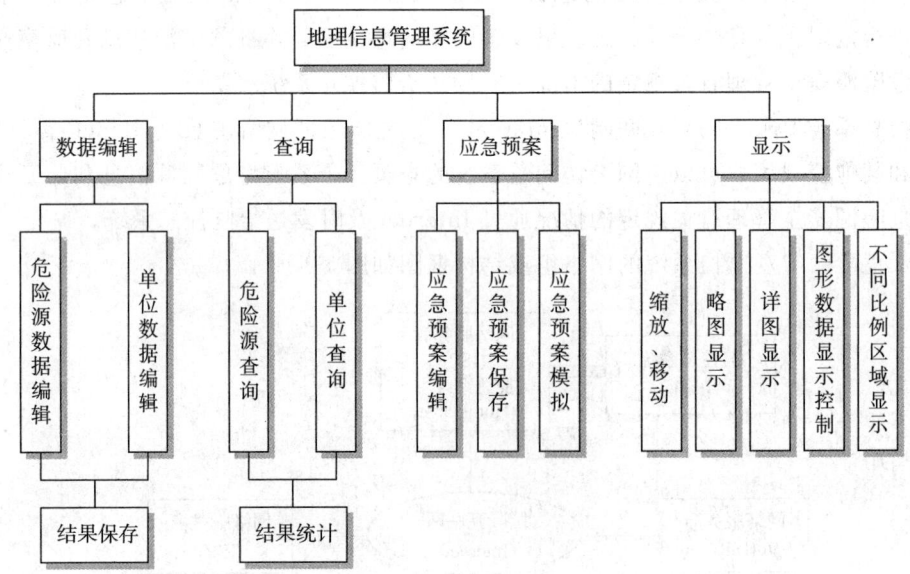

图 5-2　地理信息管理系统各功能关系

二、重大危险源实时监控预警技术

（一）计算机控制系统的组成原理

重大危险源计算机实时监控预警系统的主体框架如图 5-3 所示。

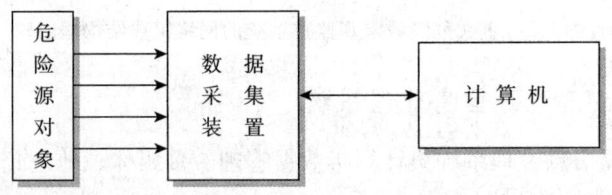

图 5-3　重大危险源监控预警系统框架

其中危险源对象是指工业生产过程中所需的以及各种生产场所拥有的设施或设备，如罐区、库区、生产场所等对象。这些对象有各种易燃、易爆、毒性等危险物质，对安全生产和人身安全构成了极大的威胁。它们的特性参数是重大危险源监控预警系统所要关注的主要参数,将这些参数进行数据采集,转换成计算机所能识别的信号,进行计算机对重大危险源的检测、监视、预警和控制,预防重大事故的发生,实现安全生产的目的。

要达到重大危险源的计算机自动检测和自动控制的目的,还应将主计算机所计算出的结果动态反馈到危险源对象上去,由执行机构对危险源对象的各种参数进行控制,使之运行在安全范围以内。系统的典型结构如图5-4所示。

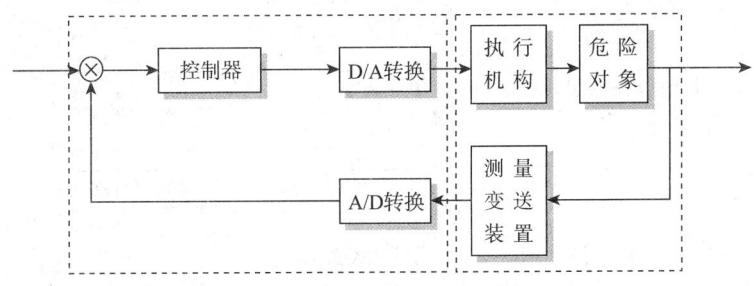

图5-4 计算机控制系统的典型结构

众所周知,表征工业生产过程特性的物理参数(危险源对象)大部分是模拟信号,或者是开关量信号,而计算机采用的是数字信号。为此,两者之间必须采用模/数转换器(A/D)和数/模转换器(D/A),以实现这两种信号之间的互相转换。尽管各种工业生产过程、危险源对象多种多样,但对其实施控制的计算机却大同小异,该计算机主要由硬件和软件两部分组成。

(二)危险源数据采集与计算机巡回检测系统、数据采集系统

应用系统安全工程的理论、观点和方法,结合过程控制、自动检测、传感器、计算机仿真、数据传输和网络通信等理论与实践技术,构成易燃、易爆、有毒重大危险源监控预警系统。

首先从危险源数据采集系统开始,分析哪些因素是造成事故的原因,找到需要采集的危险源对象和参数。然后,将标准信号通过数据采集装置,转换成计算机能够识别的数字信号,用于控制或预警系统的后处理。

数据采集装置可以是数据采集卡、单片机或可编程逻辑控制器(PLC),往往可以同时采集多路标准信号。如果需采集的标准信号很多,也可以选用多个数据采集装置。

有的系统需要采用数据采集装置所采集来的数据,而且可能与数采装置相距很远,因而需要采用远距离通信技术将数采装置采集的数字信号传送到较远的监控计算机上。必要的时候,还要采用网络技术,将其连成局域网。整个数据采集系统采取分布式层级结构,其结构框图如图5-5所示。

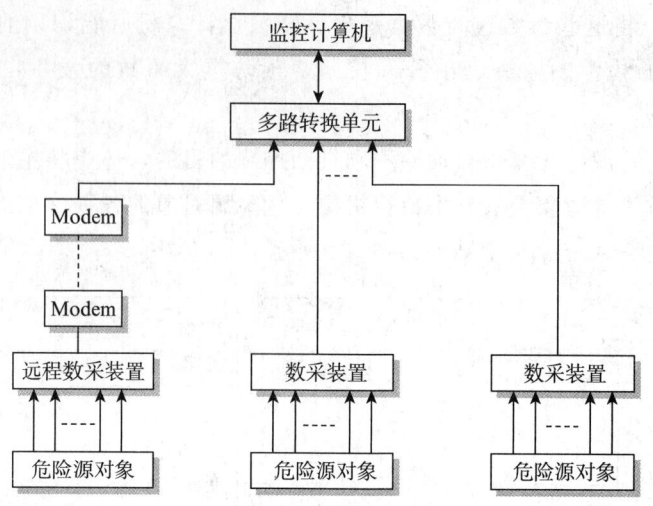

图 5-5　数据采集系统结构框图

(三) 计算机监控预警系统

重大危险源对象大多数时间运行在安全状况下。监控预警系统的目的主要是监视其正常情况下危险源对象的运行情况及状态,并对其实时和历史趋势作一个整体评判,对系统的下一时刻做出一种超前(或提前)的预警行为。因而在正常工况下和非正常工况下应该有对危险源对象及参数的记录显示、报表等功能。

1. 正常运行阶段

正常工况下,危险源运行模拟流程进行主要参数(温度、压力、浓度、油/水界面、泄漏检测传感器输出等)的数据显示、报表、超限报警,并根据临界状态判据自动判断是否转入应急控制程序。

2. 事故临界状态

被实时监测的危险源对象的各种参数超出正常值的界限,向事故生成方向转化,如不采取应急控制措施就会引发火灾、爆炸及重大毒物泄漏事故。

在这种状态下,监控系统一方面给出声、光或语言报警信息,由应急决策显示排除故障系统的操作步骤,指导操作人员正确、迅速恢复正常工况;同时发出应急控制指令(例如,条件具备时可自动开启喷淋装置使危险源对象降温,自动开启泄放阀降压,关闭进料阀制止液位上升等);或者当可燃气体传感器检测到危险源对象周围空气中的可燃气体浓度达到阈值时,监控预警系统将及时报警;还能根据检测的可燃气体的浓度及气象参数(风速、风向、气温、气压、温度等)传感器的输出信息,快速绘制出混合气云团在电子地图上的覆盖区域、浓度预测值,以便采取相应的措施,防止火灾、毒物的进一步扩大。

3. 事故初始阶段

如果上述预防措施全部失效,或因其他原因致使危险源及周边空间已经起火,为及时

控制火势以及与消防措施紧密结合,可从两个方面采取补救措施:

(1) 应用"早期火灾智能探测与空间定位系统"及时报告火灾发生的准确位置,以便迅速扑救;

(2) 自动启动应急控制系统,将事故抑制在萌芽状态。

第四节 应急管理与应急预案编写

一、事故应急管理

尽管重大事故的发生具有突发性和偶然性,但重大事故的应急管理不只限于事故发生后的应急救援行动。应急管理是对重大事故的全过程管理,贯穿于事故发生前、中、后的各个过程,充分体现了"预防为主,常备不懈"的应急思想。应急管理是一个动态的过程,包括预防、准备、响应和恢复四个阶段。尽管在实际情况中,这些阶段往往是交叉的,但每一阶段都有自己明确的目标,而且每一阶段又是构筑在前一阶段的基础之上,因而预防、准备、响应和恢复的相互关联,构成了重大事故应急管理的循环过程。

(一) 预防

在应急管理中预防有两层含义,一是事故的预防工作,即通过安全管理和安全技术等手段,来尽可能地防止事故的发生,实现本质安全;二是在假定事故必然发生的前提下,通过预先采取的预防措施,来达到降低或减缓事故的影响或后果严重程度,如加大建筑物的安全距离、减少危险物品的存量、设置防护墙以及开展公众教育等。从长远观点来看,低成本、高效率的预防措施是减少事故损失的关键。

(二) 准备

应急准备是应急管理过程中一个极其关键的过程,它是针对可能发生的事故,为迅速有效地开展应急行动而预先所做的各种准备,包括应急机构的设立和职责的落实、预案的编制、应急队伍的建设、应急设备(施)、物资的准备和维护、预案的演习、与外部应急力量的衔接等,其目标是保持重大事故应急救援所需的应急能力。

(三) 响应

应急响应是在事故发生后立即采取的应急与救援行动,包括事故的报警与通报、人员的紧急疏散、急救与医疗、消防和工程抢险措施、信息收集与应急决策和外部求援等,响应程序详见图5-6,其目标是尽可能地抢救受害人员,保护可能受威胁的人群,并尽可能控制并消除事故。

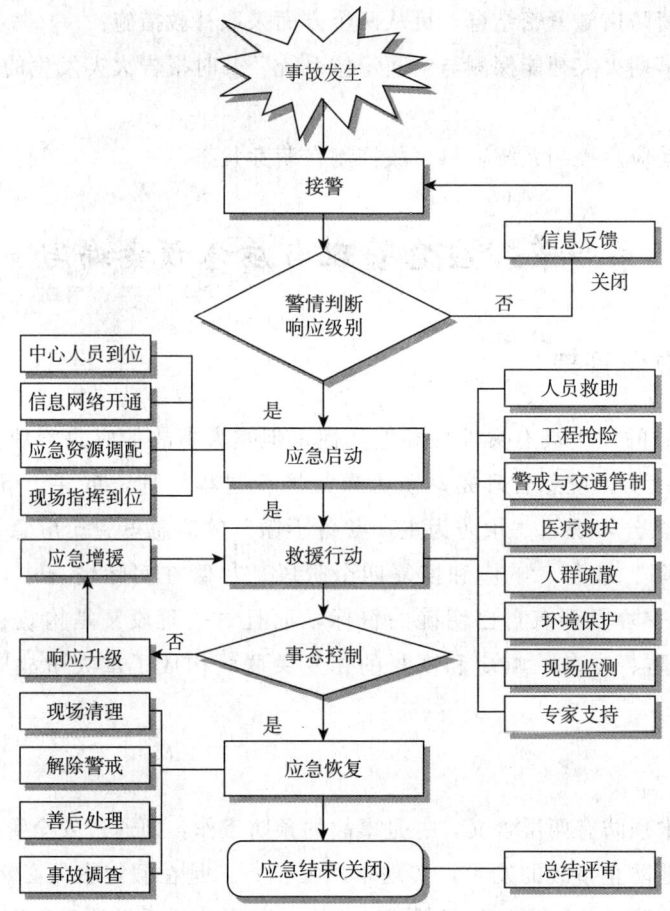

图 5-6 重大事故应急救援体系响应程序

（四）恢复

恢复工作应事故发生后立即进行，首先使事故影响区域恢复到相对安全的基本状态，然后逐步恢复到正常状态。要求立即进行的恢复工作包括事故损失评估、原因调查、清理废墟等，在短期恢复中应注意的是避免出现新的紧急情况；长期恢复包括厂区重建和受影响区域的重新规划和发展。在长期恢复工作中，应吸取事故和应急救援的经验教训，开展进一步的预防工作和减灾行动。

二、事故应急救援的基本任务及特点

（一）事故应急救援的基本任务

事故应急救援的总目标是通过有效的应急救援行动，尽可能地降低事故的后果，包括人员伤亡、财产损失和环境破坏等。事故应急救援的基本任务包括下述几个方面：

（1）立即组织营救受害人员，组织撤离或者采取其他措施保护危害区域内的其他人员。抢救受害人员是应急救援的首要任务，在应急救援行动中，快速、有序、有效地实施现场急救与安全转送伤员是降低伤亡率、减少事故损失的关键。由于重大事故发生突然、扩散迅速、涉及范围广、危害大，应及时指导和组织群众采取各种措施进行自身防护，必要时迅速撤离出危险区或可能受到危害的区域。在撤离过程中，应积极组织群众开展自救和互救工作。

（2）迅速控制事态，并对事故造成的危害进行检测、监测，测定事故的危害区域、危害性质及危害程度。及时控制住造成事故的危险源是应急救援工作的重要任务，只有及时地控制住危险源，防止事故的继续扩展，才能及时有效进行救援。特别对发生在城市或人口稠密地区的化学事故，应尽快组织工程抢险队与事故单位技术人员一起及时控制事故以防继续扩展。

（3）消除危害后果，做好现场恢复。针对事故对人体、动植物、土壤、空气等造成的现实危害和可能的危害，迅速采取封闭、隔离、洗消、监测等措施，防止对人的继续危害和对环境的污染。及时清理废墟和恢复基本设施，将事故现场恢复至一相对稳定的基本状态。

（4）查清事故原因，评估危害程度。事故发生后应及时调查事故的发生原因和事故性质，评估出事故的危害范围和危险程度，查明人员伤情况，做好事故调查。

（二）事故应急救援的特点

重大事故往往具有发生突然、扩散迅速、危害范围广的特点，因而决定了应急救援行动必须做到迅速、准确和有效。

1. 迅速

所谓迅速就是要求建立快速的应急响应机制，能迅速准确地传递事故信息，迅速地召集所需的应急力量和设备、物资等资源，迅速建立统一指挥与协调系统，开展救援活动。

2. 准确

所谓准确，要求有相应的应急决策机制，能基于事故的规模、性质、特点、现场环境等信息，正确地预测事故的发展趋势，准确地对应急救援行动和战术进行决策。

3. 有效

所谓有效，主要指应急救援行动的有效性，很大程度取决于应急准备的充分性与否。应急准备包括应急队伍的建设与训练、应急设备（施）、物资的配备与维护、预案的制定与落实以及有效的外部增援机制等。

三、事故应急预案的策划与编制

事故应急预案是针对各种可能发生的事故所需的应急行动而制定的指导性文件，是事故应急救援系统的重要组成部分。

（一）事故应急预案的作用

应急预案在应急系统中起着关键作用，它明确了在突发事故发生之前、发生过程中以及刚刚结束之后,谁负责做什么,何时做,相应的策略和资源准备等。它是针对可能发生的重大事故及其影响和后果严重程度,为应急准备和应急响应的各个方面所预先做出的详细安排,是开展及时、有序和有效事故应急救援工作的行动指南。

应急预案在应急救援中的突出重要作用和地位体现在:

(1) 应急预案明确了应急救援的范围和体系,使应急准备和应急管理不再是无据可依、无章可循,尤其是培训和演习工作的开展。

(2) 制定应急预案有利于做出及时的应急响应,降低事故后果。

(3) 成为各类突发重大事故的应急基础。通过编制基本应急预案,可保证应急预案足够的灵活性,对那些事先无法预料到的突发事件或事故,也可以起到基本的应急指导作用,成为开展应急救援的"底线"。在此基础上,可以针对特定危害编制专项应急预案,有针对性制定应急措施、进行专项应急准备和演习。

(4) 当发生超过应急能力的重大事故时,便于与上级应急部门的协调。

(5) 有利提高全社会的风险防范意识。

应急预案应进行合理地策划,做到重点突出,反映本地区的重大事故风险,并避免预案相互孤立、交叉和矛盾。在对重大事故应急预案进行策划时应充分考虑下列因素:

(1) 本地区重大危险普查的结果,包括重大危险源的数量、种类及分布情况,重大事故隐患情况等;

(2) 本地区的地质、气象、水文等不利的自然条件(如地震、洪水、台风等)及其影响;

(3) 本地区以及国家和上级机构已制定的应急预案的情况;

(4) 本地区以往灾难事故的发生情况;

(5) 本地区行政区域划分及工业区等功能区布置情况;

(6) 周边地区重大危险对本地区的可能影响;

(7) 国家及地方相关法律法规的要求。

(二) 事故应急预案编制的基本要求

1. 科学性

事故应急救援工作是一项科学性很强的工作,制定预案也必须以科学的态度,在全面调查研究的基础上,开展科学分析和论证,制定出严密统一、完整的应急反应方案,使预案真正具有科学性。

2. 实用性

应急预案应符合企业现场和当地的客观情况,具有适用性和实用性,便于操作。应急预案应根据实际情况,按事故的性质、类型、影响范围、严重后果等分等级地制定相应的预案。使预案更有针对性和能迅速应用,一般要制订出不同类型的应急预案,如火灾型、爆炸型等。

3. 权威性

救援工作是一项紧急状态下的应急性工作，所制定的应急预案应明确救援工作的管理体系、救援行动的组织指挥权限和各级救援组织的职责和任务等一系列的行政性管理规定，保证救援工作的统一指挥。应急预案还应经上级部门批准后才能实施，保证预案具有一定的权威性和法律保障。

4. 实战性

首先，应急预案要定期演习和复查，要根据实际情况定期检查和修正。其次，应急救援队伍要进行专业培训，并要有培训记录和档案。应急救援人员要通过考核证实确能胜任所担负的应急任务后，才能上岗。最后，各应急救援专职队平时就要组建落实并配有相应器材，应急救援的器材要定期检查，保证设备性能完好。

（三）事故应急预案的分级与类型

1. 事故应急预案的分级

根据可能的事故后果的影响范围、地点及应急方式，事故应急救援体系可将事故应急预案分为 5 种级别。

（1）一级应急预案（企业级）

这类事故的有害影响局限在一个单位（如某个工厂、火车站、仓库、农场、煤气或石油管道加压站/终端站等）的界区之内，并且可被现场的操作者控制在该区域内。这类事故可能需要投入整个单位的力量来控制，但其影响预期不会扩大到公共区。

（2）二级应急预案（县、市/社区级）

这类事故所涉及的影响可扩大到公共区（社区），但可被该县（市、区）或社区的力量加上所涉及的工厂或工业部门的力量所控制。

（3）三级应急预案（地区/市级）

这类事故影响范围大，后果严重或是发生在两个县或县级市管辖区边界上的事故，应急救援需动用地区的力量。

（4）四级应急预案（省级）

对可能发生的特大火灾、爆炸、毒物泄漏事故，特大危险品运输事故以及属省级特大事故隐患，省级重大危险源应建立省级事故应急预案。它可能是一种规模极大的灾难事故，或可能是一种需要用事故发生的城市或地区所没有的特殊技术和设备进行处理的特殊事故。这类意外事故需用全省范围内的力量来控制。

（5）五级应急预案（国家级）

对事故后果超过省、直辖市、自治区边界以及列为国家级事故隐患、重大危险源的设施或场所，应制定国家级应急预案。

企业一旦发生事故，就应即刻实施应急程序，如需上级援助应同时报告当地县（市）或社区政府事故应急主管部门，根据预测的事故影响程度和范围，需投入的应急人力、物力和财力逐级启动事故应急预案。

2. 事故应急救援预案的类型

根据事故应急预案的对象和级别，应急预案可分为下列4种类型：

（1）应急行动指南或检查表。针对已辨识的危险采取特定应急行动。简要描述应急行动必须遵从的基本程序，如发生情况向谁报告，报告什么信息，采取哪些应急措施。这种应急预案主要起提示作用，对相关人员要进行培训，有时将这种预案作为其他类型应急预案的补充。

（2）应急响应预案。针对现场每项设施和场所可能发生的事故情况编制的应急响应预案，如化学泄漏事故的应急响应预案、台风应急响应预案等。应急响应预案要包括所有可能的危险状况，明确有关人员在紧急状况下的职责。这类预案仅说明处理紧急事务的必需的行动，不包括事前要求（如培训、演练等）和事后措施。

（3）互助应急预案。相邻企业为在事故应急处理中共享资源，相互帮助制定的应急预案。这类预案适合于资源有限的中、小企业以及高风险的大企业，需要高效的协调管理。

（4）应急管理预案。应急管理预案是综合性的事故应急预案，这类预案详细描述事故前、事故过程中和事故后何人做何事、什么时候做、如何做。这类预案要明确完成每一项职责的具体实施程序。应急管理预案包括事故应急的4个逻辑步骤：预防、预备、响应、恢复。

县级以上政府机构、具有重大危险源的企业，除单项事故应急预案外，应制定重大事故应急管理预案。

四、应急预案的编制过程

应急预案的完整编制过程应包括下面六个过程：

（1）成立由各有关部门组成的预案编制小组，指定负责人。

（2）参阅现有的应急预案。这是防止预案相互交叉和矛盾、获取相关资料的有效办法，有利于促进所制定的预案与其他应急预案的协调。

（3）危险分析。包括危险识别、脆弱性分析和风险分析。

（4）应急准备和应急能力的评估。确认现有的预防措施和应急处理能力，并对其充分性进行评估。

（5）完成应急预案编制。提出应急所需的人员、设备和程序。

（6）预案的批准、实施和维护。提出预案的落实、更新、培训和演练计划。

五、重大事故应急预案核心要素及编制要求

应急预案是针对可能发生的重大事故所需的应急准备和应急响应行动而制定的指导性文件，其核心内容应包括下列内容：

（1）对紧急情况或事故灾害及其后果的预测、辨识、评价；

（2）规定应急救援各方组织的详细职责；

（3）应急救援行动的指挥与协调；

（4）应急救援中可用的人员、设备、设施、物资、经费保障和其他资源包括社会和外部援助资源等；

（5）在紧急情况或事故灾害发生时保护生命和财产、环境安全的措施；

（6）现场恢复；

（7）其他，如应急培训和演练，法律法规的要求等。

应急预案是整个应急管理体系的反映，它的内容不仅仅限于事故发生过程中的应急响应和救援措施，还应包括事故发生前的各种应急准备和事故发生后的紧急恢复以及预案的管理与更新等。因此，一个完善的应急预案按相应的过程可分为六个一级关键要素，包括：

（1）方针与原则；

（2）应急策划；

（3）应急准备；

（4）应急响应；

（5）现场恢复；

（6）预案管理与评审改进。

六个一级要素相互之间既相对独立，又紧密联系，从应急的方针、策划、准备、响应、恢复到预案的管理与评审改进，形成了一个有机联系并持续改进的体系结构。根据一级要素中所包括的任务和功能，其中，应急策划、应急准备和应急响应三个一级关键要素可进一步划分成若干个二级小要素。所有这些要素即构成了城市重大事故应急预案的核心要素。这些要素是重大事故应急预案编制所应当涉及的基本方面，在实际编制时，可根据职能部门的设置和职责分配等的具体情况，将要素进行合并或增加，以便于预案的内容组织和编写。

1. 方针与原则

应急救援体系首先应有一明确的方针和原则来作为指导应急救援工作的纲领。方针与原则反映了应急救援工作的优先方向、政策、范围和总体目标，如保护人员安全优先，防止和控制事故蔓延优先，保护环境优先。此外，方针与原则还应体现事故损失控制、预防为主、常备不懈、统一指挥、高效协调以及持续改进的思想。

2. 应急策划

应急预案是有针对性的，具有明确的对象，其对象可能是针对某一类或多类可能的重大事故类型。应急预案的制定必须基于对所针对的潜在事故类型有一个全面系统的认识和评价，识别出重要的潜在事故类型、性质、区域、分布及事故后果，同时，根据危险分析的结果，分析城市应急救援的应急力量和可用资源情况，为所需的应急资源的准备提供建设性意见。在进行应急策划时，应当列出国家、地方相关的法律法规，以作为预案的制定、应急工作的依据和授权。应急策划包括危险分析、资源分析以及法律法规要求三个二级要素。

(1) 危险分析

危险分析的最终目的是要明确应急的对象（存在哪些可能的重大事故）、事故的性质及其影响范围、后果严重程度等，为应急准备、应急响应和减灾措施提供决策和指导依据。危险分析包括危险识别、脆弱性分析和风险分析。危险分析应依据国家和地方有关的法津法规要求，结合城市的具体情况来进行；危险分析的结果应能提供：

- ◆ 地理、人文（包括人口分布）、地质、气象等信息；
- ◆ 城市功能布局（包括重要保护目标）及交通情况；
- ◆ 重大危险源分布情况及主要危险物质种类、数量及理化、消防等特性；
- ◆ 可能的重大事故种类及对周边的后果分析；
- ◆ 特定的时段（例如，人群高峰时间、度假季节、大型活动）；
- ◆ 可能影响应急救援的不利因素。

(2) 资源分析

针对危险分析所确定的主要危险，应明确应急救援所需的资源，列出可用的应急力量和资源，包括：

- ◆ 城市的各类应急力量的组成及分布情况；
- ◆ 各种重要应急设备、物资的准备情况；
- ◆ 上级救援机构或相邻城市可用的应急资源；
- ◆ 通过分析已有能力的不足，为应急资源的规划与配备、与相邻地区签订互助协议和预案编制提供指导。

(3) 法律法规要求

应急救援有关法律法规是开展应急救援工作的重要前提保障。应列出国家、省、地方涉及应急各部门职责要求以及应急预案、应急准备和应急救援有关的法律法规文件，以作为预案编制和应急救援的依据和授权。

3. 应急准备

应急预案能否在应急救援中成功地发挥作用，不仅仅取决于应急预案自身的完善程度，还取决于应急准备的充分与否。应急准备应当依据应急策划的结果开展，包括各应急机构组织及其职责权限的明确、应急资源的准备、公众教育、应急人员培训、预案演练和互助协议的签署等。

(1) 机构组织与职责

为保证应急救援工作的反应迅速、协调有序，必须建立完善的应急机构组织体系，包括城市应急管理的领导机构、应急响应中心以及各有关机构部门等，对应急救援中承担任务的所有应急组织明确相应的职责、负责人、候补人及联络方式。

(2) 应急资源

应急资源的准备是应急救援工作的重要保障，应根据潜在事故的性质和后果分析，合理组建专业和社会救援力量，配备应急救援中所需的消防手段、各种救援机械和设备、监测仪器、堵漏和清消材料、交通工具、个体防护设备、医疗设备和药品、生活保障物资等，并定期检查、维护与更新，保证始终处于完好状态，对应急资源信息的实施有效管理有更新。

(3) 教育、训练与演习

为全面提高应急能力，应对公众教育、应急训练和演习做出相应的规定，包括其内容、计划、组织与准备、效果评估等。

公众意识和自我保护能力是减少重大事故伤亡不可忽视的一个重要方面。作为应急准备的一项内容，应对对公众的日常教育作出规定，尤其是位于重大危险源周边的人群，使其了解潜在危险的性质和健康危害，掌握必要的自救知识，了解预先指定的主要及备用疏散路线和集合地点，了解各种警报的含义和应急救援工作的有关要求。

应急训练的基本内容主要包括基础培训与训练、专业训练、战术训练及其他训练等。基础培训与训练的目的是保证应急人员具备良好的体能、战斗意志和作风，明确各自的职责，熟悉城市潜在重大危险的性质、救援的基本程序和要领，熟练掌握个人防护装备和通讯装备的使用等；专业训练关系到应急队伍的实战能力，主要包括专业常识、堵源技术、抢运、清消和现场急救等技术；战术训练是各项专业技术的综合运用，使各级指挥员和救援人员具备良好的组织指挥能力和应变能力；其他训练应根据实际情况，选择开展如防化、气象、侦检技术、综合训练等项目的训练，以进一步提高救援队伍的救援水平。

预案演习是对应急能力的一个综合检验，应以多种形式应急演习包括桌面演习和实战模拟演习，组织由应急各方参加的预案训练和演习，使应急人员进入"实战"状态，熟悉各类应急处理和整个应急行动的程序，明确自身的职责，提高协同作战的能力。同时，应对演练的结果进行评估，分析应急预案存在的不足，并予以改进和完善。

(4) 互助协议

当有关的应急力量与资源相对薄弱时，应事先寻求与邻近的城市或地区建立正式的互助协议，并做好相应的安排，以便在应急救援中及时得到外部救援力量和资源的援助。此外，也应与社会专业技术服务机构、物资供应企业等签署相应的互助协议。

4. 应急响应

应急响应包括了应急救援过程中一系列需要明确并实施的核心应急功能和任务，这些核心功能或有具有一定的独立性，但相互之间又是密切联系的，构成了应急响应的有机整体。应急响应的核心功能和任务包括：接警与通知，指挥与控制，警报和紧急公告，通讯，事态监测与评估，警戒与治安，人群疏散与安置，医疗与卫生，公共关系，应急人员安全，消防和抢险，泄漏物控制。

(1) 接警与通知

准确了解事故的性质和规模等初始信息是决定启动应急救援的关键。接警作为应急响应的第一步，必须对接警要求作出明确规定，保证迅速、准确地向报警人员询问事故现场的重要信息。接警人员接受报警后，应按预先确定的通报程序规定，迅速向有关应急机构、政府及上级部门发出事故通知,以采取相应的行动。

(2) 指挥与控制

城市重大事故的应急救援往往涉及多个救援机构,因此,对应急行动的统一指挥和协调是应急救援有效开展的一个关键。应规定建立分及响应、统一指挥、协调和决策的程序,以便对事故进行初始评估,确认紧急状态,迅速有效地进行应急响应决策,建立现场工作区域,确定重点保护区域和应急行动的优先原则,指挥和协调现场各救援队伍开展救援行动,合理高效地调配和使用应急资源等。

(3) 警报和紧急公告

当事故可能影响到周边地区,对周边地区的公众可能造成威胁时,应及时启动警报系统,向公众发出警报,同时通过各种途径向公众发出紧急公告,告知事故性质、对健康的影响、自我保护措施、注意事项等,以保证公众能够作出及时自我防护响应。决定实施疏散时,应通过紧要公告确保公众了解疏散的有关信息如疏散时间、路线、随身携带物、交通工具及目的地等。

该部分应明确在发生重大事故时,如何向受影响的公众发出警报,包括什么时候、谁有权决定启动警报系统,各种警报信号的不同含义,警报系统的协调使用,可使用的警报装置的类型和位置,以及警报装置覆盖的地理区域。如果可能,应指定备用措施。

(4) 通讯

通讯是应急指挥、协调和与外界联系的重要保障,在现场指挥部、应急中心、各应急救援组织、新闻媒体、医院、上级政府和外部救援机构等之间,必须建立畅通的应急通讯网络。该部分应说明主要通讯系统的来源、使用、维护以及应急组织通讯需要的详细情况等,并充分考虑紧急状态的通讯能力和保障,建立备用的通讯系统。

(5) 事态监测与评估

事态监测与评估在应急救援和应急恢复的行动决策中具有关键的支持作用。在应急救援过程中必须对事故的发展势态及影响及时进行动态的监测,建立对事故现场及场外进行监测和评估的程序。包括:由谁来负责监测与评估活动,监测仪器设备及监测方法,实验室化验及检验支持,监测点的设置及现场工作及报告程序等。

可能的监测活动包括:事故影响边界,气象条件,对食物、饮用水、卫生以及水体、土壤、农作物等的污染,可能的二次反应有害物,爆炸危险性和受损建筑垮踢危险性以及污染物质滞留区等。

(6) 警戒与治安

为保障现场应急救援工作的顺利开展,在事故现场周围建立警戒区域,实施交通管制,维护现场治安秩序是十分必要的。其目的是要防止与救援无关人员进入事故现场,保障救援队伍、物资运输和人群疏散等的交通畅通,并避免发生不必要的伤亡。此外,警戒与治安还应该协助发出警报、现场紧急疏散、人员清点、传达紧急信息、执行指挥机构的通告、协助事故调查等。对危险物质事故,必须列出警戒人员有关个体防护的准备。

(7) 人群疏散与安置

人群疏散是减少人员伤亡扩大的关键,也是最彻底的应急响应。应当对疏散的紧急情况和决策、预防性疏散准备、疏散区域、疏散距离、疏散路线、疏散运输工具、安全蔽护场所以及回迁等作出细致的规定和准备,考虑疏散人群的数量、所需要的时间和可利用的时间,风向等环境变化以及老弱病残等特殊人群的疏散等问题。对已实施临时疏散的人群,要做好临时生活安置,保障必要的水、电、卫生等基本条件。

(8) 医疗与卫生

对受伤人员采取及时有效的现场急救以及合理的转送医院进行治疗,是减少事故现场人员伤亡的关键。在该部分明确针对城市可能的重大事故,为现场急救、伤员运送、治疗及健康监测等所做的准备和安排,包括:可用的急救资源列表,如急救中心,救护车和现场急救人员的数量;医院、职业中毒治疗医院及烧伤等专科医院的列表,如数量、分布、可用病床、治疗能力等;抢救药品、医疗器械、消毒、解毒药品等的城市内、外来源和供给;医疗人员必须了解城市内主要危险对人群造成伤害的类型,并经过相应的培训,掌握对危险化学品受伤害人员进行正确消毒和治疗的方法。

(9) 公共关系

重大事故发生后,不可避免地会引起新闻媒体和公众的关注。应将有关事故的信息、影响、救援工作的进展等情况及时向媒体和公众进行统一发布,以消除公众的恐慌心理,控制谣言,避免公众的猜疑和不满。该部分应明确信息发布的审核和批准程序,保证发布信息的统一性;指定新闻发言人,适时举行新闻发表会,准确发布事故信息,澄清事故传言;为公众咨询、接待、安抚受害人员家属做出安排。

(10) 应急人员安全

城市重大事故尤其是涉及危险物质的重大事故的应急救援工作危险性极大,必须对应急人员自身的安全问题应进行周密的考虑,包括安全预防措施、个体防护等级、现场安全监测等,明确应急人员的进出现场和紧急撤离的条件和程序,保证应急人员的安全。

(11) 消防和抢险

消防和抢险是应急救援工作的核心内容之一,其目的是为尽快地控制事故的发展,防止事故的蔓延和进一步扩大,从而最终控制住事故,并积极营救事故现场的受害人员。尤其是涉及危险物质的泄漏、火灾事故,其消防和抢险工作的难度和危险性十分巨大。该部分应对消防和抢险工作的组织、相关消防抢险设施、器材和物资、人员的培训、行动方案以及现场指挥等做好周密的做出相应的安排和准备。

(12) 泄漏物控制

危险物质的泄漏以及灭火用的水由于溶解了有毒蒸气都可能对环境造成重大影响,同时也会给现场救援工作带来更大的危险,因此必须对危险物质的泄漏物进行控制。该部分应明确可用的收容装备(泵、容器、吸附材料等)、洗消设备(包括喷雾洒水车辆)及洗消物资,并建立洗消物资供应企业的供应情况和通讯名录,保障对泄漏物的及时围堵、收容和清消和妥善处置。

5. 现场恢复

现场恢复也可称为紧急恢复，是指事故被控制住后所进行的短期恢复，从应急过程来说意味着应急救援工作的结束，进入到另一个工作阶段，即将现场恢复到一个基本稳定的状态。大量的经验教训表明，在现场恢复的过程中往往仍存在潜在的危险，如余烬复燃、受损建筑倒塌等，所以应充分考虑现场恢复过程中可能的危险。在现场恢复中也应当为长期恢复提供指导和建议。该部分主要内容应包括：宣布应急结束的程序，撤点、撤离和交接程序，恢复正常状态的程序，现场清理和受影响区域的连续检测，事故调查与后果评价等。

6. 预案管理与评审改进

应急预案是应急救援工作的指导文件，同时又具有法规权威性。应当对预案的制定、修改、更新、批准和发布作出明确的管理规定，并保证定期或在应急演习、应急救援后对应急预案进行评审，针对城市实际情况的变化以及预案中所暴露出的缺陷，不断地更新、完善和改进应急预案文件体系。

关键概念

重大危险源　　　　重大危险源辨识　　　　应急救援　　　　应急预案
应急管理四个阶段　　应急预案核心要素　　　　应急预案编制程序

问题与问答

1. 重大危险源的危险等级是如何划分的？
2. 假如你负责重大危险源登记，具体应做哪些工作，实践中你是如何做的？
3. 事故应急管理的过程是怎样的？你认为现在应急管理体系在实践中存在哪些问题，应如何解决？
4. 编制一份市的应急救援预案，你觉得应该是一个什么样的联动体系？你如何协调各个单位进行编制？站在安监局的具体工作角度，应如何逐步开展？
5. 重大事故应急预案核心要素有哪些？

第六章

事故调查与处理

本章主要内容：
- ◆ 介绍伤亡事故分类标准
- ◆ 介绍伤亡事故的报告、调查与处理
- ◆ 介绍伤亡事故责任追究制度
- ◆ 介绍事故统计方法
- ◆ 介绍工伤保险与赔付
- ◆ 介绍有关消防、民航、铁路、内河、海上、道路交通事故调查与处理的法律、法规和部门规章

学习要求：
- ◆ 熟练掌握我国有关伤亡事故报告、调查、处理与结案的法规和部门规章
- ◆ 掌握有关伤亡事故统计分析和相关指标的计算方法
- ◆ 掌握伤亡事故调查处理的方法
- ◆ 熟练掌握我国伤亡事故责任追究制度
- ◆ 了解有关伤亡事故补偿、赔偿方面的法规和部门规章
- ◆ 了解有关消防、民航、铁路、内河、海上、道路交通事故调查与处理的法律、法规和部门规章

我国安全生产事故是由工矿企业伤亡事故演变而来的。自 20 世纪 50 年代以来，国家围绕工矿企业伤亡事故的管理制定了一系列的法规和标准，建立了工矿企业伤亡事故报告制度和事故调查方法。我国事故调查处理按照属地管理、分级负责的原则。

第一节 事故分类

事故按照不同的角度可分为不同的类别，而这些事故类别则分别从不同方面描述了事故的不同特点。如按管理要求的分类法，有加害物分类法、事故程度分类法、损失工日分

类法、伤害程度与部位分类法等；按预防需要的分类法，有致因物分类法、原因体系分类法、时间规律分类法、空间特征分类法等。在安全生产管理和监管过程中，主要把事故按其造成的后果分为人身伤亡事故和非人身伤亡事故；按事故发生的原因分为责任事故和非责任事故。

我国对伤亡事故分类总的原则是：适合国情，统一口径，提高可比性，有利于科学分析和积累资料，有利于安全生产的科学管理。根据我国有关劳动保护法规和标准，目前应用比较广泛的事故分类主要有以下几种。

一、按伤害程度分类

（一）总体分类

《生产安全事故报告和调查处理条例》已经于2007年3月28日国务院第172次常务会议通过，现予公布，自2007年6月1日起施行。随后在2007年7月3日国家安全生产监督管理总局局长办公会议审议通过《〈生产安全事故报告和调查处理条例〉罚款处罚暂行规定》，自2007年7月12日公布实施。

根据生产安全事故（以下简称事故）造成的人员伤亡或者直接经济损失，事故一般分为以下等级：

（1）特别重大事故，是指造成30人以上死亡，或者100人以上重伤（包括急性工业中毒，下同），或者1亿元以上直接经济损失的事故；

（2）重大事故，是指造成10人以上30人以下死亡，或者50人以上100人以下重伤，或者5000万元以上1亿元以下直接经济损失的事故；

（3）较大事故，是指造成3人以上10人以下死亡，或者10人以上50人以下重伤，或者1000万元以上5000万元以下直接经济损失的事故；

（4）一般事故，是指造成3人以下死亡，或者10人以下重伤，或者1000万元以下直接经济损失的事故。

（二）部分行业进行详细分类

1. 铁路交通事故

2007年6月27日国务院第182次常务会议通过《铁路交通事故应急救援和调查处理条例》，自2007年9月1日起施行。对于铁路交通事故进行了详细分类。

第八条 根据事故造成的人员伤亡、直接经济损失、列车脱轨辆数、中断铁路行车时间等情形，事故等级分为特别重大事故、重大事故、较大事故和一般事故。

第九条 有下列情形之一的，为特别重大事故：

（一）造成30人以上死亡，或者100人以上重伤（包括急性工业中毒，下同），或者1亿元以上直接经济损失的；

（二）繁忙干线客运列车脱轨18辆以上并中断铁路行车48小时以上的；

（三）繁忙干线货运列车脱轨60辆以上并中断铁路行车48小时以上的。

第十条 有下列情形之一的,为重大事故:
(一) 造成10人以上30人以下死亡,或者50人以上100人以下重伤,或者5000万元以上1亿元以下直接经济损失的;
(二) 客运列车脱轨18辆以上的;
(三) 货运列车脱轨60辆以上的;
(四) 客运列车脱轨2辆以上18辆以下,并中断繁忙干线铁路行车24小时以上或者中断其他线路铁路行车48小时以上的;
(五) 货运列车脱轨6辆以上60辆以下,并中断繁忙干线铁路行车24小时以上或者中断其他线路铁路行车48小时以上的。

第十一条 有下列情形之一的,为较大事故:
(一) 造成3人以上10人以下死亡,或者10人以上50人以下重伤,或者1000万元以上5000万元以下直接经济损失的;
(二) 客运列车脱轨2辆以上18辆以下的;
(三) 货运列车脱轨6辆以上60辆以下的;
(四) 中断繁忙干线铁路行车6小时以上的;
(五) 中断其他线路铁路行车10小时以上的。

第十二条 造成3人以下死亡,或者10人以下重伤,或者1000万元以下直接经济损失的,为一般事故。
除前款规定外,国务院铁路主管部门可以对一般事故的其他情形作出补充规定。

第十三条 本章所称的"以上"包括本数,所称的"以下"不包括本数。

2. 特种设备事故

2009年1月14日国务院第46次常务会议通过《国务院关于修改〈特种设备安全监察条例〉的决定》,2009年5月1日起施行。其中对特种设备事故进行了详细的规定。

第六十一条 有下列情形之一的,为特别重大事故:
(一) 特种设备事故造成30人以上死亡,或者100人以上重伤(包括急性工业中毒,下同),或者1亿元以上直接经济损失的;
(二) 600兆瓦以上锅炉爆炸的;
(三) 压力容器、压力管道有毒介质泄漏,造成15万人以上转移的;
(四) 客运索道、大型游乐设施高空滞留100人以上并且时间在48小时以上的。

第六十二条 有下列情形之一的,为重大事故:
(一) 特种设备事故造成10人以上30人以下死亡,或者50人以上100人以下重伤,或者5000万元以上1亿元以下直接经济损失的;
(二) 600兆瓦以上锅炉因安全故障中断运行240小时以上的;
(三) 压力容器、压力管道有毒介质泄漏,造成5万人以上15万人以下转移的;
(四) 客运索道、大型游乐设施高空滞留100人以上并且时间在24小时以上48小时以下的。

第六十三条 有下列情形之一的,为较大事故:
(一)特种设备事故造成3人以上10人以下死亡,或者10人以上50人以下重伤,或者1000万元以上5000万元以下直接经济损失的;
(二)锅炉、压力容器、压力管道爆炸的;
(三)压力容器、压力管道有毒介质泄漏,造成1万人以上5万人以下转移的;
(四)起重机械整体倾覆的;
(五)客运索道、大型游乐设施高空滞留人员12小时以上的。

第六十四条 有下列情形之一的,为一般事故:
(一)特种设备事故造成3人以下死亡,或者10人以下重伤,或者1万元以上1000万元以下直接经济损失的;
(二)压力容器、压力管道有毒介质泄漏,造成500人以上1万人以下转移的;
(三)电梯轿厢滞留人员2小时以上的;
(四)起重机械主要受力结构件折断或者起升机构坠落的;
(五)客运索道高空滞留人员3.5小时以上12小时以下的;
(六)大型游乐设施高空滞留人员1小时以上12小时以下的。

除前款规定外,国务院特种设备安全监督管理部门可以对一般事故的其他情形做出补充规定。

二、按事故类别分类

国标 GB 6441—86《企业职工伤亡事故分类标准》中,将事故类别划分为20类。这一分类方法同20世纪50年代制定的分类标准相比有所改进。具体分类如下:

(1) 物体打击,指失控物体的惯性力造成的人身伤害事故。如落物、滚石、锤击、碎裂、崩块、砸伤等造成的伤害,不包括爆炸而引起的物体打击。

(2) 车辆伤害,指本企业机动车辆引起的机械伤害事故。如机动车辆在行驶中的挤、压、撞车或倾覆等事故,在行驶中上下车、搭乘矿车或放飞车所引起的事故,以及车辆运输挂钩、跑车事故。

(3) 机械伤害,指机械设备与工具引起的绞、辗、碰、割、戳、切等伤害。如工件或刀具飞出伤人,切屑伤人,手或身体被卷入,手或其他部位被刀具碰伤,被转动的机构缠压住等。但属于车辆、起重设备的情况除外。

(4) 起重伤害,指从事起重作业时引起的机械伤害事故。包括各种起重作业引起的机械伤害,但不包括:触电,检修时制动失灵引起的伤害,上下驾驶室时引起的坠落式跌倒。

(5) 触电,指电流流经人体,造成生理伤害的事故。如人体接触带电的设备金属外壳或裸露的临时线,漏电的手持电动手工工具;起重设备误触高压线或感应带电;雷击伤害;触电坠落等。

(6) 淹溺,指因大量水经口、鼻进入肺内,造成呼吸道阻塞,发生急性缺氧而窒息死亡的事故。适用于船舶、排筏、设施在航行、停泊、作业时发生的落水事故。

（7）灼烫，指强酸、强碱溅到身体引起的灼伤，或因火焰引起的烧伤，高温物体引起的烫伤，放射线引起的皮肤损伤等事故。适用于烧伤、烫伤、化学灼伤、放射性皮肤损伤等伤害。不包括电烧伤以及火灾事故引起的烧伤。

（8）火灾，指造成人身伤亡的企业火灾事故。不适用于非企业原因造成的火灾，比如，居民火灾蔓延到企业。此类事故属于消防部门统计的事故。

（9）高处坠落，指出于危险重力势能差引起的伤害事故。适用于脚手架、平台、陡壁施工等高于地面的坠落，也适用于山地面踏空失足坠入洞、坑、沟、升降口、漏斗等情况。但排除以其他类别为诱发条件的坠落。如高处作业时，因触电失足坠落应定为触电事故，不能按高处坠落划分。

（10）坍塌，指建/构筑物、堆置物等的倒塌以及土石塌方引起的事故。适用于因设计或施工不合理而造成的倒塌，以及土方、岩石发生的塌陷事故。如建筑物倒塌，脚手架倒塌，挖掘沟、坑、洞时土石的塌方等情况。不适用于矿山冒顶片帮事故，或因爆炸、爆破引起的坍塌事故。

（11）冒顶片帮，指矿井工作面、巷道侧壁由于支护不当、压力过大造成的坍塌，称为片帮；顶板垮落为冒顶。二者常同时发生，简称为冒顶片帮。适用于矿山、地下开采、掘进及其他坑道作业发生的坍塌事故。

（12）透水，指矿山、地下开采或其他坑道作业时，意外水源带来的伤亡事故。适用于井巷与含水岩层、地下含水带、溶洞或与被淹巷道、地面水域相通时，涌水成灾的事故。不适用于地面水害事故。

（13）放炮，指施工时，放炮作业造成的伤亡事故。适用于各种爆破作业。如采石、采矿、采煤、开山、修路、拆除建筑物等工程进行的放炮作业引起的伤亡事故。

（14）瓦斯爆炸，是指可燃性气体瓦斯、煤尘与空气混合形成了达到燃烧极限的混合物，接触火源时，引起的化学性爆炸事故。主要适用于煤矿，同时也适用于空气不流通，瓦斯、煤尘积聚的场合。

（15）火药爆炸，指火药与炸药在生产、运输、储藏的过程中发生的爆炸事故。适用于火药与炸药生产在配料、运输、储藏、加工过程中，由于振动、明火、摩擦、静电作用，或因炸药的热分解作用，储藏时间过长或因存药过多发生的化学性爆炸事故，以及熔炼金属时，废料处理不净，残存火药或炸药引起的爆炸事故。

（16）锅炉爆炸，指锅炉发生的物理性爆炸事故。适用于使用工作压力大于 0.07 MPa、以水为介质的蒸汽锅炉（以下简称锅炉），但不适用于铁路机车、船舶上的锅炉以及列车电站和船舶电站的锅炉。

（17）容器爆炸。容器（压力容器的简称）是指比较容易发生事故，且事故危害性较大的承受压力载荷的密闭装置。容器爆炸是压力容器破裂引起的气体爆炸，即物理性爆炸，包括容器内盛装的可燃性液化气在容器破裂后，立即蒸发，与周围的空气混合形成爆炸性气体混合物，遇到火源时产生的化学爆炸，也称容器的二次爆炸。

(18) 其他爆炸。凡不属于上述爆炸的事故均列为其他爆炸事故,如:

①可燃性气体如煤气、乙炔等与空气混合形成的爆炸;

②可燃蒸气与空气混合形成的爆炸性气体混合物,如汽油挥发气,引起的爆炸;

③可燃性粉尘以及可燃性纤维与空气混合形成的爆炸性气体混合物引起的爆炸;

④间接形成的可燃气体与空气相混合,或者可燃蒸气与空气相混合(如可燃固体、自燃物品,当其受热、水、氧化剂的作用迅速反应,分解出可燃气体或蒸气与空气混合形成爆炸性气体),遇火源爆炸的事故。

⑤炉膛爆炸,钢水包、亚麻粉尘的爆炸,都属于上述爆炸方面的,亦均属于其他爆炸。

(19) 中毒和窒息,指人接触有毒物质,如误吃有毒食物或呼吸有毒气体引起的人体急性中毒事故;在废弃的坑道、暗井、涵洞、地下管道等不通风的地方工作,因为氧气缺乏,有时会发生突然晕倒,甚至死亡的事故称为窒息。两种现象合为一体、称为中毒和窒息事故。不适用于病理变化导致的中毒和窒息的事故,也不适用于慢性中毒的职业病导致的死亡事故。

(20) 其他伤害。凡不属于上述伤害的事故均称为其他伤害,如扭伤、跌伤、冻伤、野兽咬伤、钉子扎伤等。

三、按受伤性质分类

受伤性质是指人体受伤的类型。实际上这是从医学的角度给予创伤的具体名称,常见的有如下伤害:

(1) 电伤,指由于电流流经人体,电能的作用所造成的人体生理伤害。包括引起皮肤组织的烧伤。

(2) 挫伤,指由于挤压、摔倒及硬性物体打击,致使皮肤、肌肉肌腱等软组织损伤。常见有颈部挫伤和手指挫伤。严重者可导致休克、昏迷。

(3) 割伤,指由于刃具、玻璃片等带刃的物体或器具割破皮肤肌肉引起的创伤。严重时可导致大出血,危及生命。

(4) 擦伤,指由于外力摩擦,使皮肤破损而形成的创伤。

(5) 刺伤,指由尖锐物刺破皮肤肌肉而形成的创伤。其特点是伤口小但深,严重时,可伤及内脏器官,导致生命危险。

(6) 撕脱伤,指因机器的辗轧或纹轧,或炸药的爆炸使人体的部分皮肤肌肉由于外力牵拽造成大片撕脱而形成的创伤。

(7) 扭伤,指关节在外力作用下,超过了正常活动范围,致使关节周围的筋受伤害而形成的创伤。

(8) 倒塌压埋伤,指在冒顶、塌方、倒塌事故中,泥土、沙石将人全部埋住,因缺氧引起窒息而导致的死亡或因局部被挤压时间过长而引起肢体麻木或血管、内脏破裂等一系列症状的伤害。

（9）冲击伤，指在冲击波超压或负压作用下，人体所产生的原发件操作。其特点是多部位、多脏器伤损，体表伤害较轻而内脏损伤较重，死亡迅速，救治较难。

第二节　事故报告、调查与处理

一、《生产安全事故报告和调查处理条例》事故报告的规定

第九条　事故发生后，事故现场有关人员应当立即向本单位负责人报告；单位负责人接到报告后，应当于1小时内向事故发生地县级以上人民政府安全生产监督管理部门和负有安全生产监督管理职责的有关部门报告。

情况紧急时，事故现场有关人员可以直接向事故发生地县级以上人民政府安全生产监督管理部门和负有安全生产监督管理职责的有关部门报告。

第十条　安全生产监督管理部门和负有安全生产监督管理职责的有关部门接到事故报告后，应当依照下列规定上报事故情况，并通知公安机关、劳动保障行政部门、工会和人民检察院：

（一）特别重大事故、重大事故逐级上报至国务院安全生产监督管理部门和负有安全生产监督管理职责的有关部门；

（二）较大事故逐级上报至省、自治区、直辖市人民政府安全生产监督管理部门和负有安全生产监督管理职责的有关部门；

（三）一般事故上报至设区的市级人民政府安全生产监督管理部门和负有安全生产监督管理职责的有关部门。

安全生产监督管理部门和负有安全生产监督管理职责的有关部门依照前款规定上报事故情况，应当同时报告本级人民政府。国务院安全生产监督管理部门和负有安全生产监督管理职责的有关部门以及省级人民政府接到发生特别重大事故、重大事故的报告后，应当立即报告国务院。

必要时，安全生产监督管理部门和负有安全生产监督管理职责的有关部门可以越级上报事故情况。

第十一条　安全生产监督管理部门和负有安全生产监督管理职责的有关部门逐级上报事故情况，每级上报的时间不得超过2小时。

第十二条　报告事故应当包括下列内容：

（一）事故发生单位概况；

（二）事故发生的时间、地点以及事故现场情况；

（三）事故的简要经过；

（四）事故已经造成或者可能造成的伤亡人数（包括下落不明的人数）和初步估计的直接经济损失；

（五）已经采取的措施；

（六）其他应当报告的情况。

第十三条 事故报告后出现新情况的，应当及时补报。

自事故发生之日起30日内，事故造成的伤亡人数发生变化的，应当及时补报。道路交通事故、火灾事故自发生之日起7日内，事故造成的伤亡人数发生变化的，应当及时补报。

第十四条 事故发生单位负责人接到事故报告后，应当立即启动事故相应应急预案，或者采取有效措施，组织抢救，防止事故扩大，减少人员伤亡和财产损失。

第十五条 事故发生地有关地方人民政府、安全生产监督管理部门和负有安全生产监督管理职责的有关部门接到事故报告后，其负责人应当立即赶赴事故现场，组织事故救援。

第十六条 事故发生后，有关单位和人员应当妥善保护事故现场以及相关证据，任何单位和个人不得破坏事故现场、毁灭相关证据。

因抢救人员、防止事故扩大以及疏通交通等原因，需要移动事故现场物件的，应当做出标志，绘制现场简图并做出书面记录，妥善保存现场重要痕迹、物证。

第十七条 事故发生地公安机关根据事故的情况，对涉嫌犯罪的，应当依法立案侦查，采取强制措施和侦查措施。犯罪嫌疑人逃匿的，公安机关应当迅速追捕归案。

第十八条 安全生产监督管理部门和负有安全生产监督管理职责的有关部门应当建立值班制度，并向社会公布值班电话，受理事故报告和举报。

二、事故调查

（一）《生产安全事故报告和调查处理条例》事故调查的规定

第十九条 特别重大事故由国务院或者国务院授权有关部门组织事故调查组进行调查。

重大事故、较大事故、一般事故分别由事故发生地省级人民政府、设区的市级人民政府、县级人民政府负责调查。省级人民政府、设区的市级人民政府、县级人民政府可以直接组织事故调查组进行调查，也可以授权或者委托有关部门组织事故调查组进行调查。

未造成人员伤亡的一般事故，县级人民政府也可以委托事故发生单位组织事故调查组进行调查。

第二十条 上级人民政府认为必要时，可以调查由下级人民政府负责调查的事故。

自事故发生之日起30日内（道路交通事故、火灾事故自发生之日起7日内），因事故伤亡人数变化导致事故等级发生变化，依照本条例规定应当由上级人民政府负责调查的，上级人民政府可以另行组织事故调查组进行调查。

第二十一条 特别重大事故以下等级事故，事故发生地与事故发生单位不在同一个县级以上行政区域的，由事故发生地人民政府负责调查，事故发生单位所在地人民政府应当派人参加。

第二十二条 事故调查组的组成应当遵循精简、效能的原则。

根据事故的具体情况，事故调查组由有关人民政府、安全生产监督管理部门、负有安全生产监督管理职责的有关部门、监察机关、公安机关以及工会派人组成，并应当邀请人民检察院派人参加。

事故调查组可以聘请有关专家参与调查。

第二十三条 事故调查组成员应当具有事故调查所需要的知识和专长，并与所调查的事故没有直接利害关系。

第二十四条 事故调查组组长由负责事故调查的人民政府指定。事故调查组组长主持事故调查组的工作。

第二十五条 事故调查组履行下列职责：

（一）查明事故发生的经过、原因、人员伤亡情况及直接经济损失；

（二）认定事故的性质和事故责任；

（三）提出对事故责任者的处理建议；

（四）总结事故教训，提出防范和整改措施；

（五）提交事故调查报告。

第二十六条 事故调查组有权向有关单位和个人了解与事故有关的情况，并要求其提供相关文件、资料，有关单位和个人不得拒绝。

事故发生单位的负责人和有关人员在事故调查期间不得擅离职守，并应当随时接受事故调查组的询问，如实提供有关情况。

事故调查中发现涉嫌犯罪的，事故调查组应当及时将有关材料或者其复印件移交司法机关处理。

第二十七条 事故调查中需要进行技术鉴定的，事故调查组应当委托具有国家规定资质的单位进行技术鉴定。必要时，事故调查组可以直接组织专家进行技术鉴定。技术鉴定所需时间不计入事故调查期限。

第二十八条 事故调查组成员在事故调查工作中应当诚信公正、恪尽职守，遵守事故调查组的纪律，保守事故调查的秘密。

未经事故调查组组长允许，事故调查组成员不得擅自发布有关事故的信息。

第二十九条 事故调查组应当自事故发生之日起 60 日内提交事故调查报告；特殊情况下，经负责事故调查的人民政府批准，提交事故调查报告的期限可以适当延长，但延长的期限最长不超过 60 日。

第三十条 事故调查报告应当包括下列内容：

（一）事故发生单位概况；

（二）事故发生经过和事故救援情况；

（三）事故造成的人员伤亡和直接经济损失；

（四）事故发生的原因和事故性质；

（五）事故责任的认定以及对事故责任者的处理建议；

(六) 事故防范和整改措施。

事故调查报告应当附具有关证据材料。事故调查组成员应当在事故调查报告上签名。

第三十一条 事故调查报告报送负责事故调查的人民政府后,事故调查工作即告结束。事故调查的有关资料应当归档保存。

(二) 事故调查的取证

事故发生后,在进行事故调查的过程中,事故调查取证是完成事故调查过程中非常重要的一个环节,这在《企业职工伤亡事故调查分析规则》中作出了明确的规定,主要有以下几个方面。

1. 现场处理

(1) 事故发生后,应救护受伤害者,采取措施制止事故蔓延扩大。

(2) 认真保护事故现场,凡与事故有关的物体、痕迹、状态,不得破坏。

(3) 为抢救受伤害者需要移动现场某些物体时,必须做好现场标志。

2. 物证搜集

◆ 现场物证包括:破损部件、碎片、残留物、致害物等。

◆ 在现场搜集到的所有物件均应贴上标签,注明地点、时间、管理者。

◆ 所有物件应保持原样,不准冲洗擦拭。

◆ 对健康有危害的物品,应采取不损坏原始证据的安全防护措施。

3. 事故事实材料的搜集

(1) 与事故鉴别、记录有关的材料

◆ 发生事故的单位、地点、时间;

◆ 受害人和肇事者的姓名、性别、年龄、文化程度、职业、技术等级、工龄、本工种工龄、支付工资的形式;

◆ 受害人和肇事者的技术状况,接受安全教育情况;

◆ 出事当天,受害人和肇事者时间开始工作时间、工作内容、工作量、作业程序、操作时的动作(或位置);

◆ 受害人和肇事者过去的事故记录。

(2) 事故发生的有关事实

◆ 事故发生前设备、设施等的性能和质量状况;

◆ 使用的材料,必要时进行物理性能或化学性能实验与分析;

◆ 有关设计和工艺方面的技术文件、工作指令和规章制度方面的资料及执行情况;

◆ 关于工作环境方面的状况。包括照明、湿度、温度、通风、声响、色彩度、道路、工作面状况及工作环境中的有毒、有害物质取样分析记录;

◆ 个人防护措施状况,应注意其有效性、质量、使用范围;

◆ 出事前受害人或肇事者的健康状况;

◆ 其他可能与事故致因有关的细节或因素。

4．证人材料搜集

事故发生后，要尽快找被调查者搜集材料，对证人的口述材料，应认真考证其真实程度。

5．现场摄影及绘图

◆ 显示残骸和受害者原始存息地的所有照片。

◆ 可能被清除或被践踏的痕迹，如刹车痕迹、地面和建筑物的伤痕、火灾引起损害的照片、冒顶下落物的空间等。

◆ 事故现场全貌。

◆ 利用摄影或拍照，提供较完善的信息内容。

◆ 必要时，绘出事故现场示意图、流程图、受害者位置图等。

（三）事故调查的主要工作方法

一般根据事故情况可设立事故调查领导小组，分设事故抢救组（或称指挥部）、综合组、技术分析组、管理调查组、善后处理组等。

1．事故抢救组

主要负责事故紧急抢险和救援工作，遏制事故蔓延，防止事故扩大，减轻事故灾害，迅速救助伤员。

2．综合组

主要负责信息报送、协调内务、对外联络、宣传报道汇总材料、写出事故调查报告。

3．技术分析组

收集现场资料、物证，对事故现场技术状况分析，为事故抢救组提供决策支持，并对事故的技术原因进行分析，写出技术调查报告。

4．管理调查组

主要负责调查生产经营单位在安全生产管理、制度、培训等方面存在的问题，并负责提出对责任人的处理建议，写出管理组调查报告。

5．善后处理组

负责遇难家属的接待和安抚工作，工作原则是"统一政策，分散安排，分块负责，热情接待，耐心工作"。

这里工作难度最大的是技术分析组和管理调查组。技术分析组的工作涉及对事故的分析是否准确，能够经得起历史考验的问题。在对一些复杂事故的分析中，特别是在争议比较大的情况下，可能还要通过试验或模拟分析的方法进行论证。管理调查组的工作涉及生产经营单位在安全生产法律法规执行、制度落实等方面存在的问题，直接涉及有关责任人员的处理，往往影响事故结案的时间。

在开展事故调查工作中，关键是要重证据，重第一手材料，《企业职工伤亡事故调查分析规则》对此作出了专门规定。因此，调查组开展工作时，应首先要查看事故现场，封存有关技术档案和记录，找当事人谈话做好笔录，根据需要复印有关材料，针对不同情况，对照有关法律法规，查找在制度建设、管理工作、生产技术和工艺上等存在的问题，举一反三，反过来查找安全生产监督管理工作方面存在的问题，弥补缺陷，调整和完善国家有关法律法规，改进工作方法，强化监督管理，杜绝同类事故的发生。

如何衡量事故调查组的工作，关键是看调查报告的质量，即事故原因分析的是否准确，责任人的处理是否适当，事故教训总结是否到位，防范措施是否有针对性，真正起到"四不放过"的作用。

（四）事故调查常用的技术方法

事故调查常用的技术方法有故障树分析方法、故障类型和影响分析方法和变更分析方法。故障树分析方法、故障类型和影响分析方法，第四章第四节已经介绍过，这里只介绍变更分析方法。

从变更分析方法的名字就可以看出，该技术方法重点在于变更。为了完成事故调查，查找原因，调查人员必须寻找与标准、规范相背离的东西。调查有关预期变更所导致的所有问题。对每一项变更进行分析，以便确定其发生的原因。这种技术方法应遵循以下步骤：

(1) 确定问题，即发生了什么。
(2) 确立相关标准、规范。
(3) 辨明发生什么变更、变更的位置以及对变更的描述，即发生什么变更、在哪儿发生的变更、什么时间发生的以及变更的程度如何。
(4) 影响变更的因素具体化的描述和不影响变更的因素描述。
(5) 辨明变更的特点、特征及具体情况。
(6) 对发生变更的可能原因作一详细的列表。
(7) 从中选择最可能的变更原因。
(8) 找出相关变更带来的危险因素的防范措施。

三、事故处理

（一）事故调查处理原则

◆ 坚持分级管辖原则
◆ 坚持实事求是、尊重科学的原则
◆ 坚持公正、公开、及时通报的原则
◆ 坚持"四不放过"的原则

（二）《生产安全事故报告和调查处理条例》关于事故处理的规定

第三十二条 重大事故、较大事故、一般事故，负责事故调查的人民政府应当自收到事故调查报告之日起 15 日内做出批复；特别重大事故，30 日内做出批复，特殊情况下，批复时间可以适当延长，但延长的时间最长不超过 30 日。

有关机关应当按照人民政府的批复，依照法律、行政法规规定的权限和程序，对事故发生单位和有关人员进行行政处罚，对负有事故责任的国家工作人员进行处分。

事故发生单位应当按照负责事故调查的人民政府的批复，对本单位负有事故责任的人员进行处理。

负有事故责任的人员涉嫌犯罪的，依法追究刑事责任。

第三十三条　事故发生单位应当认真吸取事故教训，落实防范和整改措施，防止事故再次发生。防范和整改措施的落实情况应当接受工会和职工的监督。

安全生产监督管理部门和负有安全生产监督管理职责的有关部门应当对事故发生单位落实防范和整改措施的情况进行监督检查。

第三十四条　事故处理的情况由负责事故调查的人民政府或者其授权的有关部门、机构向社会公布，依法应当保密的除外。

第三节　安全生产责任追究

安全生产责任追究是指因安全生产责任者未履行安全生产有关的法定责任，根据其行为的性质和后果的严重性，追究其行政、民事或者刑事责任的一种制度。

一、安全生产责任追究相关法律（见表 6-1）

表 6-1　安全生产责任追究相关法律

时间	法律名称
1997-3-14	《刑法》安全生产相关法律
2001-04-21	国务院关于特大安全事故行政责任追究的规定
2002-11-11	安全生产法
2008-1-1	安全生产违法行为行政处罚办法
2006-6-29	刑法修正案（六）
2006-9-26	安全生产领域违法违纪行为政纪处分暂行规定
2007-2-28	最高人民法院、最高人民检察院关于办理危害矿山生产安全刑事案件具体应用法律若干问题的解释
2007-4-9	生产安全事故报告和调查处理条例
2007-7-12	《生产安全事故报告和调查处理条例》罚款处罚暂行规定
2007-9-14	重特大生产安全事故责任追究沟通协调工作部际联席会议制度
2007-10-8	安全生产领域违纪行为适用《中国共产党纪律处分条例》若干问题的解释
2009-10-1	安全生产监管监察职责和行政执法责任追究的暂行规定

二、行政责任

行政责任是指因违反行政法或行政法规定而应承担的法律责任。

（一）行政处分

根据《中华人民共和国公务员法》第五十六条规定，对公务员的处分分为：警告、记过、记大过、降级、撤职、开除六种。

（二）行政处罚

根据《行政处罚法》和其他法律、法规的规定，我国的行政处罚可以分为以下几种：

1. 人身罚

人身罚也称自由罚，是指特定行政主体限制和剥夺违法行为人的人身自由的行政处罚。这是最严厉的行政处罚。人身罚主要是指行政拘留和劳动教养。

（1）行政拘留。也称治安拘留，是特定的行政主体依法对违反行政法律规范的公民，在短期内剥夺或限制其人身自由的行政处罚。

（2）劳动教养。是指行政机关对违法或有轻微犯罪行为，尚不够刑事处罚且又具有劳动能力的人所实施的一种处罚改造措施。

2. 行为罚

行为罚又称能力罚，是指行政主体限制或剥夺违法行为人特定的行为能力的制裁形式。它是仅次于人身罚的一种较为严厉的行政处罚措施。包括：

（1）责令停产、停业。这是行政主体对从事生产经营者所实施的违法行为而给予的行政处罚措施。它直接剥夺生产经营者进行生产经营活动的权利。只适用于违法行为严重的行政相对方。

（2）暂扣或者吊销许可证和营业执照。这是指行政主体依法收回或暂时扣留违法者已经获得的从事某种活动的权利或资格的证书。目的在于取消或暂时中止被处罚人的一定资格，剥夺或限制某种特许的权利。

3. 财产罚

财产罚是指行政主体依法对违法行为人给予的剥夺财产权的处罚形式。它是运用最广泛的一种行政处罚。

（1）罚款。指行政主体强制违法者承担一定金钱给付义务，要求违法者在一定期限内交纳一定数量货币的处罚。

（2）没收财物（没收违法所得、没收非法财物等）。是指行政主体依法将违法行为人的部分或全部违法所得、非法财物包括违禁品或实施违法行为的工具收归国有的处罚方式。

4. 申诫罚

申诫罚又称精神罚、声誉罚，是指行政主体对违反行政法律规范的公民、法人或其他组织的谴责和警戒。它是对违法者的名誉、荣誉、信誉或精神上的利益造成一定损害的处罚方式。包括：

(1) 警告。指行政主体对违法者提出告诫或谴责。

(2) 通报批评。是对违法者在荣誉上或信誉上的惩戒措施。通报批评必须以书面形式作出，并在一定范围内公开。

（三）安全生产责任的行政处分规定

安全生产责任的行政处分主要是对职务性过错的制裁，它包括不作为失职处分和作为失职处分。《国务院关于特大安全事故行政责任追究的规定》（国务院302号令）对各种不作为失职行为和作为违法、违纪行为的处分都作了明确规定；《安全生产法》第六章对安全生产监督管理人员的行政法律责任有明确的规定，《安全生产领域违法违纪行为政纪处分暂行规定》、《安全生产监管监察职责和行政执法责任追究的暂行规定》等法律对于行政执法的责任也进行了准确的界定。

（四）安全生产责任的行政处罚规定

在《安全生产法》、《国务院关于特大安全事故行政责任追究的规定》、《安全生产违法行为行政处罚办法》、《消防法》、《矿山安全法》、《建筑法》、《环境保护法》、《治安管理条例》等法律、法规中，对违反安全规定或因违法行为造成事故的责任人（公民、法人或其他组织）的行政处罚，都有具体规定。

三、刑事责任

刑事责任是指行为人因犯罪行为而应承受的，由司法机关代表国家所确定的否定性法律后果。由于刑事违法的违法性质最为严重，故刑事责任也最为严厉。在我国，认定和追究刑事责任的主体只能是国家审判机关即各级人民法院；承担刑事责任的主体只能是刑事违法者本人。

根据《刑法》中的规定，与安全生产有关的犯罪主要有危害公共安全罪，渎职罪，生产、销售伪劣商品罪和重大环境污染事故罪。其中危害公共安全罪是一类社会危害性非常严重的犯罪，是《刑法》分则规定的犯罪中除危害国家安全罪外，客观危险性最大的一类犯罪。罪名包括重大飞行事故罪、铁路运营安全事故罪、交通肇事罪、重大责任事故罪、重大劳动安全事故罪、危险物品肇事罪、工程重大安全事故罪、教育设施重大安全事故罪、消防责任事故罪。

在《安全生产法》中，追究刑事责任具体规定为：

第八十七条 负有安全生产监督管理职责的部门的工作人员不依法履行审批和监督管理职责的犯罪及刑事处罚。主要依据《刑法》第三百九十七条的规定追究刑事责任。具体的是对直接责任人员，处三年以下有期徒刑或者拘役；情节特别恶劣的，处三年以上七年以下有期徒刑。

第八十九条 承担安全评价、认证、检测、检验工作的机构出具虚假证明的犯罪及刑事处罚。主要依据《刑法》第二百二十九条的规定追究刑事责任。具体的是对直接责任人员，处五年以下有期徒刑或者拘役；由于严重不负责任，出具的证明文件有重大失实，造成严重后果的,处三年以下有期徒刑或者拘役。

第九十条 生产经营单位的决策机构、主要负责人、个人经营的投资人不依照本法规定保证安全生产所必需的资金投入,致使生产经营单位不具备安全生产条件的犯罪及刑事处罚。主要依据《刑法》第一百三十五条的规定追究刑事责任。具体的是对直接责任人员,处三年以下有期徒刑或者拘役;情节特别恶劣的,处三年以上七年以下有期徒刑。

第九十一条 生产经营单位的主要负责人未履行本法规定的安全生产管理职责的犯罪及刑事处罚。主要依据《刑法》第一百三十五条的规定追究刑事责任。具体的是对直接责任人员,处三年以下有期徒刑或者拘役;情节特别恶劣的,处三年以上七年以下有期徒刑。

第九十三条 生产经营单位的安全生产管理人员未履行本法规定的安全生产管理职责,构成犯罪的,依照刑法有关规定追究刑事责任。

第九十五和九十六条 违反《安全生产法》关于生产经营单位的安全生产保障的犯罪及刑事处罚。主要依据《刑法》第一百三十五条的规定追究刑事责任。具体的是对直接责任人员,处三年以下有期徒刑或者拘役;情节特别恶劣的,处三年以上七年以下有期徒刑。

第九十七条 未经依法批准,擅自生产、经营、储存危险物品的犯罪及刑事处罚。主要依据《刑法》第一百三十六条的规定追究刑事责任。具体的是对直接责任人员,处三年以下有期徒刑或者拘役;情节特别恶劣的,处三年以上七年以下有期徒刑。

第九十八条 生产经营单位违反有关危险物品管理的规定及进行危险作业未安排专门管理人员进行现场安全管理的犯罪及刑事处罚。主要依据《刑法》第一百三十六条的规定追究刑事责任。具体的是对直接责任人员,处三年以下有期徒刑或者拘役;情节特别恶劣的,处三年以上七年以下有期徒刑。

第一百零二条 生产经营单位生产、经营、储存、使用危险物品的车间、商店、仓库与员工宿舍不符合有关安全要求的犯罪及刑事处罚。主要依据《刑法》第一百三十六条和第一百三十九条的规定追究刑事责任。具体的是对直接责任人员,处三年以下有期徒刑或者拘役;情节特别恶劣的,处三年以上七年以下有期徒刑。

第一百零四条 生产经营单位的从业人员不服从管理,违反安全生产规章制度或者操作规程的犯罪和刑事处罚。主要依据《刑法》第一百三十四条的规定追究刑事责任。具体的是对直接责任人员,处三年以下有期徒刑或者拘役;情节特别恶劣的,处三年以上七年以下有期徒刑。

第一百零六条 生产经营单位主要负责人在本单位发生重大生产安全事故时,不立即组织抢救或者在事故调查处理期间擅离职守或者逃匿的以及对生产安全事故隐瞒不报、谎报或者拖延不报的犯罪及刑事处罚。主要依据《刑法》第一百六十八条的规定追究刑事责任。具体的是对直接责任人员,处三年以下有期徒刑或者拘役;致使国家利益遭受特别重大损失的,处三年以上七年以下有期徒刑。

第一百零七条 有关地方人民政府、负有安全生产监督管理职责的部门,对生产安全事故隐瞒不报、谎报或者拖延不报的所构成的犯罪及刑事处罚。主要依据《刑法》第三百九十七条的规定追究刑事责任。具体的是对直接责任人员,处三年以下有期徒刑或者拘役;情节特别恶劣的,处三年以上七年以下有期徒刑。

四、民事责任

民事责任是指行为人违反民事法律、违约或者由于民法规定所应承担的一种法律责任。民事责任主要表现为财产责任,是一种救济责任,用于救济当事人的权利,赔偿或补偿当事人的损失,多数可通过当事人协商解决。民事责任大体可分为违约民事责任和侵权民事责任两大类。

安全生产的民事责任主要是侵权民事责任,包括财产损失赔偿责任和人身伤害民事责任。在《安全生产法》中,有关民事责任的具体规定为:

第五十三条 因生产安全事故受到损害的从业人员,除依法享有工伤保险外,依照有关民事法律尚有获得赔偿的权利的,有权向本单位提出赔偿要求。

第八十九条 承担安全评价、认证、检测、检验工作的机构,出具虚假证明,给他人造成损害的,与生产经营单位承担连带赔偿责任。

第一百条 生产经营单位将生产经营项目、场所、设备发包或者出租给不具备安全生产条件或者相应资质的单位或者个人,导致发生生产安全事故给他人造成损害的,与承包方、承租方承担连带赔偿责任。

第一百一十一条 生产经营单位发生生产安全事故造成人员伤亡、他人财产损失的,应当依法承担赔偿责任;拒不承担或者其负责人逃匿的,由人民法院依法强制执行。

第四节 事故统计

事故统计是统计学在事故问题中的应用,即关于事故数据资料的收集、整理、分析和推断的科学方法。一般事故的发生是随机现象,因此,除了一般的统计方法外,在事故统计中,还经常应用数理统计的方法。

一、事故统计的基本任务

- ◆ 对每起事故进行统计调查,弄清事故发生的情况和原因;
- ◆ 对一定时间、一定范围内事故发生的情况进行测定;
- ◆ 根据大量统计资料,借助数理统计手段,对一定时间、一定范围内事故发生的情况、趋势以及事故参数的分布进行分析、归纳和推断。

二、事故统计的目的

事故统计的目的,是通过合理地收集与事故有关的资料、数据,应用科学的统计方法,对大量重复显现的数字特征进行整理、加工、分析和推断,找出事故发生的规律和事故发生的原因,对制定法规、加强工作决策,采取预防措施,防止事故重复发生,起到重要指导作用。

三、事故统计的步骤

（一）资料搜集

资料搜集又称统计调查，是对大量零星的原始材料进行技术分组，它是整个事故统计工作的前提和基础。根据事故统计的任务，制定调查方案，确定调查对象和单位，拟定调查项目和表格，并按照事故统计工作的性质，选定方法。我国伤亡事故统计是一项经常性的统计工作，统计调查采用报告法，下级按照国家制定的报表制度，逐级将伤亡事故报表上报。

（二）资料整理

资料整理又称统计汇总，是将搜集的事故资料进行审核、汇总，并根据事故统计的要求计算有关数值。汇总的关键是统计分组，就是按一定的统计标志，将分组研究的对象划分为性质相同的组。如按事故类别、事故原因等分组，然后按组进行统计计算。

（三）综合分析

综合分析是将汇总整理的资料及有关数值，填入统计表或绘制统计图，使大量的零星资料系统化、条理化、科学化，是统计工作的结果。事故统计结果可以用统计指标、统计表、统计图等形式表达。

四、事故统计指标体系

目前，我国安全生产涉及工矿企业（包括商贸流通企业）、道路交通、火灾、水上交通、铁路交通、民航飞行、农业机械、渔业船舶等行业。各有关行业主管部门针对本行业特点，制定并实施了各自的事故统计报表制度和统计指标体系来反映本行业的事故情况。指标通常分为绝对指标和相对指标。绝对指标是指反映伤亡事故全面情况的绝对数值，如事故次数、死亡人数、重伤人数、轻伤人数、直接经济损失、损失工作日等。相对指标是伤亡事故的两个相联系的绝对指标之比，表示事故的比例关系，如千人死亡率、千人重伤率、百万吨死亡率等。

为了综合反映我国生产安全事故情况，国家局成立后，围绕国家局安全生产工作的总体思路和部署，结合我国经济发展和行业特点，借鉴国外先进的生产安全事故指标体系和分析方法，对统计指标体系进行了改革，提出了适应我国的生产安全事故综合类伤亡事故统计指标体系，分为四大类。

（一）综合类伤亡事故统计指标体系

综合类伤亡事故统计指标体系包括事故起数、死亡事故起数、死亡人数、受伤人数、直接经济损失、重大事故起数、重大事故死亡人数、特大事故起数、特大事故死亡人数、特别重大事故起数、特别重大事故死亡人数、重大事故率、特大事故率等。

(二) 工矿企业类伤亡事故统计指标体系

工矿企业类伤亡事故统计指标体系包括煤矿企业伤亡事故统计指标、金属和非金属矿山企业（原非煤矿山企业）伤亡事故统计指标、工商企业（原非矿山企业）伤亡事故统计指标、建筑业伤亡事故统计指标、危险化学品伤亡事故统计指标、烟花爆竹伤亡事故统计指标。

这6类统计指标均包含伤亡事故起数、死亡事故起数、死亡人数、重伤人数、轻伤人数、直接经济损失、损失工作日、重大事故起数、重大事故死亡人数、特大事故起数、特大事故死亡人数、特别重大事故起数、特别重大事故死亡人数、千人死亡率、千人重伤率、百万工时死亡率、重大事故率、特大事故率等。另外，煤矿企业伤亡事故统计指标还包含百万吨死亡率。

(三) 行业类统计指标体系

1. 道路交通事故统计指标

包括事故起数、死亡事故起数、死亡人数、受伤人数、直接财产损失、重大事故起数、重大事故死亡人数、特大事故起数、特大事故死亡人数、特别重大事故起数、特别重大事故死亡人数、万车死亡率、10万人死亡率、生产性事故起数、生产性事故死亡人数、重大事故率、特大事故率等。

2. 火灾事故统计指标

包括事故起数、死亡事故起数、死亡人数、受伤人数、直接财产损失、重大事故起数、重大事故死亡人数、特大事故起数、特大事故死亡人数、特别重大事故起数、特别重大事故死亡人数、百万人火灾发生率、百万人火灾死亡率、生产性事故起数、生产性事故死亡人数、重大事故率、特大事故率等。

3. 水上交通事故统计指标

包括事故起数、死亡事故起数、死亡和失踪人数、受伤人数、直接经济损失、重大事故起数、重大事故死亡人数、特大事故起数、特大事故死亡人数、特别重大事故起数、特别重大事故死亡人数、沉船艘数、千艘船事故率、亿客公里死亡率、重大事故率、特大事故率等。

4. 铁路交通事故统计指标

包括事故起数、死亡事故起数、死亡人数、受伤人数、直接经济损失、重大事故起数、重大事故死亡人数、特大事故起数、特大事故死亡人数、特别重大事故起数、特别重大事故死亡人数、百万机车总走行公里死亡率、重大事故率、特大事故率等。

5. 民航飞行事故统计指标

包括飞行事故起数、死亡事故起数、死亡人数、受伤人数、重大事故万时率、亿客公里死亡率等。

6. 农机事故统计指标

包括伤亡事故起数、死亡事故起数、死亡人数、重伤人数、轻伤人数、直接经济损失、重大事故起数、重大事故死亡人数、特大事故起数、特大事故死亡人数、特别重大事故起数、特别重大事故死亡人数、重大事故率、特大事故率等。

7. 渔业船舶事故统计指标

包括事故起数、死亡事故起数、死亡和失踪人数、受伤人数、直接经济损失、重大事故起数、重大事故死亡人数、特大事故起数、特大事故死亡人数、特别重大事故起数、特别重大事故死亡人数、千艘船事故率、重大事故率、特大事故率等。

(四) 地区安全评价类统计指标体系

包括死亡事故起数、死亡人数、直接经济损失、重大事故起数、重大事故死亡人数、特大事故起数、特大事故死亡人数、特别重大事故起数、特别重大事故死亡人数、亿元国内生产总值（GDP）死亡率、10万人死亡率。

部分事故统计指标的意义与计算方法

(1) 千人死亡率：表示某时期内，平均每千名职工中因工伤事故造成的死亡人数。其计算公式：

$$千人死亡率 = 死亡人数 / 平均职工人数 \times 1000$$

(2) 千人重伤率：表示某时间内，平均每千名职工因工伤事故造成的重伤人数。其计算公式：

$$千人重伤率 = 重伤人数 / 平均职工人数 \times 1000$$

(3) 百万工时死亡率：一定时期内，平均每百万工时，因事故造成的死亡人数。其计算公式：

$$百万工时死亡率 = 死亡人数 / 实际总工时 \times 1000000$$

(4) 百万吨死亡率：表示每生产一百万吨物质如煤、钢的平均死亡人数。其计算公式：

$$百万吨死亡率 = 死亡人数 / 实际产量（吨）\times 1000000$$

(5) 重大事故率：一定时期内，重大事故占总事故的比率。其计算公式：

$$重大事故率 = 重大事故起数 / 事故总起数 \times 100\%$$

(6) 特大事故率：一定时期内，特大事故占总事故的比率。其计算公式：

$$特大事故率 = 特大事故起数 / 事故总起数 \times 100\%$$

(7) 百万人火灾发生率：一定时期内，某地区平均每100万人中，火灾发生的次数。其计算公式：

$$百万人火灾发生率 = 火灾发生次数 / 地区总人口 \times 1000000$$

(8) 百万人火灾死亡率：一定时期内，某地区平均每100万人中，火灾造成的死亡人数。其计算公式：

$$百万人火灾死亡率 = 火灾造成的死亡人数 / 地区总人口 \times 1000000$$

（9）万车死亡率：一定时期内，平均每一万辆机动车辆中，造成的死亡人数。其计算公式为：

$$万车死亡率 = 机动车造成的死亡人数 / 机动车数 \times 1000000$$

（10）10万人死亡率：一定时期内，某地区平均每10万人中，因事故造成的死亡人数。计算公式为：

$$10万人死亡率 = 死亡人数 / 地区总人口 \times 100000$$

（11）亿客公里死亡率：

$$亿客公里死亡率 = 死亡人数 / （运营旅客人数 \times 运营公里总数） \times 100000000$$

（12）千艘船事故率：一定时期内，平均每千艘船发生事故的比例，其公式为：

$$千艘船事故率 = 一般以上事故船舶总艘数 / 本省（本单位）船舶总艘数 \times 1000$$

（13）百万机车总走行公里死亡率：

$$百万机车总走行公里死亡率 = 死亡人数 / 机车总走行公里 \times 1000000$$

（14）重大事故万时率：

$$重大事故万时率 = （重大事故次数 / 飞行总小时） \times 10000$$

（15）亿万国内生产总值（GDP）死亡率：某时期内某地区平均每生产亿元国内生产总值时造成的死亡人数。其计算公式：

$$亿万国内生产总值（GDP）死亡率 = 死亡人数 / 国内生产总值（元）\times 100000000$$

五、目前我国事故报告

按照国家安全生产监督管理总局《关于印发〈安全生产调度统计业务规范〉的通知》（安监总厅字［2005］56号）的规定，事故报告分为事故快报和事故统计月报。

（一）事故快报

1. 范围

工矿商贸企业伤亡事故：火灾、道路交通、水上交通、铁路交通、民航飞行、农用机械和渔业船舶伤亡事故及其他社会影响重大的事故和重特大未遂伤亡事故。社会影响重大的事故和重特大未遂伤亡事故是指：

◆ 造成10人以上（含10人）受伤（中毒、灼烫及其他伤害）；
◆ 造成10人被困或下落不明，涉险50人以上的重特大未遂伤亡事故；
◆ 紧急疏散人员100人以上（含100人），住院观察治疗50人以上（含50人）；
◆ 对环境造成严重污染（饮用水源、湖泊、河流、水库、空气等）；
◆ 危及重要场所和设施安全（车站、码头、港口、机场、人员密集场所、水利设施、军用设施、核设施、危化品库、油气站等）；
◆ 大面积火灾事故、人员密集和重要场所事故、严重爆炸事故；
◆ 轮船翻沉、列车脱轨、城市地铁、轨道交通及民航飞行事故；
◆ 建筑物大面积坍塌、大型水利、电力设施事故、海上石油钻井平台垮塌倾覆事故；

- 涉及外宾、重要人员的伤亡事故；
- 其他社会影响重大的事故。

2. 事故快报的时限

接到事故信息后，按照以下规定报告：

- 一次死亡（遇险）10人以上（含10人）或社会影响重大的各类事故发生后要在6小时内逐级报告至国家安全生产监督管理总局调度统计机构；
- 一次死亡（遇险）3～9人各类事故发生后要在12小时内逐级报告至国家安全生产监督管理总局调度统计机构；
- 一次死亡1～2人的各类事故发生后要在24小时内逐级报告至省（区、市）安全监管部门调度统计机构；
- 煤矿一次死亡1～2人事故发生后要在24小时内逐级报告至国家安全生产监督管理总局调度统计机构。

3. 事故快报的内容

- 事故发生的时间（年、月、日、时、分）；
- 事故发生地的行政区划（省、市、区、县、乡、镇）；
- 事故发生的地点、区域；
- 发生事故的单位全称、经济类型（国有、集体、个体、私营、股份制等）、生产经营规模（设计能力、实际生产能力、经营规模）；
- 发生事故的车辆、船舶、飞行器、容器的牌号、名称及核载、实载情况；
- 事故类型（按照《生产安全事故统计报表制度》的规定填写）；
- 发生事故单位的安全评估等级和持证情况（生产许可证、安全许可证等）；
- 事故现场总人数和伤亡人数（死亡、失踪、轻伤、重伤等）；
- 事故简要情况（事故的经过及事故原因初步分析）；
- 事故抢救和各级领导及有关人员赶赴现场组织事故抢救的有关情况。

4. 事故快报的方式

接到事故信息后，根据事故情况，按以下方式逐级报送。

- 一次死亡（遇险）10人以下事故使用国家安全生产监督管理总局统一的网络传输软件报送，尚不具备网络传输条件的可使用传真报送；
- 一次死亡（遇险）10人以上（含10人）事故、社会影响重大事故和重特大未遂伤亡事故发生后，使用网络传输软件和电话同时报告，不具备网络传输条件的使用传真和电话同时报告。

（二）事故统计月报

1. 报告部门

安全生产行政执法统计报表由县级以上（含县级）安全生产监督管理部门和煤矿安全

监察机构填报。

2. 报告时限

按照《安全生产行政执法统计报表制度》的规定，省级以下安全生产监督管理部门和煤矿安全监察分局报送安全生产行政执法统计报表的次数和时间由省级安全生产监督管理部门和省级煤矿安全监察机构确定。省级安全生产监督管理部门和省级煤矿安全监察机构应于每月8日前向国家安全生产监督管理总局调度统计机构报送安全生产行政执法统计报表。

3. 报告内容

按照《安全生产行政执法统计报表制度》的有关规定逐项填报。

4. 报告方式

应使用国家安全生产监督管理总局统一开发的安全生产行政执法统计报表软件报送安全生产行政执法统计报表，不具备网络传输条件的，可暂时使用传真报送。

第五节 工伤保险与赔付

一、工伤保险概念

工伤保险是指劳动者在工作中或在规定的特殊情况下，遭受意外伤害或患职业病导致暂时或永久丧失劳动能力以及死亡时，劳动者或其遗属从国家和社会获得物质帮助的一种社会保险制度。

◆ 工伤发生时劳动者本人可获得物质帮助；
◆ 劳动者因工伤死亡时其遗属可获得物质帮助。

二、工伤保险特点

（1）工伤保险对象的范围是在生产劳动过程中的劳动者。由于职业危害无所不在，无时不在，任何人都不能完全避免职业伤害。因此工伤保险作为抗御职业危害的保险制度适用于所有职工，任何职工发生工伤事故或遭受职业疾病，都应毫无例外地获得工伤保险待遇。

（2）工伤保险的责任具有赔偿性。工伤即职业伤害所造成的直接后果是伤害到职工生命健康，并由此造成职工及家庭成员的精神痛苦和经济损失，也就是说劳动者的生命健康权、生存权和劳动权受到影响、损害甚至被剥夺了。因此工伤保险是基于对工伤职工的赔偿责任而设立的一种社会保险制度，其他社会保险是基于对职工生活困难的帮助和补偿责任而设立的。

（3）工伤保险实行无过错责任原则。无论工伤事故的责任归于用人单位还是职工个人或第三者，用人单位均应承担保险责任。

（4）工伤保险不同于养老保险等险种，劳动者不缴纳保险费，全部费用由用人单位负担。即工伤保险的投保人为用人单位。

（5）工伤保险待遇相对优厚，标准较高，但因工伤事故的不同而有所差别。

三、工伤的认定

（1）职工有下列情形之一的，应当认定为工伤：
- 在工作时间和工作场所内，因工作原因受到事故伤害的；
- 工作时间前后在工作场所内，从事与工作有关的预备性或者收尾性工作受到事故伤害的；
- 在工作时间和工作场所内，因履行工作职责受到暴力等意外伤害的；
- 患职业病的；
- 因工外出期间，由于工作原因受到伤害或者发生事故下落不明的；
- 在上下班途中，受到机动车事故伤害的；
- 法律、行政法规规定应当认定为工伤的其他情形。

（2）职工有下列情形之一的，视同工伤：
- 在工作时间和工作岗位，突发疾病死亡或者在48小时之内经抢救无效死亡的；
- 在抢险救灾等维护国家利益、公共利益活动中受到伤害的；
- 职工原在军队服役，因战、因公负伤致残，已取得革命伤残军人证，到用人单位后旧伤复发的。

职工有前两种情形的，按照本条例的有关规定享受工伤保险待遇；职工有最后一种情形的，按照本条例的有关规定享受除一次性伤残补助金以外的工伤保险待遇。

（3）职工有下列情形之一的，不得认定为工伤或者视同工伤：
- 因犯罪或者违反治安管理伤亡的；
- 醉酒导致伤亡的；
- 自残或者自杀的。

四、劳动能力鉴定

职工发生工伤，经治疗伤情相对稳定后存在残疾、影响劳动能力的，应当进行劳动能力鉴定。劳动能力鉴定是指劳动功能障碍程度和生活自理障碍程度的等级鉴定。劳动功能障碍分为十个伤残等级，最重的为一级，最轻的为十级。生活自理障碍分为三个等级：生活完全不能自理、生活大部分不能自理和生活部分不能自理。劳动能力鉴定标准由国务院劳动保障行政部门会同国务院卫生行政部门等部门制定。

劳动能力鉴定由用人单位、工伤职工或者其直系亲属向设区的市级劳动能力鉴定委员会提出申请，并提供工伤认定决定和职工工伤医疗的有关资料。

省、自治区、直辖市劳动能力鉴定委员会和设区的市级劳动能力鉴定委员会分别由省、自治区、直辖市和设区的市级劳动保障行政部门、人事行政部门、卫生行政部门、工会组织、经办机构代表以及用人单位代表组成。

劳动能力鉴定委员会建立医疗卫生专家库。列入专家库的医疗卫生专业技术人员应当具备下列条件：

（1）具有医疗卫生高级专业技术职务任职资格；

（2）掌握劳动能力鉴定的相关知识；

（3）具有良好的职业品德。

设区的市级劳动能力鉴定委员会收到劳动能力鉴定申请后，应当从其建立的医疗卫生专家库中随机抽取 3 名或者 5 名相关专家组成专家组，由专家组提出鉴定意见。设区的市级劳动能力鉴定委员会根据专家组的鉴定意见作出工伤职工劳动能力鉴定结论；必要时，可以委托具备资格的医疗机构协助进行有关的诊断。

设区的市级劳动能力鉴定委员会应当自收到劳动能力鉴定申请之日起 60 日内作出劳动能力鉴定结论，必要时，作出劳动能力鉴定结论的期限可以延长 30 日。劳动能力鉴定结论应当及时送达申请鉴定的单位和个人。

申请鉴定的单位或者个人对设区的市级劳动能力鉴定委员会作出的鉴定结论不服的，可以在收到该鉴定结论之日起 15 日内向省、自治区、直辖市劳动能力鉴定委员会提出再次鉴定申请。省、自治区、直辖市劳动能力鉴定委员会作出的劳动能力鉴定结论为最终结论。

劳动能力鉴定工作应当客观、公正。劳动能力鉴定委员会组成人员或者参加鉴定的专家与当事人有利害关系的，应当回避。

自劳动能力鉴定结论作出之日起 1 年后，工伤职工或者其直系亲属、所在单位或者经办机构认为伤残情况发生变化的，可以申请劳动能力复查鉴定。

五、工伤保险的赔偿

1. 职工因工致残被鉴定为一级至四级伤残所享受的待遇

根据《工伤保险条例》第三十五条的有关规定，职工因工致残被鉴定为一级至四级伤残的，保留劳动关系，退出工作岗位，享受以下待遇：

（1）从工伤保险基金按伤残等级支付一次性伤残补助金，标准为：一级伤残为 27 个月的本人工资，二级伤残为 25 个月的本人工资，三级伤残为 23 个月的本人工资，四级伤残为 21 个月的本人工资。

（2）从工伤保险基金按月支付伤残津贴，标准为：一级伤残为本人工资的 90%，二级伤残为本人工资的 85%，三级伤残为本人工资的 80%，四级伤残为本人工资的 75%。伤残津贴实际金额低于当地最低工资标准的，由工伤保险基金补足差额。

（3）工伤职工达到退休年龄并办理退休手续后，由工伤保险基金补足差额。

职工因工致残被鉴定为一级至四级伤残的，由用人单位和职工个人以伤残津贴为基数，缴纳基本医疗保险费。

2. 职工因工致残被鉴定为五级至六级伤残所享受的待遇

根据《工伤保险条例》第三十六条的有关规定，职工因工致残被鉴定为五级、六级伤残的，享受以下待遇：

（1）从工伤保险基金按伤残等级支付一次性伤残补助金，标准为：五级伤残为18个月的本人工资，六级伤残为16个月的本人工资；

（2）保留与用人单位的劳动关系，由用人单位安排适当工作。难以安排工作的，由用人单位按月发给伤残津贴，标准为：五级伤残为本人工资的70%，六级伤残为本人工资的60%，并由用人单位按照规定为其缴纳应缴纳的各项社会保险费。伤残津贴实际金额低于当地最低工资标准的，由用人单位补足差额。

经工伤职工本人提出，该职工可以与用人单位解除或者终止劳动关系，由用人单位支付一次性工伤医疗补助金和伤残就业补助金。具体标准由省、自治区、直辖市人民政府规定。

3. 职工因工致残被鉴定为七级至十级伤残所享受的待遇

根据《工伤保险条例》第三十七条的有关规定，职工因工致残被鉴定为七级至十级伤残的，享受以下待遇：

（1）从工伤保险基金按伤残等级支付一次性伤残补助金，标准为：七级伤残为13个月的本人工资，八级伤残为11个月的本人工资，九级伤残为9个月的本人工资，十级伤残为7个月的本人工资。

（2）劳动、聘用合同期满终止，或者职工本人提出解除劳动、聘用合同的，由工伤保险基金支付一次性工伤医疗补助金，由用人单位支付一次性伤残就业补助金。具体标准由省、自治区、直辖市人民政府规定。

4. 职工因工死亡，其直系亲属所享受的待遇

根据《工伤保险条例》第三十九条的有关规定，职工因工死亡，其近亲属按照下列规定从工伤保险基金领取丧葬补助金、供养亲属抚恤金和一次性工亡补助金：

（1）丧葬补助金为6个月的统筹地区上年度职工月平均工资。

（2）供养亲属抚恤金按照职工本人工资的一定比例发给由因工死亡职工生前提供主要生活来源、无劳动能力的亲属。标准为：配偶每月40%，其他亲属每人每月30%，孤寡老人或者孤儿每人每月在上述标准的基础上增加10%。核定的各供养亲属的抚恤金之和不应高于因工死亡职工生前的工资。供养亲属的具体范围由国务院社会保险行政部门规定。

（3）一次性工亡补助金标准为上一年度全国城镇居民人均可支配收入的20倍。

5. 职工因公外出期间发生事故下落不明的所享受工伤保险待遇

根据《工伤保险条例》第四十一条的有关规定，职工因工外出期间发生事故或者在抢

险救灾中下落不明的，从事故发生当月起 3 个月内照发工资，从第 4 个月起停发工资，由工伤保险基金向其供养亲属按月支付供养亲属抚恤金。生活有困难的，可以预支一次性工亡补助金的 50%。职工被人民法院宣告死亡的，按照本条例第三十九条职工因工死亡的规定处理。

6. 工伤职工停止享受工伤保险待遇的情况

根据《工伤保险条例》第四十二条的规定，工伤职工有下列情形之一的，停止享受工伤保险待遇：

(1) 丧失享受待遇条件的；

(2) 拒不接受劳动能力鉴定的；

(3) 拒绝治疗的。

7. 用人单位未参加工伤保险的，职工因工作遭受事故伤害或者患职业病，应按照什么标准享受工伤待遇，所需费用支付问题

根据《工伤保险条例》第六十二条的规定，用人单位依照本条例规定应当参加工伤保险而未参加的，由社会保险行政部门责令限期参加，补缴应当缴纳的工伤保险费。依照本条例规定应当参加工伤保险而未参加工伤保险的用人单位职工发生工伤的，由该用人单位按照本条例规定的工伤保险待遇项目和标准支付费用。

第六节 调查处理相关法律

一、消防事故调查处理相关法律

2012 年 7 月 6 日公安部部长办公会议通过修订后的《火灾事故调查规定》（中华人民共和国公安部令第 121 号），自 2012 年 11 月 1 日起施行。

二、民航事故调查处理相关法律

2007 年 3 月 13 日中国民用航空总局局务会议通过《民用航空器事故和飞行事故征候调查规定》（第 179 号），自 2007 年 4 月 15 日起施行。

三、铁路事故调查处理相关法律

2007 年 6 月 27 日国务院第 182 次常务会议通过《铁路交通事故应急救援和调查处理条例》（国务院令第 501 号），自 2007 年 9 月 1 日起施行。

2007 年 8 月 28 日铁道部令第 30 号公布《铁道部铁路交通事故调查处理规则》，自 2007 年 9 月 1 日起施行。

四、内河事故调查处理相关法律

2006年11月9日交通部第15次部务会议通过《中华人民共和国内河交通事故调查处理规定》（中华人民共和国交通部令第12号），自2007年1月1日起施行。

五、海上事故调查处理相关法律

1990年1月11日，经国务院批准交通部《中华人民共和国海上交通事故调查处理条例》（国务院令第14号令），1990年3月3日起发布并施行。

六、道路交通事故调查处理相关法律

公安部2008年8月27日发布了新的《道路交通事故处理程序规定》（中华人民共和国公安部令第104号），并于2009年1月1日生效。

七、特种设备事故调查处理相关法律

2009年1月14日国务院第46次常务会议通过《国务院关于修改〈特种设备安全监察条例〉的决定》（国务院令第549号），自2009年5月1日起施行。

关键概念

事故分类	生产安全事故报告和调查处理条例	特别重大事故
重大事故	较大事故　　　一般事故	事故报告
事故调查	事故调查取证　　安全责任追究	事故月报
事故快报	工伤保险　　　　劳动能力	

问题与问答

1. 我国现在通用的事故是如何分类的？
2. 事故调查处理的原则是什么？
3. 假设你参加一起事故调查工作，应如何搜集证据，搜集哪些证据？
4. 我国现在出台了哪些政策来建立安全生产责任追究体系？
5. 我国现在的事故报表都有哪些？
6. 其他行业例如民航等都有哪些规范事故调查的法律？

第七章

现代安全管理

本章主要内容：
◆ 阐述现代安全管理的新思想
◆ 介绍我国现代安全管理常用管理方法
◆ 介绍职业安全健康体系主要思想和内容

学习要求：
◆ 了解有关现代安全管理的理论
◆ 掌握我国安全管理的常用方法
◆ 掌握职业安全健康管理体系的主要思想

第一节 安全原理

管理，就是人们为了实现预定目标，按照一定的原则，通过科学地组织、指挥和协调群体的活动，以达到个人单独活动所不能达到的效果而开展的各项活动。安全管理就是企业经营者、生产管理者和全体员工，为实现安全生产目标，按照一定的安全管理原则，科学地组织、指挥和协调全体员工安全生产的活动。

实现现代企业的安全科学管理，需要研究安全管理科学，研究安全管理的理论、原理、原则、模式、方法、手段、技术等。

一、传统安全管理与现代安全管理理念的转变

人类对于防范意外事故的认识与科学已经历了漫长的岁月，从宿命论到经验论，从经验论到系统论，从系统论到本质论；从无意识地被动承受到主动对策，从事后型的"亡羊补牢"到预防型的本质安全；从单因素的就事论事到安全系统工程；从事故致因理论到安全科学原理，工业安全科学的理论体系在不断发展和完善。追溯安全科学理论体系的发展轨迹，探讨其发展的规律和趋势，对于系统性、完整性和前瞻性地认识安全科学理论，以指导现代安全管理科学实践和事故预防工程具有现实的意义。

安全科学理论体系的发展经历了具有代表性有三个阶段：

◆ 从工业社会到 20 世纪 50 年代主要发展了事故学理论；

◆ 从 20 世纪 50 年代到 80 年代发展了危险分析与风险控制理论；

◆ 从 20 世纪 90 年代以来，现代的安全科学原理初见端倪，目前仍在不断地发展和完善。

（一）事故学理论

事故学理论的基本出发点是**事故**，以事故为研究的对象和认识的目标，在认识论上主要是经验论与事后型的安全哲学，是建立在事故与灾难的经历上来认识安全，是一种逆式思路（从事故后果到原因事件）。方法论的主要特征在于被动与滞后，是"亡羊补牢"的模式，突出表现为一种头痛医头、脚痛医脚、就事论事的对策方式。

事故学理论的主要导出方法是事故分析（调查、处理、报告等）、事故规律的研究、事后型管理模式、三不放过的原则（即发生事故后原因不明、当事人未受到教育、措施不落实三不放过）；建立在事故统计学上致因理论研究；事后整改对策；事故赔偿机制与事故保险制度等。

事故学的理论对于研究事故规律，认识事故的本质，从而对指导预防事故有重要的意义，在长期的事故预防与保障人类安全生产和生活过程中发挥了重要的作用，是人类的安全活动实践的重要理论依据。但是，仅停留在事故学的研究上，一方面由于现代工业固有的安全性在不断提高，事故频率逐步降低，建立在统计学上的事故理论随着样本的局限使理论本身的发展受到限制，同时由于现代工业对系统安全性要求不断提高，直接从事故本身出发的研究思路和对策，其理论效果不能满足新的要求。

（二）危险分析与风险控制理论

以**危险和隐患**作为研究对象，其理论的基础是**对事故因果性的认识，以及对危险和隐患事件链过程的确认**。建立了事件链的概念，有了事故系统的超前意识流和动态认识论。确认了**人、机、环境、管理**事故综合要素，主张工程技术硬手段与教育、管理软手段综合措施，提出超前防范和预先评价的概念和思路。

危险分析及风险控制理论从事故的因果性出发，着眼于事故的前期事件的控制，对实现超前和预期型的安全对策，提高事故预防的效果有着显著的意义和作用。但是，这一层次的理论在安全科学理论体系上，还缺乏系统性、完整性和综合性。

（三）安全科学原理

以安全系统作为研究对象，建立了**人—物—能量—信息**的安全系统要素体系，提出系统自组织的思路，确立了系统本质安全的目标。通过安全系统论、安全控制论、安全信息论、安全协同学、安全行为科学、安全环境学、安全文化建设等科学理论研究，提出在**本质安全化**认识论基础上全面、系统、综合地发展安全科学理论。

自组织思想和本质安全化的认识，要求从系统的的本质入手，要求主动、协调、综合、全面的方法论。

具体表现为：

◆ 从人与机器和环境的本质安全入手，人的本质安全指不但要解决人知识、技能、意识素质，还要从人的观念、伦理、情感、态度、认知、品德等人文素质入手，从而提出安全文化建设的思路。

◆ 物和环境的本质安全化就是要采用先进的安全科学技术，推广自组织、自适应、自动控制与闭锁的安全技术。

◆ 研究人、物、能量、信息的安全系统论、安全控制论和安全信息论等现代工业安全原理。

◆ 技术项目中要遵循安全措施与技术设施同时设计、施工、投产的"三同时"原则。

◆ 企业在考虑经济发展、进行机制转换和技术改造时，安全生产方面要同时规划、发展、实施，即所谓"三同步"的原则。

◆ "三点控制工程"、"定置管理"、"四全管理"、"三治工程"等超前预防型安全活动。

◆ 推行安全目标管理、无隐患管理、安全经济分析、危险预知活动、事故判定技术等安全系统科学方法。

二、事故频发倾向论

事故倾向性理论也是历史最长和最广为人知的事故致因理论之一。这个理论主要描述的是人的因素与事故发生原因的联系。

它基于这样一个假设：当几个不同的人被置于几乎相同的环境中时，总有一些人所具有的"内在的事故特质"，比其他人更容易发生事故。

这个理论的支持者认为：事故并不是随机分布的，或者说遭受伤害的可能性并不仅仅是一个纯粹的概率问题。他们断言：有些人身上具有一些与生俱来的特点，致使他们更容易发生事故。例如在我国的许多运输企业中把出事故多的司机定为"危险人物"，规定这些司机不能担负某些运输任务。

但是，这种个人所具有的事故倾向性，在研究和实践中曾经是一个颇有争议的现象，尽管关于这个理论曾经进行过很深入的研究，但仍不足以充分证明它的有效性。为了使这个理论变得更有效，应当对在危险中的暴露程度做不同的调整。工人采用的施工方法是否安全可以解释其中的一些事故的原因。对于是工人本身的错误还是他人的失误导致的事故也应当加以区分。

1951年，阿布斯和克利克的研究指出，个别人的事故率具有明显的不稳定性，对具有事故倾向的个性类型的量度界限难于测定。1971年邵合赛克尔仅主张将这一观点提供给工种考选的参考，他只着意于多发事故，而丝毫无意涉及人的个性参数。

应该认识到，一个工人即使有冒险的倾向，他的行为也是可以受到足够的影响而使他安全操作。目前，广泛的批评使这一单因素（具有事故倾向的素质论）理论在事故致因理论中失去了原有的地位。

三、因果连锁理论

（一）海因里希事故因果连锁论

1941年，美国工程师海因里希（Heinrich）在《工业事故的预防》一书中，首先提出了著名的事故发生的连锁反应图。

他认为，社会环境和传统、人的失误、人的不安全行为和事件是导致事故的连锁原因，就像著名的多米诺骨牌一样，一旦第一张倒下，就会导致第二张、第三张直至第五张骨牌依次倒下，最终导致事故和相应的损失。

事故因果连锁论过程包括以下5个因素：

◆ 遗传及社会环境（M）：是造成人的缺点的原因。

◆ 人的缺点（P）：是由遗传和社会环境因素所造成的，是使人产生不安全行为或使物产生不安全状态的主要原因。

◆ 人的不安全行为和物的不安全状态（H）：即造成事故的直接原因。

◆ 发生事故（D）：即由物体、物质或放射线等对人体发生作用，使人员受到伤害或可能受到伤害的、出乎意料的、失去控制的事件。

◆ 造成伤害（A）：直接由于事故而产生的人身伤害。

海因里希同时还指出，**控制事故发生的可能性及减少伤害和损失的关键环节在于消除人的不安全行为和物的不安全状态**，即抽去第三张骨牌就有可能避免第四和第五张骨牌的倒下（见图7-1）。因此，海因里希事故因果连锁论又被称做多米诺骨牌模型。海因里希认为，**企业事故预防工作的中心就是防止人的不安全行为，消除机械的或物质的不安全状态，中断事故连锁的进程而避免事故的发生**。

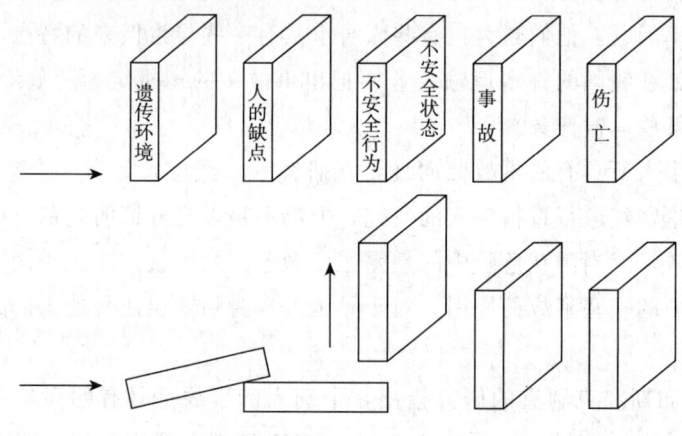

图7-1 海因里希因果连锁论

这一理论从产生伊始就被广泛应用于安全生产工作之中，被奉为安全生产的经典理论，对后来的安全生产产生了巨大而深远的影响。建筑企业施工现场要求每天工作开始前必须认真检查施工机具和施工材料，并且保证施工人员处于稳定的工作状态，正是这一理论在工程建设安全管理中的应用和体现。

这个模型强烈地表现出：伤害总是事故的结果，事故总是一种不安全行为或一种机械危害的结果，不安全行为和机械危害又是人为失误的结果，等等。这些绝对说明，对于事故致因的全面理解显然过于简单化了。

海因里希的事故因果连锁论，提出了人的不安全行为和物的不安全状态是导致事故的直接原因这个工业安全中最重要、最基本的问题。此模型的吸引力在于它的假设，即只要移去一块牌，就等于砍断事故链，着眼于中间的牌（不安全行动或机械危险），因为这个理论对于每块牌都给出相等的致因能力，对此并无理论上的证明，同时，海因里希理论也和事故频发倾向理论一样，把大多数工业事故的责任都归因于人的缺点等，表现出时代的局限性。

（二）博德的事故因果连锁

博德的事故因果连锁：博德在海因里希事故因果连锁的基础上，提出了反映现代安全观点的事故因果连锁论（见图7-2）。

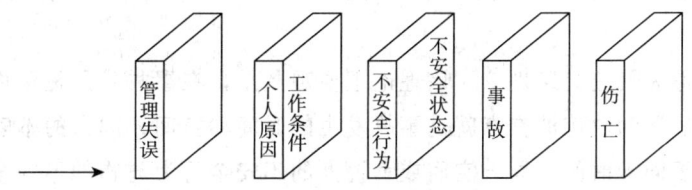

图 7-2 博德的事故因果连锁

(1) 控制不足——管理

事故因果连锁中一个最重要的因素是安全管理。大多数企业，由于各种原因，完全依靠工程技术上的改进来预防事故是不现实的，需要完善的安全管理工作，才能防止事故的发生。如果安全管理上出现欠缺，就会使得导致事故的基本原因出现。

(2) 基本原因——起源论

为了从根本上预防事故，必须查明事故的基本原因，并针对查明的基本原因采取对策。基本原因包括个人原因及与工作有关的原因。起源是在于找出问题的基本的、背后的原因，而不仅停留在表面的现象上。

(3) 直接原因——征兆

不安全行为或不安全状态是事故的直接原因，是基本原因的征兆，是一种表面现象，这是最重要的必须加以追究的原因。但是，直接原因不是像基本原因引起深层原因的征兆，是一种表面现象。

(4) 事故——接触

从实用的目的出发，往往把事故定义为最终导致人员肉体损伤、死亡，财物损失的不希望的事件。但是，越来越多的安全专业人员从能量的观点把事故看作是人的身体或构筑物、设备与超过其阈值的能量的接触，或人体与妨碍正常生产活动的物质的接触。

(5) 伤害——损坏——损失

博德模型中的伤害，包括了工伤、职业病，以及对人员精神方面、神经方面或全身性的不利影响。人员伤害及财物损坏统称为损失。

四、轨迹交叉理论

随着生产技术的提高以及事故致因理论的发展完善,人们对人和物两种因素在事故致因中地位的认识发生了很大变化。一方面是由于生产技术进步的同时,生产装置、生产条件不安全的问题越来越引起了人们的重视;另一方面是人们对人的因素研究的深入,能够正确地区分人的不安全行为和物的不安全状态。

约翰逊(W·G·Jonson)认为,判断到底是不安全行为还是不安全状态,受研究者主观因素的影响,取决于他认识问题的深刻程度。许多人由于缺乏有关失误方面的知识,把由于人失误造成的不安全状态看作是不安全行为。一起伤亡事故的发生,除了人的不安全行为之外,一定存在着某种不安全状态,并且不安全状态对事故发生作用更大些。

斯奇巴(Skiba)提出,生产操作人员与机械设备两种因素都对事故的发生有影响,并且机械设备的危险状态对事故的发生作用更大些,只有两种因素同时出现,才能发生事故。

上述理论被称为轨迹交叉理论,该理论主要观点是,**在事故发展进程中,人的因素运动轨迹与物的因素运动轨迹的交点就是事故发生的时间和空间,即人的不安全行为和物的不安全状态发生于同一时间、同一空间或者说人的不安全行为与物的不安全状态相通,则将在此时间、此空间发生事故。**

轨迹交叉理论作为一种事故致因理论,强调人的因素和物的因素在事故致因中占有同样重要的地位。按照该理论,可以通过避免人与物两种因素运动轨迹交叉,即避免人的不安全行为和物的不安全状态同时、同地出现,来预防事故的发生。

从事故发展运动的角度,这样的过程被形容为事故致因因素导致事故的运动轨迹,具体包括人的因素运动轨迹和物的因素运动轨迹。

(1) 人的因素运动轨迹

人的不安全行为基于生理、心理、环境、行为几个方面而产生:

◆ 生理、先天身心缺陷;

◆ 社会环境、企业管理上的缺陷;

◆ 后天的心理缺陷;

◆ 视、听、嗅、味、触等感官能量分配上的差异;

◆ 行为失误。

(2) 物的因素运动轨迹

在物的因素运动轨迹中,在生产过程各阶段都可能产生不安全状态:

◆ 设计上的缺陷,如用材不当、强度计算错误、结构完整性差、采矿方法不适应矿床围岩性质等;

◆ 制造、工艺流程上的缺陷;

◆ 维修保养上的缺陷,降低了可靠性;

◆ 使用上的缺陷；

◆ 作业场所环境上的缺陷。

在生产过程中，人的因素运动轨迹按其（1）→（2）→（3）→（4）→（5）的方向顺序进行，物的因素运动轨迹按其（1）→（2）→（3）→（4）→（5）的方向进行。人、物两轨迹相交的时间与地点，就是发生伤亡事故"时空"，也就导致了事故的发生。

值得注意的是，许多情况下人与物又互为因果。例如，有时物的不安全状态诱发了人的不安全行为，而人的不安全行为又促进了物的不安全状态的发展或导致新的不安全状态出现。因而，实际的事故并非简单地按照上述的人、物两条轨迹进行，而是呈现非常复杂的因果关系。如图7-3所示。

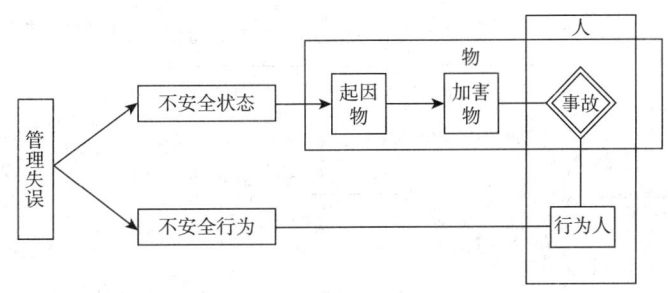

图 7-3 轨迹交叉理论

若设法排除机械设备或处理危险物质过程中的隐患或者消除人为失误和不安全行为，使两事件链连锁中断，则两系列运动轨迹不能相交，危险就不能出现，就可避免事故发生。

对人的因素而言，强调工种考核，加强安全教育和技术培训，进行科学的安全管理，从生理、心理和操作管理上控制人的不安全行为的产生，就等于砍断了事故产生的人的因素轨迹。但是，对自由度很大且身心、性格、气质差异较大的人是难以控制的，偶然失误很难避免。

在多数情况下，由于企业管理不善，使工人缺乏教育和训练或者机械设备缺乏维护检修以及安全装置不完备，导致了人的不安全行为或物的不安全状态。

轨迹交叉理论突出强调的是砍断物的事件链，提倡采用可靠性高、结构完整性强的系统和设备，大力推广保险系统、防护系统和信号系统及高度自动化和遥控装置。这样，即使人为失误，构成人的因素（1）→（5）系列，也会因安全闭锁等可靠性高的安全系统的作用，控制住物的因素（1）→（5）系列的发展，可完全避免伤亡事故的发生。

一些领导和管理人员总是错误地把一切伤亡事故归咎于操作人员"违章作业"，实际上，人的不安全行为也是由于教育培训不足等管理欠缺造成的。管理的重点应放在控制物的不安全状态上，即消除"起因物"，当然就不会出现"施害物"，"砍断"物的因素运动轨迹，使人与物的轨迹不相交叉，事故即可避免。

实践证明，消除生产作业中物的不安全状态，可以大幅度地减少伤亡事故的发生。

五、综合论的事故模型

上面的事故因果连锁模型把考察的范围局限在企业或组织的内部，用以指导企业的事故预防工作。实际上，伤害事故发生的原因绝不可能只是个人偶然失误或单纯设备故障，也绝不可能只是组织内部的原因。

因此综合论认为，企业是社会的一部分，一个国家、一个地区的政治、经济、文化、科技发展水平等诸多社会因素，对企业内部伤害事故的发生和预防有着重要的影响。事故是社会因素、管理因素和危险因素被偶然事件触发所造成的结果。如图7-4所示。

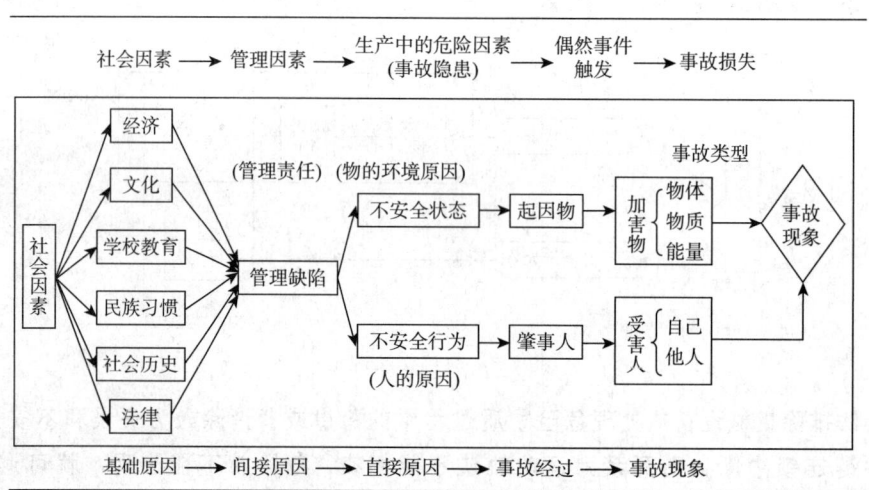

图 7-4 综合论事故模型

事故的**直接原因是指不安全状态（条件）和不安全行为（动作）**。这些物质的、环境的以及人的原因构成了生产中的危险因素（或称为事故隐患）。

间接原因，是指管理缺陷、管理因素和管理责任。

造成间接原因的因素称为基础原因，包括经济、文化、学校教育、民族习惯、社会历史、法律等。

而所谓**偶然事件触发**，系指由于起因物和肇事人的作用，造成一定类型的事故和伤害的过程。

很显然，这个理论综合地考虑了各种事故现象和因素，因而有利于各种事故的分析、预防和处理，是当今世界上最为流行的理论。美国、日本和我国都主张按这种模式分析事故。

事故的产生过程是：由"社会因素"产生"管理因素"，进一步产生"生产中的危险因素"，通过偶然事件触发而发生伤亡和损失。

调查事故的过程则与此相反，应当通过事故现象，查询事故经过，进而依次了解其直接原因、间接原因和基础原因。

六、能量意外转移理论

（一）能量意外转移理论的概念

在生产过程中能量是必不可少的，人类利用能量做功以实现生产目的。人类为了利用能量做功，必须控制能量。**在正常生产过程中，能量在各种约束和限制下，按照人们的意志流动、转换和做功。如果由于某种原因能量失去了控制，发生了异常或意外的释放，则称发生了事故。**

如果意外释放的能量转移到人体，并且其能量超过了人体的承受能力，则人体将受到伤害。吉布森和哈登从能量的观点出发，指出：**人受伤害的原因只能是某种能量向人体的转移，而事故则是一种能量的异常或意外的释放。**

能量的种类有许多，如动能、势能、电能、热能、化学能、原子能、辐射能、声能和生物能，等等。人受到伤害都可以归结为上述一种或若干种能量的异常或意外转移。

麦克法兰特（Mc Farland）认为：所有的伤害事故（或损坏事故）都是因为：
①接触了超过机体组织（或结构）抵抗力的某种形式的过量的能量；
②有机体与周围环境的正常能量交换受到了干扰（如窒息、淹溺等）。

因而，各种形式的能量构成伤害的直接原因。

根据此观点，可以将能量引起的伤害分为两大类：

第一类伤害是由于转移到人体的能量超过了局部或全身性损伤阈值而产生的。人体各部分对每一种能量的作用都有一定的抵抗能力，即有一定的伤害阈值。当人体某部位与某种能量接触时，能否受到伤害及伤害的严重程度如何，主要取决于作用于人体的能量大小。作用于人体的能量超过伤害阈值越多，造成伤害的可能性越大。例如，球形弹丸以 4.9 N 的冲击力打击人体时，最多轻微地擦伤皮肤，而重物以 68.9 N 的冲击力打击人的头部时，会造成头骨骨折。

第二类伤害则是由于影响局部或全身性能量交换引起的。例如，因物理因素或化学因素引起的窒息（如溺水、一氧化碳中毒等），因体温调节障碍引起的生理损害、局部组织损坏或死亡（如冻伤、冻死等）。

能量转移理论的另一个重要概念是：**在一定条件下，某种形式的能量能否产生人员伤害，除了与能量大小有关以外，还与人体接触能量的时间和频率、能量的集中程度、身体接触能量的部位等有关。**

用能量转移的观点分析事故致因的基本方法是：
◆ 首先确认某个系统内的所有能量源；
◆ 然后确定可能遭受该能量伤害的人员、伤害的严重程度；
◆ 进而确定控制该类能量异常或意外转移的方法。

能量转移理论与其他事故致因理论相比，具有两个主要优点：一是把各种能量对人体的伤害归结为伤亡事故的直接原因，从而决定了以对能量源及能量传送装置加以控制作为防止或减少伤害发生的最佳手段这一原则；二是依照该理论建立的对伤亡事故的统计分类，是一种可以全面概括、阐明伤亡事故类型和性质的统计分类方法。

能量转移理论的不足之处是：由于意外转移的机械能（动能和势能）是造成工业伤害的主要能量形式，这就使得按能量转移观点对伤亡事故进行统计分类的方法尽管具有理论上的优越性，然而在实际应用上却存在困难。它的实际应用尚有待于对机械能的分类作更加深入细致的研究，以便对机械能造成的伤害进行分类。

（二）应用能量意外转移理论预防伤亡事故

从能量意外转移的观点出发，预防伤亡事故就是防止能量或危险物质的意外释放，从而防止人体与过量的能量或危险物质接触。在工业生产中，经常采用的防止能量意外释放的措施有以下几种：

①**用较安全的能源替代危险大的能源**。例如：用水力采煤代替爆破采煤；用液压动力代替电力等。

②**限制能量**。例如：利用安全电压设备；降低设备的运转速度；限制露天爆破装药量等。

③**防止能量蓄积**。例如：通过良好接地消除静电蓄积；采用通风系统控制易燃易爆气体的浓度等。

④**降低能量释放速度**。例如：采用减振装置吸收冲击能量；使用防坠落安全网等。

⑤**开辟能量异常释放的渠道**。例如：给电器安装良好的地线；在压力容器上设置安全阀等。

⑥**设置屏障**。屏障是一些防止人体与能量接触的物体。屏障的设置有三种形式：**第一，屏障被设置在能源上**，如机械运动部件的防护罩、电器的外绝缘层、消声器、排风罩等；**第二，屏障设置在人与能源之间**，如安全围栏、防火门、防爆墙等；**第三，由人员佩戴的屏障**，即个人防护用品，如安全帽、手套、防护服、口罩等。

⑦**从时间和空间上将人与能量隔离**。例如：道路交通的信号灯；冲压设备的防护装置等。

⑧**设置警告信息**。在很多情况下，能量作用于人体之前，并不能被人直接感知到，因此使用各种警告信息是十分必要的，如各种警告标志、声光报警器等。

以上措施往往几种同时使用，以确保安全。此外，这些措施也要尽早使用，做到防患于未然。

七、人失误事故模型

这类事故理论都有一个基本的观点，即：人失误会导致事故，而人失误的发生是由于人对外界刺激（信息）的反应失误造成的。

1. 威格里斯沃思模型

威格里斯沃思在1972年提出，人失误构成了所有类型事故的基础。他把人失误定义为"(人)错误地或不适当地响应一个外界刺激"。他认为:在生产操作过程中,各种各样的信息不断地作用于操作者的感官,给操作者以"刺激"。若操作者能对刺激作出正确的响应,事故就不会发生;反之,如果错误地或不恰当地响应了一个刺激(人失误),就有可能出现危险。危险是否会带来伤害事故,则取决于一些随机因素。

威格里斯沃思的事故模型可以用图7-5中的流程关系来表示。该模型绘出了人失误导致事故的一般模型。

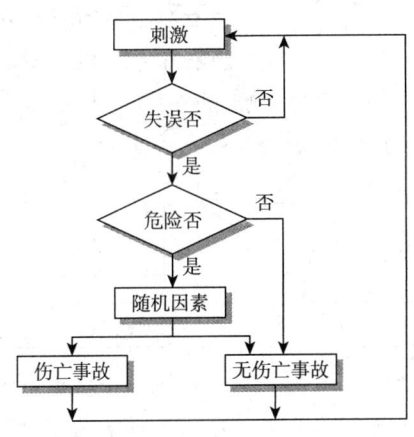

图7-5 威格里斯沃思事故模型

2. 瑟利模型

瑟利把事故的发生过程分为**危险出现和危险释放**两个阶段,这两个阶段各自包括一组类似人的信息处理过程,即**知觉、认识和行为响应过程**。

在危险出现阶段,如果人的信息处理的每个环节都正确,危险就能被消除或得到控制;反之,只要任何一个环节出现问题,就会使操作者直接面临危险。

在危险释放阶段,如果人的信息处理过程的各个环节都是正确的,则虽然面临着已经显现出来的危险,但仍然可以避免危险释放出来,不会带来伤害或损害;反之,只要任何一个环节出错,危险就会转化成伤害或损害。瑟利模型见图7-6。

由图7-6可以看出,两个阶段具有相类似的信息处理过程,每个过程均可被分解成6个方面的问题。下面以危险出现阶段为例,分别介绍这6个方面问题的含义。

第一个问题:对危险的出现有警告吗?这里警告的意思是指工作环境中是否存在安全运行状态和危险状态之间可被感觉到的差异。如果危险没有带来可被感知的差异,则会使人直接面临该危险。在生产实际中,危险即使存在,也并不一定直接显现出来。这一问题给我们的启示,就是要让不明显的危险状态充分显示出来,这往往要采用一定的技术手段和方法来实现。

第二个问题:感觉到了这警告吗?这个问题有两个方面的含义:一是人的感觉能力如何,如果人的感觉能力差,或者注意力在别处,那么即使有足够明显的警告信号,也可能未被察觉;二是环境对警告信号的"干扰"如何,如果干扰严重,则可能妨碍对危险信息的察觉和接受。根据这个问题得到的启示是：感觉能力存在个体差异，提高感觉能力要依靠经验和训练，同时训练也可以提高操作者抗干扰的能力；在干扰严重的场合，要采用能避开干扰的警告方式（如在噪声大的场所使用光信号或与噪声频率差别较大的声信号）或加大警告信号的强度。

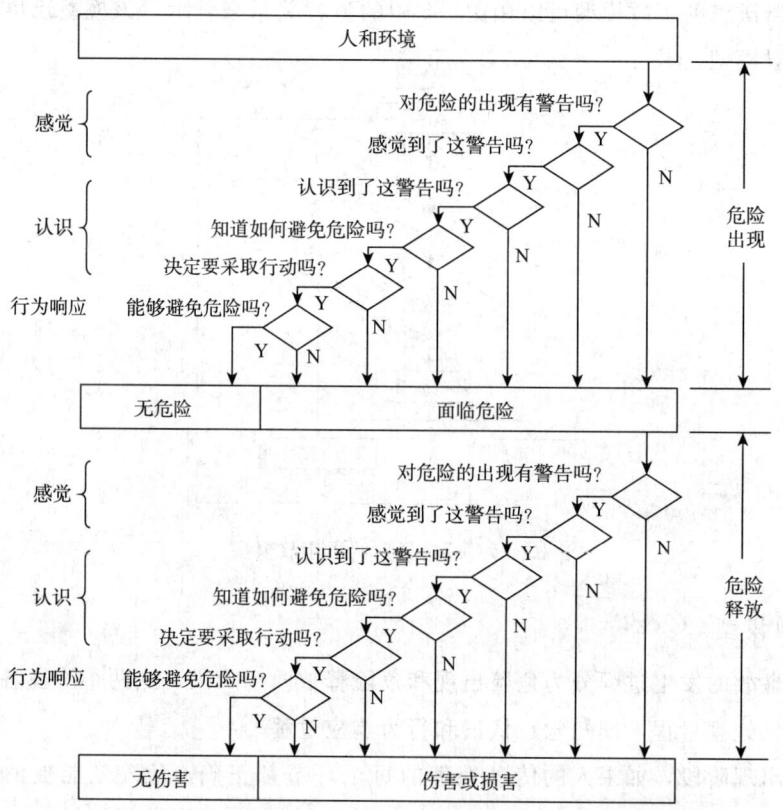

图 7-6　瑟利事故模型

第三个问题：认识到了这警告吗？这个问题问的是操作者在感觉到警告之后，是否理解了警告所包含的意义，即操作者将警告信息与自己头脑中已有的知识进行对比，从而识别出危险的存在。

第四个问题：知道如何避免危险吗？问的是操作者是否具备避免危险的行为响应的知识和技能。为了使这种知识和技能变得完善和系统，从而更有利于采取正确的行动，操作者应该接受相应的训练。

第五个问题：决定要采取行动吗？表面上看，这个问题毋庸置疑，既然有危险，当然要采取行动。但在实际情况下，人们的行动是受各种动机中的主导动机驱使的，采取行动回避风险的"避险"动机往往与"趋利"动机（如省时、省力、多挣钱、享乐等）交织在一起。当趋利动机成为主导动机时，尽管认识到危险的存在，并且也知道如何避免危险，操作者仍然会"心存侥幸"而不采取避险行动。

最后一个问题：能够避免危险吗？问的是操作者在作出采取行动的决定后，是否能迅速、敏捷、正确地作出行动上的反应。

上述六个问题中，前两个问题都是与人对信息的感觉有关的，第 3～5 个问题是与人的认识有关的，最后一个问题是与人的行为响应有关的。这 6 个问题涵盖了人的信息处理全过程，并且反映了在此过程中有很多发生失误进而导致事故的机会。

瑟利模型适用于描述危险局面出现得较慢，如不及时改正则有可能发生事故的情况。对于描述发展迅速的事故，也有一定的参考价值。

八、动态变化理论

世界是在不断运动、变化着的，工业生产过程也在不断变化之中。针对客观世界的变化，我们的安全工作也要随之改进，以适应变化了的情况。如果管理者不能或没有及时地适应变化，则将发生管理失误；操作者不能或没有及时地适应变化，则将发生操作失误。外界条件的变化也会导致机械、设备等的故障，进而导致事故的发生。

九、扰动起源事故理论

本尼尔认为，事故过程包含着一组相继发生的事件。这里，事件是指生产活动中某种发生了的事情，如一次瞬间或重大的情况变化，一次已经被避免的或导致另一事件发生的偶然事件等。因而，可以将生产活动看做是一个自觉或不自觉地指向某种预期的或意外的结果的事件链，它包含生产系统元素间的相互作用和变化着的外界的影响。由事件链组成的正常生产活动，是在一种自动调节的动态平衡中进行的，在事件的稳定运行中向预期的结果发展。

事件的发生必然是某人或某物引起的，如果把引起事件的人或物称为"行为者"，而其动作或运动称为"行为"，则可以用行为者及其行为来描述一个事件。在生产活动中，如果行为者的行为得当，则可以维持事件过程稳定地进行；否则，可能中断生产，甚至造成伤害事故。

生产系统的外界影响是经常变化的，可能偏离正常的或预期的情况。这里称外界影响的变化为"扰动"（Perturbation，简称 P）。扰动将作用于行为者。产生扰动的事件称为**起源事件**。

当行为者能够适应不超过其承受能力的扰动时，生产活动可以维持动态平衡而不发生事故。如果其中的一个行为者不能适应这种扰动，则自动平衡过程被破坏，开始一个新的事件过程，即**事故过程**。

该事件过程可能使某一行为者承受不了过量的能量而发生伤害或损害，这些伤害或损害事件可能依次引起其他变化或能量释放，作用于下一个行为者并使其承受过量的能量，发生连续的伤害或损害。当然，如果行为者能够承受冲击而不发生伤害或损害，则**事件过程将继续进行**。

综上所述，可以将事故看做由事件链中的扰动开始，以伤害或损害为结束的过程。这种事故理论也叫做"P 理论"。图 7-7 为这种理论的示意图。

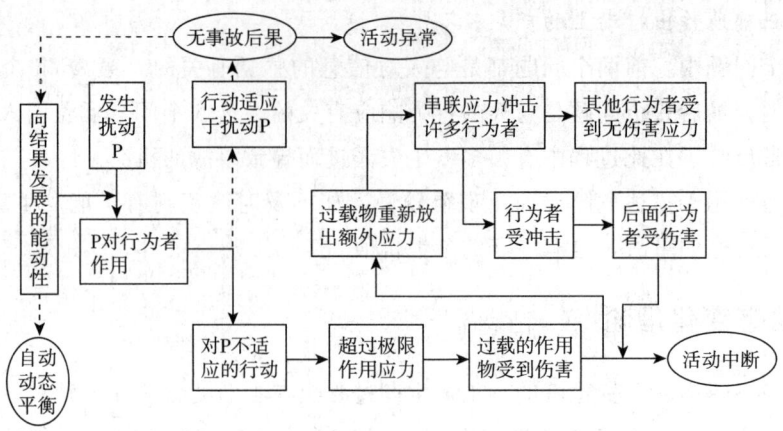

图 7-7 扰动理论示意图

有了丰富而充实的安全理论，安全科学技术的发展才有坚实的基础；人类实现了对真正安全原理的掌握，才能改变自身对事故的认识和态度，才能使今天人们安全生产和生活的必然王国走向未来人类安全生存与发展的自由王国。

任何科学的东西，必然要不断地发展和更新，今天的现代管理方法会成为将来传统的方法，一门科学只有不断地创新和发展，才会有生命力。因此，现代是相对的，科学是永恒的，安全管理原理是现代企业安全科学管理的基础、战略和纲领。

只有不断创新和进步，现代安全管理才能满足现代企业安全生产现代管理的需要，才能为降低人类利用技术的生命、健康、经济、环境的风险代价作出应有的贡献。

第二节 现代安全管理制度

一、安全生产责任制

《安全生产法》第四条明确规定："生产经营单位必须遵守本法和其他有关安全生产的法律、法规，加强安全生产管理，建立、健全安全生产责任制度……"

安全生产责任制是生产经营单位各项安全生产规章制度的核心，是生产经营单位行政岗位责任制和经济责任制度的重要组成部分，也是最基本的职业健康安全管理制度。安全生产责任制是按照职业健康安全工作方针"安全第一，预防为主，综合治理"和"管生产的同时必须管安全"的原则，将各级负责人员、各职能部门及其工作人员和各岗位生产工人在职业健康安全方面应做的事情和应负的责任加以明确规定的一种制度。

（一）建立安全生产责任制的要求

要建立起一个完善的生产经营单位安全生产责任制，需要达到如下要求：
◆ 必须符合国家安全生产法律法规和政策、方针的要求，并应适时修订。
◆ 建立的安全生产责任制体系要与生产经营单位管理体制协调一致。

◆ 制订安全生产责任制要根据本单位、部门、班组、岗位的实际情况,明确、具体,具有可操作性,防止形式主义。

◆ 制订、落实安全生产责任制要有专门的人员与机构来保障。

◆ 同时建立安全生产责任制的监督、检查等制度,注意发挥职工群众的监督作用,保证安全生产责任制落实。

(二)安全生产责任制的主要内容

1. 生产经营单位主要负责人

生产经营单位的主要负责人是本单位安全生产的第一责任者,对安全生产工作全面负责。其职责为:

◆ 建立、健全本单位安全生产责任制;

◆ 组织制订本单位安全生产规章制度和操作规程;

◆ 保证本单位安全生产投入的有效实施;

◆ 督促、检查本单位的安全生产工作,及时消除生产安全事故隐患;

◆ 组织制订并实施本单位的生产安全事故应急救援预案;

◆ 及时、如实报告生产安全事故。

2. 生产经营单位其他负责人

生产经营单位其他负责人在各自职责范围内,协助主要负责人搞好安全生产工作。

3. 生产经营单位职能管理机构负责人及其工作人员

职能管理机构负责人按照本机构的职责,组织有关工作人员做好安全生产责任制的落实,对本机构职责范围的安全生产工作负责;职能机构工作人员在本人职责范围内做好有关安全生产工作。

4. 班组长

班组安全生产是搞好安全生产工作的关键,班组长全面负责本班组的安全生产,是安全生产法律、法规和规章制度的直接执行者。贯彻执行本单位对安全生产的规定和要求,督促本班组的工人遵守有关安全生产规章制度和安全操作规程,切实做到不违章指挥,不违章作业,遵守劳动纪律。

5. 岗位工人

岗位工人对本岗位的安全生产负直接责任。要接受安全生产教育和培训,遵守有关安全生产规章和安全操作规程,不违章作业,遵守劳动纪律。特种作业人员必须接受专门的培训,经考试合格取得操作资格证书的,方可上岗作业。

二、安全生产管理机构与人员

生产经营单位应按照《安全生产法》的规定要求设置安全生产管理机构和配备安全生

产管理人员。

安全生产管理机构指的是生产经营单位中专门负责安全生产监督管理的内设机构,其工作人员都是专职安全生产管理人员。它是生产经营单位安全生产的重要组织保证。

安全生产管理机构的作用:
- ◆ 落实国家有关安全生产的法律法规;
- ◆ 组织生产经营单位内部各种安全检查活动;
- ◆ 负责日常安全检查;
- ◆ 及时整改各种事故隐患;
- ◆ 监督安全生产责任制的落实等。

安全生产管理机构的设置和专、兼职安全生产管理人员的配备,是根据生产经营单位的危险性、规模大小等因素来确定的。

从事危险性较大的矿山开采、建筑施工和危险物品的生产、经营、储存活动的生产经营单位,必须设置安全生产管理机构或者配备专职安全生产管理人员。具体是否设置安全生产管理机构或者配备多少专职安全生产管理人员,则应根据生产经营单位危险性的大小、从业人员的多少、生产经营规模的大小等因素确定。

除从事矿山开采、建筑施工和危险物品生产、经营、储存活动的生产经营单位外,其他生产经营单位是否设立安全生产管理机构以及是否配备专职安全生产管理人员,则要根据其从业人员的规模来确定。

- ◆ 从业人员超过 300 人的生产经营单位,必须设置安全生产管理机构或者配备专职安全生产管理人员;是设置安全生产管理机构,还是配备专职安全生产管理人员,要根据生产经营单位的实际情况来确定,没有统一规定。
- ◆ 从业人员在 300 人以下的生产经营单位,可以不设置安全生产管理机构,但必须配备专职或者兼职的安全生产管理人员,或者委托具有国家规定的相关专业技术资格的工程技术人员提供安全生产管理服务。
- ◆ 当生产经营单位依据法律规定和本单位实际情况,委托工程技术人员提供安全生产管理服务时,保证安全生产的责任仍由本单位负责。

三、安全生产投入

谈到安全投入,很多人都认为只要增加安全投入就增加了企业的成本,减少了收入和利润。这种观点是片面的。

安全投入不应该是企业的负担,它所产生的决不是简单的成本增加。但是,就其本质,**安全投入应算是一种特殊的投资**,对安全投入所产生的效益不像普通的投资那样直接反映在产品的数量的增加和质量的改进上,而是**体现在生产的全过程,保证生产的正常和连续的进行**,这种投入的**直接结果是**,企业不发生或减少发生事故和职业病、人员伤亡和财产损失。而这个结果是企业持续生产,保证正常效益取得的必要条件,安全与效益之间**是一种相互依存相互促进的关系。**

从经济的角度看，如果安全生产做好了，企业效益就有保证，人们的生活和生产秩序才能有保证，从而可以发挥极大的社会效益。如果安全生产工作做不好，不但会危及个人的生命安全，而且会给企业造成很大的经济损失和浪费，并危及企业的正常生产，给人们的生活造成极大的不便，甚至造成一定的社会影响和政治影响。

运用科学的管理手段，合理控制安全投入，从哲学的角度看，在任何一对矛盾的事故间都可找到最佳平衡点，从经济学角度看，安全投入并非越多越好。

合理的安全投入可以与经济效益成正比增长，如果一旦超过某一限度，就变成无所谓的损失浪费，甚至可能降低企业的经济效益。企业正常的安全投入都应该在安全的失稳点与安全的保障点之间，超过安全保障点的安全投入可能就是盲目的投入，得到的效果，必然会适得其反，不但会增加安全管理的难度，还有可能真的影响企业的经济效益。

企业对安全的投入应该有预算，力争使用合理的安全投入，发挥其最大的经济效益，同时，还需要用监督检查等手段对企业安全资金投入使用情况进行必要的监督检查。另外，企业应当制订切实可行的管理制度，并且通过加大科学技术的应用和培训力度，以努力提高自身的安全生产能力和管理水平。力争把有限的人力、物力、财力做最合理的投入，最大限度的发挥安全投入的作用，减少事故经济损失；以最少的投入换取最大的经济效益，这就是安全工作所追求的最佳状态。

安全投入资金具体由谁来保证，依据该单位的性质而定。一般说来，股份制企业、合资企业等安全生产投入资金由董事会予以保证；一般国有企业由厂长或者经理予以保证；个体工商户等个体经济组织由投资人予以保证。上述保证人承担由于安全生产所必需的资金投入不足，而导致事故后果的法律责任。

安全生产投入主要用于以下方面：
- 建设安全技术措施工程，如防火工程、通风工程等；
- 增设新安全设备、器材、装备、仪器、仪表等以及这些安全设备的日常维护；
- 重大安全生产课题的研究；
- 按国家标准为职工配备劳动保护用品；
- 职工的安全生产教育和培训；
- 其他有关预防事故发生的安全技术措施费用，如用于制订及落实生产事故应急救援预案等。

四、安全生产培训教育

安全生产培训教育是安全监管的重要组成部分。安全生产培训教育是防止职工产生不安全行为和失误的重要措施。首先，它能提高企业领导和广大职工搞好安全生产的责任感和自觉性；其次，安全生产培训教育能普及安全技术知识，提高广大职工的安全操作技术水平，搞好事故预防，保护自身和他人的安全健康。

（一）安全生产培训教育分类

安全培训教育一般分为三项阶段：即安全知识教育、安全技能教育和安全态度教育。

> ◆ 安全知识教育
>
> 安全教育的第一阶段应该进行安全知识教育即"知"的教育,使人员掌握有关事故预防的基本知识。对于潜藏有凭人的感官不能直接感知其危险性的不安全因素的操作,对操作者进行安全知识教育尤其重要。如电路检修,防止漏电。通过安全知识教育,使操作者了解生产操作过程中潜在的危险因素及防范措施等。
>
> ◆ 安全技能教育
>
> 安全教育的第二阶段应该进行所谓"会"的安全技能教育。通过反复地实际操作,不断地摸索而熟能生巧,才能逐渐掌握安全技能。
>
> ◆ 安全态度教育
>
> 安全态度教育是安全教育的最后阶段,也是安全教育中最重要的阶段。经过前两个阶段的安全教育,操作人员掌握了安全知识和安全技能,但是在生产操作中是否落地实处,则完全由个人的思想意识所支配。安全态度教育的目的,就是使操作者尽可能自觉地运用安全技能,搞好安全生产。

安全知识教育、安全技能教育和安全态度教育三者之间是密不可分的,如果安全技能教育和安全态度进行得不好的话,安全知识教育也会落空。成功的安全教育不仅使职工懂得安全知识,而且能正确、认真地进行安全行为。

(二) 我国企业安全生产培训教育的现状

目前,我国企业开展安全培训教育主要有:三级教育和特种作业人员的专门训练。但是对于企业的主要负责人和管理人员,安全生产教育培训不到位,虽然国家三令五申,但是这类培训却始终处于过于形式化,企业把安全培训当成一种任务来应付,企业主要负责人等高层领导对于安全认识不到位,对于安全效益不理解,这是安全投入不足、安全管理不到位的思想根源。

现在国家对于三高危企业采取强制取证培训,并且把资格证书作为企业取得《安全生产许可证》的一种必要证件,来对于三高危企业的培训进行管理,取得了一定的效果。

1. 三级教育

三级教育制度是厂矿企业必须坚持的基本安全教育制度和主要形式。它包括入厂教育、车间教育和岗位教育。

入厂教育。对新人入厂的或调动工作的工人(包括到工厂参加生产实习的人员和参加劳动的学生),在没有分配到车间或工作地点之前,必须进行初步的安全生产教育,此称入厂教育。

> **入厂教育的主要内容**
> ◆ 本企业安全生产的形势,介绍企业安全生产方面的一般情况,学习有关文件,讲解安全生产的重要意义。
> ◆ 介绍企业内特殊危险地点。
> ◆ 一般的电气和机械安全教育知识。
> ◆ 一般的安全技术知识和伤亡事故发生的主要原因,事故教训,从正反两方面来讲解安全生产的重要性,使工人受到安全生产的初步教育。

车间教育。新入厂的工人或调动工作的工人,经过入厂教育合格分配到车间后,还须经过本车间安全教育才能分配到班组。车间安全教育由车间主任或副主任负责,车间专职或兼职安全员协助。

> **车间教育的主要内容**
> ◆ 本车间的概况,生产性质、生产任务、生产工艺流程;主要设备的特点;安全生产管理组织形式、安全生产规程。
> ◆ 本车间的危险区域、有毒有害作业的情况,以及必须遵守的安全事项。
> ◆ 本车间的安全生产情况、问题以及好坏典型事例等。

岗位教育。岗位教育是新工人或调动的工人,到了固定工作岗位后开始工作以前的安全教育。

> **岗位教育的主要内容**
> ◆ 本班组的生产性质、任务、将要从事的生产岗位性质、生产责任。
> ◆ 将要使用的机器设备、工具的性能、特点及安全装置、防护设施性能、作用和维护方法。
> ◆ 本工种安全操作规程和应遵守的纪律制度。
> ◆ 保持工作场所整洁的重要性,必要性及注意的事项。
> ◆ 个人劳动防护用品的正确使用和保管。
> ◆ 本班组的安全生产情况,预防事故的措施及发生事故后应采取的紧急措施;事故安全教训。

2. 对特种作业人员的专门培训

特种作业范围包括电工作业、锅炉司炉、压力容器操作、起重机械作业、爆破作业、金属焊接(气割)作业、煤矿井下瓦斯检验、机动车辆驾驶、机动船舶驾驶和轮机操作、建筑登高架设作业以及符合特种作业基本定义的其他作业。

对从事特种作业人员,要进行专门的安全技术和操作知识的教育和训练,经过国家有关部门考核合格后,发给"特种作业人员操作证"。特种人员在进行作时,必须随身携带"特种作业人员操作证"。

◆ 培训方法。对特种作业人员的安全培训,可由所在单位或单位的主管部门培训,也可由考核发证部门或由考核发证部门指定的单位培训。培训的时间和内容,可按国家(或部)颁发的特种作业《安全技术考核标准》和有关规定执行。

◆ 考核和发证。特种作业人员经安全技术培训后,经考核合格取得操作证者,方准持证上岗独立作业。

锅炉司炉、压力容器操作、电工作业、起重机械作业、金属焊接(气割)作业,建筑登高架设作业和企业内的机动车辆驾驶等,由市劳动行政部门或其指定的单位考核发证。其他特种作业人员分别由公安(对爆破作业人员)、铁路(对铁路机车驾驶人员)、煤炭(对煤矿井下瓦斯检验人员)、电业(对电业系统的电工作业人员)等部门考核发证。

五、建设项目"三同时"

建设项目"三同时"是指**生产性基本建设项目中的劳动安全卫生设施必须符合国家规定的标准,必须与主体工程同时设计、同时施工、同时投入生产和使用**,以确保建设项目竣工投产后,符合国家规定的劳动安全卫生标准,保障劳动者在生产过程中的安全与健康。

"三同时"的要求是针对我国境内的新建、改建、扩建的基本建设项目、技术改造项目和引进的建设项目,它包括在我国境内建设的中外合资、中外合作和外商独资的建设项目。

建设项目中引进的国外技术和设备应符合我国规定或认可的劳动安全卫生标准;全部设计应符合我国有关规范和规定的要求。

"三同时"是生产经营单位安全生产的重要保障措施,是一种事前保障措施。"三同时"对贯彻落实"安全第一、预防为主、综合治理"方针,改善劳动者的劳动条件,防止发生工伤事故,促进社会主义经济的发展,具有重要意义,也是各级政府安全生产监督管理机构实施安全卫生监督管理的主要内容,是一项根本性的基础工作,也是有效消除和控制建设项目中危险、有害因素的根本措施。随着经济建设迅速发展,"三同时"作为"事前预防"的途径,将不断深化并不断提出更高的要求。

"三同时"的主要法律依据

◆《劳动法》第六章第五十三条明确要求:"劳动安全卫生设施必须符合国家规定的标准。新建、改建、扩建工程的劳动安全卫生设施必须与主体工程同时设计、同时施工、同时投入生产和使用。"

◆《安全生产法》第二十四条规定:"生产经营单位新建、改建、扩建工程项目(以下统称建设项目)的安全设施,必须与主体工程同时设计、同时施工、同时投入生产和使用，安全设施投资应当纳入建设项目概算。"

◆《职业病防治法》第十六条规定："建设项目的职业病防护设施所需费用应当纳入建设项目工程预算，并与主体工程同时设计、同时施工、同时投入生产和使用。"

◆《建设项目（工程）劳动安全卫生监察规定》（原劳动部第3号令）是目前从事"三同时"监察工作最为明确、具体的法规；《建设项目（工程）劳动安全卫生预评价管理办法》（原劳动部第10号令）和《建设项目（工程）劳动安全卫生预评价单位资格认可与管理规则》（原劳动部第11号令）都是原劳动部第3号令的配套规章。

六、安全生产检查

安全检查是**指对生产过程及安全管理中可能存在的隐患、有害与危险因素、缺陷等进行查证，以确定隐患或有害与危险因素、缺陷的存在状态，以及它们转化为事故的条件，以便制定整改措施，消除隐患和有害与危险因素，确保生产的安全**。

安全检查是安全管理工作的重要内容，是消除隐患、防止事故发生、改善劳动条件的重要手段。通过安全检查可以发现生产经营单位生产过程中的危险因素，以便有计划地制定纠正措施，保证生产的安全。

（一）安全生产检查的内容

安全检查对象的确定应本着突出重点的原则，对于危险性大、易发事故、事故危害大的生产系统、部位、装置、设备等应加强检查。

> **重点检查内容：**
> ◆ 易造成重大损失的易燃易爆危险物品、剧毒品、锅炉、压力容器、起重、运输、冶炼设备、电气设备、冲压机械、高处作业和本企业易发生工伤、火灾、爆炸等事故的设备、工种、场所及其作业人员；
> ◆ 造成职业中毒或职业病的尘毒点及其作业人员；
> ◆ 直接管理重要危险点和有害点的部门及其负责人。

安全检查的内容包括软件系统和硬件系统，具体主要是**查思想、查管理、查隐患、查整改、查事故处理**。

目前，**非矿山企业国家有关规定要求强制性检查的项目有**：锅炉、压力容器、压力管道、高压医用氧仓、起重机、电梯、自动扶梯、施工升降机、简易升降机、防爆电器、厂内机动车辆、客运索道、游艺机及游乐设施等，作业场所的粉尘、噪声、振动、辐射、高温低温、有毒物质的浓度等。

矿山企业要求强制性检查的项目有：矿井风量、风质、风速及井下温度、湿度、噪声；瓦斯、粉尘；矿山放射性物质及其他有毒有害物质；露天矿山边坡；尾矿坝；提升、运输、装载、通风、排水、瓦斯抽放、压缩空气和超重设备；各种防爆电器、电器安全保护装置；矿灯、钢丝绳等；瓦斯、粉尘及其他有毒有害物质检测仪器、仪表；自救器；救护设备；安全帽；防尘口罩或面罩；防护服、防护鞋；防噪声耳塞、耳罩。

(二) 检查方法

1. 常规检查

常规检查是常见的一种检查方法。通常是由安全管理人员作为检查工作的主体，到作业场所的现场，通过感观或辅助一定的简单工具、仪表等，对**作业人员的行为、作业场所的环境条件、生产设备设施等进行的定性检查**。安全检查人员通过这一手段，及时发现现场存在的安全隐患并采取措施予以消除，纠正施工人员的不安全行为。

这种方法完全依靠安全检查人员的经验和能力，检查的结果直接受安全检查人员个人素质的影响。因此，对安全检查人员要求较高。

2. 安全检查表法

为使检查工作更加规范，使个人的行为对检查结果的影响减少到最小，常采用安全检查表法。

安全检查表（SCL）是为了系统地找出系统中的不安全因素，事先把系统加以剖析，列出各层次的不安全因素，确定检查项目。并把检查项目按系统的组成顺序编制成表，以便进行检查或评审，这种表就叫做安全检查表。安全检查表是进行安全检查，发现和查明各种危险和隐患、监督各项安全规章制度的实施，及时发现事故隐患并制止违章行为的一个有力工具。

安全检查表应列举需查明的**所有会导致事故的不安全因素。每个检查表均需注明检查时间、检查者、直接负责人等，以便分清责任**。安全检查表的设计应做到系统、全面，检查项目应明确。

在我国许多行业都编制并实施了适合行业特点的安全检查标准。如建筑、火电、机械、煤炭等行业都制定了适用于本行业的安全检查表。企业在实施安全检查工作时，根据行业颁布的安全检查标准，可以结合本单位情况制订更具可操作性的检查表。

3. 仪器检查法

机器、设备内部的缺陷及作业环境条件的真实信息或定量数据，只能通过仪器检查法来进行定量化的检验与测量，才能发现安全隐患，从而为后续整改提供信息。因此必要时需要实施仪器检查。由于被检查对象不同，检查所用的仪器和手段也不同。

第三节　职业健康安全管理体系

建立与实施职业健康安全管理体系能有效提高企业安全生产管理水平，有助于生产经营单位建立科学的管理机制，采用合理的职业健康安全管理原则与方法，持续改进职业健康安全绩效（包括整体或某一具体职业健康安全绩效）；有助于生产经营单位积极主动地贯彻执行相关职业健康安全法律法规，并满足其要求；有助于大型生产经营单位（如跨国公司或大型现代联合企业）的职业健康安全管理功能一体化；有助于生产经营单位对潜在事故或紧急情况作出响应；有助于生产经营单位满足市场要求；并有助于生产经营单位获得注册或认证。

一、职业健康安全管理体系的概念与运行模式

职业健康安全管理体系是指**为建立职业健康安全方针和目标以及实现这些目标所制订的一系列相互联系或相互作用的要素**。它是职业健康安全管理活动的一种方式，包括影响职业健康安全绩效的重点活动与职责以及绩效测量的方法。

职业健康安全管理体系的运行模式可以追溯到一系列的系统思想，最主要的是 Edward Deming 的 PDCA（即**策划、实施、评价、改进**）概念。在此概念的基础上并结合职业健康安全管理活动的特点，不同的职业健康安全管理体系标准提出了基本相似的职业健康安全管理体系运行模式，其核心都是为生产经营单位建立一个动态循环的管理过程，以持续改进的思想指导生产经营单位系统地实现其既定的目标。OHSAS18001 的运行模式为职业健康安全方针、策划、实施与运行、检查与纠正措施、管理评审（见图 7-8）。

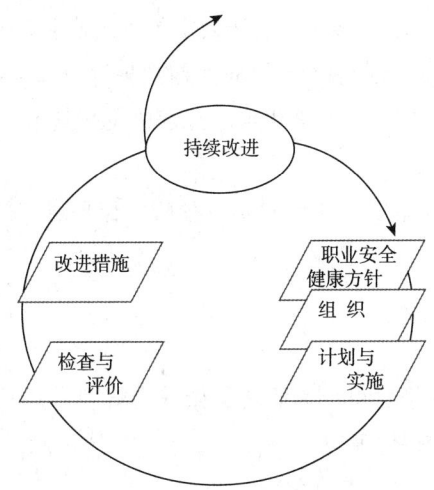

图 7-8　OHSAS18001 的运行模式

二、职业健康安全管理体系的基本要素

职业健康安全管理体系作为一种系统化的管理方式，各个国家依据其自身的实际情况提出了不同的指导性要求。本节主要依据 ILO—OSH 2001 导则的框架，介绍现有职业健康安全管理体系的基本要素。

（一）职业健康安全方针

本要素的目的是**要求生产经营单位应在征询员工及其代表的意见的基础上，制订出书**

面的职业健康安全方针,以规定其体系运行中职业健康安全工作的方向和原则,确定职业健康安全责任及绩效总目标,表明实现有效职业健康安全管理的正式承诺,并为下一步体系目标的策划提供指导性框架。

生产经营单位在制订、实施与评审职业健康安全方针时应充分考虑下列因素,以确保方针实施与实现的可能性和必要性,并确保职业健康安全管理体系与企业的其他管理体系协调一致。

> 应考虑的要素:
> ◆ 所适用职业健康安全法律法规与其他要求的要求;
> ◆ 企业自身整体的经营方针和目标;
> ◆ 企业规模和其所具备资质活动及其所带来风险的特点;
> ◆ 企业过去和现在的职业健康安全绩效;
> ◆ 员工及其代表和其他外部相关方的意见和建议。

为确保所建立与实施的职业健康安全管理体系能够达到控制职业健康安全风险和持续改进职业健康安全绩效的目的,**生产经营单位所制定的职业健康安全方针必须包括以下内容:**

◆ 承诺遵守自身所适用且现行有效的职业健康安全法律、法规,包括生产经营单位所属管理机构的职业健康安全管理规定和生产经营单位与其他用人单位签署的集体协议或其他要求。

◆ 承诺持续改进职业健康安全绩效和事故预防、保护员工健康安全。

(二) 组 织

1. 组织的目的

组织的目的是要求生产经营单位为职业健康安全管理体系及其他要素正确、有效的实施与运行而确立和完善组织保障基础。

2. 组织的内容与要求

(1) 机构与职责

生产经营单位的**最高管理者应对保护企业员工的安全与健康负全面责任**,并应在企业内**设立各级职业健康安全管理的领导岗位**,针对那些对其活动、设施(设备)和管理过程的职业健康安全风险有一定影响的从事管理、执行和监督的各级管理人员,规定其作用、职责和权限,以确保职业健康安全管理体系的有效建立、实施与运行并实现的职业健康安全目标。

生产经营单位应**在最高管理层任命一名或几名人员作为职业健康安全管理体系的管理者代表,赋予其充分的权限**,并确保其在职业健康安全职责不与其承担的其他职责冲突的条件下完成下列工作:

◆ 建立、实施、保持和评审职业健康安全管理体系;

- ◆ 定期向最高管理层报告职业健康安全管理体系的绩效；
- ◆ 推动企业全体员工参加职业健康安全管理活动。

生产经营单位应为实施、控制和改进职业健康安全管理体系提供必要的资源，确保上述各级负责职业健康安全事务的人员（包括健康安全委员会）能够顺利地开展其工作。

(2) 培训及意识和能力

生产经营单位应建立并保持培训的程序，以便规范、持续地开展培训工作，确保员工具备必需的职业健康安全意识与能力。

生产经营单位应对培训计划的实施情况进行定期评审，评审时应有职业健康安全委员会的参与，如可行，应对培训方案进行修改以保证它的针对性与有效性。

(3) 协商与交流

生产经营单位应建立并保持程序，并作出文件化的安排，促进其就有关职业健康安全信息与员工和其他相关方（如分承包方人员、供货方、访问者）进行协商和交流。

生产经营单位应在企业内建立有效的协商机制（如成立健康安全委员会或类似机构、任命员工职业健康安全代表及员工代表、选择员工加入职业健康安全实施队伍等）与协商计划，确保能有效地接收到所有员工的信息，并安排员工参与以下活动过程：

- ◆ 方针和目标的制订及评审、风险管理和控制的决策（包括参与与其作业活动有关的危害辨识、风险评价和风险控制决策）；
- ◆ 职业健康安全管理方案与实施程序的制定与评审；
- ◆ 事故、事件的调查及现场职业健康安全检查等；
- ◆ 对影响作业场所及生产过程中的职业健康安全的有关变更（如引入新的设备、原材料、化学品、技术、过程、程序或工作模式或对它们进行改进所带来的影响）而进行的协商。

(4) 文件化

生产经营单位应保持最新与充分的并适合于企业实际特点的职业健康安全管理体系文件，以确保建立的职业健康安全管理体系在任何情况下（包括各级人员发生变动时）均能得到充分理解和有效运行。

职业健康安全管理体系文件应包括下列内容：
- ◆ 职业健康安全方针和目标；
- ◆ 职业健康安全管理的关键岗位与职责；
- ◆ 主要的职业健康安全风险及其预防和控制措施；
- ◆ 职业健康安全管理体系框架内的管理方案、程序、作业指导书和其他内部文件。

---

(5) 文件与资料控制

生产经营单位应制定书面程序，以便对职业健康安全文件的识别、批准、发布和撤销以及职业健康安全有关资料进行控制，确保其满足下列要求：

- ◆ 明确体系运行中哪些是重要岗位以及这些岗位所需的文件，确保这些岗位得到现行有效版本的文件；

◆ 无论在正常还是异常情况（包括紧急情况），文件和资料都应便于使用和获取。例如，在紧急情况下，应确保工艺操作人员及其他有关人员能及时获得最新的工程图、危险物质数据卡、程序和作业指导书等；

◆ 职业健康安全管理体系文件应书写工整，便于使用者理解，并应定期评审，必要时予以修改；

◆ 传达到企业内所有相关人员或受其影响的人员；

◆ 建立现行有效并需控制的文件与资料发放清单，并采取有效措施及时将失效文件和资料从所有发放和使用场所撤回或防止误用；

◆ 根据法律、法规的要求和（或）保存知识的目的，对留存的档案性文件和资料应予以适当标识。

(6) 记录与记录管理

生产经营单位建立和保持程序，用来标识、保存和处置有关职业健康安全记录。

生产经营单位的职业健康安全记录应填写完整、字迹清楚、标识明确，并确定记录的保存期，将其存放在安全地点，便于查阅，避免损坏。重要的职业健康安全记录应以适当方式或按法规要求妥善保护，以防火灾和损坏。

（三）计划与实施

1. 计划与实施的目的

计划与实施的目的是要求**生产经营单位依据自身的危害与风险情况，针对职业健康安全方针的要求作出明确具体的规划，并建立和保持必要的程序或计划，以持续、有效地实施与运行职业健康安全管理规划**。包括初始评审、目标、管理方案、运行控制和应急预案与响应。

2. 计划与实施的内容与要求（见图 7-9）

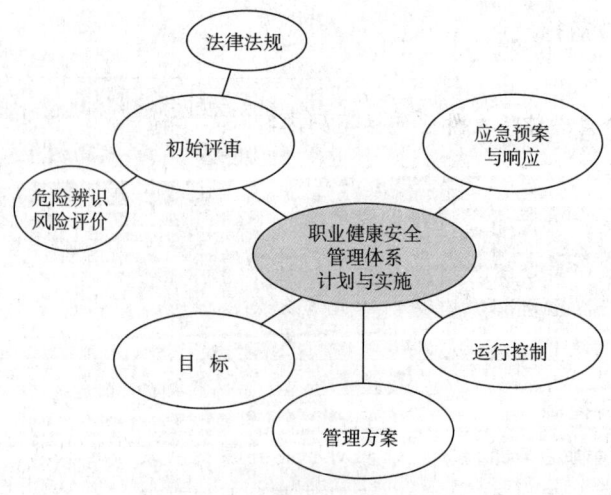

图 7-9 计划与实施的内容

(1) 初始评审

初始评审是指对生产经营单位现有职业健康安全管理体系及其相关管理方案进行评价，目的是依据职业健康安全方针总体目标和承诺的要求，为建立和完善职业健康安全管理体系中的各项决策（重点是目标和管理方案）提供依据，并为持续改进企业的职业健康安全管理体系提供一个能够测量的基准。

对于尚未建立或欲重新建立职业健康安全管理体系的生产经营单位，或该企业属于新建组织时，初始评审过程可作为其建立职业健康安全管理体系的基础。

初始评审过程主要包括危害辨识、风险评价和风险控制的策划以及法律、法规及其他要求等两项工作。 生产经营单位的初始评审工作应组织相关专业人员来完成以确保初始评审的工作质量，如可行，此工作还应以适当的形式（如健康安全委员会）与企业的员工及其代表进行协商交流。初始评审的结果应形成文件。

①危害辨识、风险评价和风险控制策划

生产经营单位应通过定期或及时地开展危害辨识、风险评价和风险控制策划工作，来识别、预测和评价生产经营单位现有或预期的作业环境和作业组织中存在哪些危害/风险，并确定消除、降低或控制此类危害/风险所应采取的措施。

生产经营单位应首先结合自身的实际情况建立并保持一套程序，重点提供和描述危害辨识、风险评价和风险控制策划活动过程的范围、方法、程度与要求。

生产经营单位在开展危害辨识、风险评价和风险控制的策划时，应注意满足下列充分性要求：

◆ 在任何情况下，不仅考虑常规的活动，而且，还应考虑非常规的活动；

◆ 除考虑自身员工的活动所带来的危害和风险外，还应考虑承包方、供货方包括访问者等相关方的活动，以及使用外部提供的服务所带来的危害和风险；

◆ 考虑作业场所内所有的物料、装置和设备造成的职业健康安全危害，包括过期老化以及租赁和库存的物料、装置和设备；

生产经营单位的危害辨识、风险评价和风险控制策划的实施过程应遵循下列基本原则，以确保该项活动的合理性与有效性：

◆ 在进行危害辨识、风险评价和风险控制的策划时，要确保满足实际需要和适用的职业健康安全法律、法规及其他要求；

◆ 危害辨识、风险评价和风险控制的策划过程应作为一项主动的而不是被动的措施执行，即应在承接新的工程活动和引入新的建筑作业程序，或对原有建筑作业程序进行修改之前进行。在这些活动或程序改变之前，应对已识别出的风险策划必要的降低和控制措施。

◆ 应对所评价的风险进行合理的分级，确定不同风险的可承受性，以便于在制订目标特别是制订管理方案时予以侧重和考虑。

生产经营单位应针对所辨识和评价的各类影响员工安全和健康的危害和风险，确定出相应的预防和控制的措施。所确定的预防和控制措施，应作为制定管理方案的基本依据，而且，应有助于设备管理方法、培训需求以及运行（作业）标准的确定，并为确定监测体系运行绩效的测量标准提供适宜信息。

生产经营单位应按预定的或由管理者确定的时间或周期对危害辨识、风险评价和风险控制过程进行评审。同时,当企业的客观状况发生变化,使得对现有辨识与评价的有效性产生疑义时,也应及时进行评审,并注意在发生变化前即采取适当的预防性措施,并确保在各项变更实施之前,通知所有相关人员并对其进行相应的培训。

②法律法规及其他要求

为了实现职业健康安全方针中遵守相关适用法律法规等的承诺,生产经营单位应认识和了解影响其活动的相关适用的法律、法规和其他职业健康安全要求,并将这些信息传达给有关的人员,同时,确定为满足这些适用法律法规等所必须采取的措施。

生产经营单位应将识别和获取适用法律、法规和其他要求的工作形成一套程序。此程序应说明企业应由哪些部门（如各相关职能管理部门及各项目部）如何（主要指渠道与方式,如通过各级政府、行业协会或团体、上级主管机构、商业数据库和职业健康安全服务机构等）及时全面地获取这类信息,如何准确地识别这些法律法规等对企业的适用性及其适用的内容要求和相应适用的部门,如何确定满足这些适用法律法规等内容要求所必需的具体措施,如何将上述适用内容和具体措施等有关信息及时传达到相关部门等。

生产经营单位还应及时跟踪法律、法规和其他要求的变化,保持此类信息为最新,并为评审和修订目标与管理方案提供依据。

（2）目标

职业健康安全目标是职业健康安全方针的具体化和阶段性体现,因此,生产经营单位在制定目标时,应以方针要求为框架,并应充分考虑下列因素以确保目标合理、可行：

◆ 以危害辨识和风险评价的结果为基础,确保其对实现职业健康安全方针要求的针对性和持续渐进性；

◆ 以获取的适用法律、法规及上级主管机构和其他有关相关方的要求为基础,确保方针中守法承诺的实现；

◆ 考虑自身技术与财务能力以及整体经营上有关职业健康安全的要求,确保目标的可行性与实用性；

◆ 考虑以往职业健康安全目标、管理方案的实施与实现情况,以及以往事故、事件、不符合的发生情况,确保目标符合持续改进的要求。

生产经营单位除了制定整个公司的职业健康安全目标外,还应尽可能以此为基础,对与其相关的职能管理部门和不同层次制订职业健康安全目标。制订职业健康安全目标时,应通过适当的形式（如健康安全委员会）征求员工及其代表的意见。

为了确保能够对所制定目标的实现程度进行客观的评价,目标应尽可能予以量化,并形成文件,并传达到企业内所有相关职能和层次的人员,并应通过管理评审进行定期评审,在可行或必要时予以更新。

（3）管理方案

目的是制订和实施职业健康安全计划,确保职业健康安全目标的实现。

生产经营单位的职业健康安全管理方案应阐明做什么事、谁来做、什么时间做，并包括下列基本内容：

◆ 以所策划风险控制措施以及获取法律、法规及其他要求的结果为主要依据的实现目标的方法；

◆ 上述方法所对应的职责部门（人员）及其绩效标准；

◆ 实施上述方法所要求的时间表；

◆ 实施上述方法所必需的资源保证，包括人力、资金及技术支持。

生产经营单位应定期对职业健康安全管理方案进行评审，以便于在管理方案实施与运行期间企业的生产活动或其内外部运行条件（要求）发生变化时，能够尽可能对管理方案进行修订，以确保管理方案的实施能够实现职业健康安全目标。

（4）运行控制

生产经营单位应对与所识别的风险有关并需采取控制措施的运行与活动（包括辅助性的维护工作）建立和保持计划安排（程序及其规定），在所有作业场所实施必要且有效的控制和防范措施，以确保制订的职业健康安全管理方案得以有效、持续地的落实，从而实现职业健康安全方针、目标和遵守法律、法规等的要求。

生产经营单位对于缺乏程序指导可能导致偏离职业健康安全方针和目标的运行情况应建立并保持文件化的程序与规定。文件化的程序应明确此类运行与活动的流程以及每一流程所需遵循的运行标准。

生产经营单位对于材料与设备的采购和租赁活动应建立并保持管理程序，以确保此项活动符合企业在采购与租赁说明书中提出的职业健康安全方面的要求以及相关法律法规等的要求，并在材料与设备使用之前能够做出安排，使其使用符合企业的各项职业健康安全要求。

生产经营单位对于劳务或工程等分包商或临时工的使用活动应建立并保持管理程序，以确保企业的各项健康安全规定与要求（或至少相类似的要求）适用于分包商及他们的员工。

生产经营单位对于作业场所、工艺过程、装置、机械、运行程序和工作组织的设计活动，包括它们对人的能力的适应，应建立并保持管理程序，以便于从根本上消除或降低职业健康安全风险。

（5）应急预案与响应

目的是确保生产经营单位主动评价其潜在事故与紧急情况发生的可能性及其应急响应的需求，制订相应的应急计划、应急处理的程序和方式，检验预期的响应效果，并改善其响应的有效性。

生产经营单位应依据危害辨识、风险评价和风险控制的结果、法律法规等要求、以往事故、事件和紧急状况的经历以及应急响应演练及改进措施效果的评审结果，针对其潜在事故或紧急情况从预案与响应的角度建立并保持应急计划。

生产经营单位应针对潜在事故与紧急情况的应急响应，确定应急设备的需求并予以充分的提供，并定期对应急设备进行检查与测试，确保其处于完好和有效状态。

生产经营单位应按预定的计划，尽可能采用符合实际情况的应急演练方式（包括对事件进行全面的模拟）来检验应急计划的响应能力，特别是重点检验应急计划的完整性和应急计划中关键部分的有效性。

(四) 检查与评价

1. 检查与评价的目的

检查与评价的目的是要求生产经营单位定期或及时地发现体系运行过程或体系自身所存在的问题，并确定问题产生的根源或需要持续改进的地方。职业安全健康体系的检查与评价主要包括绩效测量与监测、事故事件与不符合的调查、审核与管理评审，如图 7-10 所示。

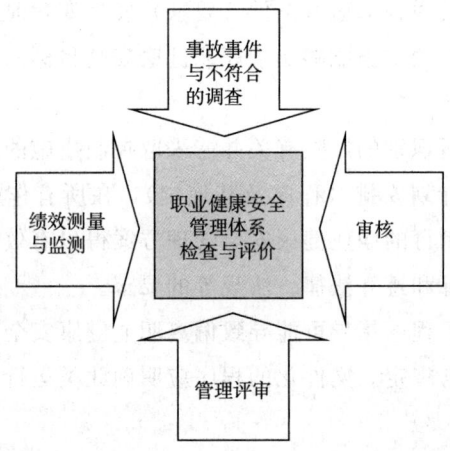

图 7-10 职业安全健康体系的检查与评价

2. 检查与评价的内容与要求

(1) 绩效测量和监测

生产经营单位绩效测量和监测程序，以确保：

◆ 监测职业健康安全目标的实现情况；
◆ 包括主动测量与被动测量两个方面；
◆ 能够支持企业的评审活动，包括管理评审；
◆ 将绩效测量和监测的结果予以记录。

主动测量应作为一种预防机制，根据危害辨识和风险评价的结果、法律及法规要求，制订包括监测对象与监测频次的监测计划，并以此对企业活动的必要基本过程进行监测。内容包括：

◆ 监测职业健康安全管理方案的各项计划及运行控制中各项运行标准的实施与符合情况；
◆ 系统的检查各项作业制度、安全技术措施、施工机具和机电设备、现场安全设施以及个人防护用品的实施与符合情况；
◆ 监测作业环境（包括作业组织）的状况；
◆ 对员工实施健康监护，如可行通过适当的体检或对员工的早期有害健康的症状进行跟踪，以确定预防和控制措施的有效性；

◆ 对国家法律法规及企业签署的有关职业健康安全集体协议及其他要求的符合情况。

被动测量包括对与工作有关的事故、事件，其他损失（如财产损失），不良的职业健康安全绩效和职业健康安全管理体系的失效情况的确认、报告和调查。

生产经营单位应列出用于评价职业健康安全状况的测量设备清单，使用唯一标识并进行控制，设备的精度应是已知的。生产经营单位应有文件化的程序描述如何进行职业健康安全测量，用于职业健康安全测量的设备应按规定维护和保管，使之保持应有的精度。

(2) 事故、事件、不符合及其对职业健康安全绩效影响的调查

目的是建立有效的程序，对生产经营单位的事故、事件、不符合进行调查、分析和报告，识别和消除此类情况发生的根本原因，防止其再次发生，并通过程序的实施，发现、分析和消除不符合的潜在原因。

生产经营单位应保存对事故、事件、不符合的调查、分析和报告的记录，按法律法规的要求，保存一份所有事故的登记簿，并登记可能有重大职业健康安全后果的事件。

(3) 审核

目的是建立并保持定期开展职业健康安全管理体系审核的方案和程序，以评价生产经营单位职业健康安全管理体系及其要素的实施能否恰当、充分、有效地保护员工的安全与健康，预防各类事故的发生。

生产经营单位的职业健康安全管理体系审核应主要考虑自身的职业健康安全方针、程序及作业场所的条件和作业规程，以及适用的职业健康安全法律、法规及其他要求。所制订的审核方案和程序应明确审核人员能力要求、审核范围、审核频次、审核方法和报告方式。

(4) 管理评审

目的是要求生产经营单位的最高管理者依据自己预定的时间间隔对职业健康安全管理体系进行评审，以确保体系的持续适宜性、充分性和有效性。

生产经营单位的最高管理者在实施管理评审时应主要考虑绩效测量与监测的结果、审核活动的结果、事故、事件、不符合的调查结果和可能影响企业职业健康安全管理体系的内、外部因素及各种变化，包括企业自身的变化的信息。

（五）改进措施

1. 改进措施的目的

改进措施的目的是要求生产经营单位针对组织职业健康安全管理体系绩效测量与监测、事故事件调查、审核和管理评审活动所提出的纠正与预防措施的要求，制订具体的实施方案并予以保持，确保体系的自我完善功能，并不断寻求方法持续改进生产经营单位自身职业健康安全管理体系及其职业健康安全绩效，从而不断消除、降低或控制各类职业健康安全危害和风险。改进措施主要包括**纠正与预防措施**和**持续改进**两个方面。

2. 改进措施的内容与要求

(1) 纠正与预防措施

生产经营单位针对职业健康安全管理体系绩效测量与监测、事故事件调查、审核和管理评审活动所提出的纠正与预防措施的要求,应制订具体的实施方案并予以保持,确保体系的自我完善功能。

(2) 持续改进

生产经营单位应不断寻求方法持续改进自身职业健康安全管理体系及其职业健康安全绩效,从而不断消除、降低或控制各类职业健康安全危害和风险。

关键概念

事故频发倾向论　　　海因里希事故因果连锁论　　　博德事故因果连锁论
轨迹交叉论　　　　　能量意外转移理论　　　　　　瑟利模型
扰动起源事故理论　　安全生产责任制　　　　　　　职业健康安全管理体系

问题与问答

1. 假如你是企业的董事长,应该如何进行安全投入,你认为投入多少合适?
2. 作为一个安环部的部长,你打算如何组织自己的安全培训?
3. 假如你是一个安全环保部部长,组织了一次安全培训,满心欢喜地去邀请总经理参加,却被领导一句话给搪塞过去了,请想出一个办法,让他参加这次培训。
4. 今天你去了一个铁矿企业检查,发现一些文件相对齐全,可是这个企业小事故频发,作为一个安监局的监察员,你准备怎么做?
   ◆ 你觉得找企业的人谈谈,那么你应该找哪些人谈谈?
   ◆ 你觉得企业的人会听你的谈话吗?
   ◆ 若不听,你怎么办?
   ◆ 你决定组织大型的安全现场会,你如何来组织这次安全现场会,才不至于冷场,而且还可以收到效果?
5. 作为一个安全监察员,你如何推动职业健康管理体系?

参考文献

1. 《安全生产监察》编写组. 安全生产监察. 北京：化学工业出版社，2009.
2. 陈志平. 行政管理学. 北京：北京工业大学出版社，1995.
3. 薛刚凌. 《全面推进依法行政实施纲要》辅导读本. 北京：人民出版社，2004.
4. 国家环境保护总局. 环境监察. 北京：中国环境科学出版社.
5. 曾琥主. 中华人民共和国安全生产法释义与运用. 长春：吉林人民出版社，2002.
6. 赵瑞华. 安全生产依法行政指南. 北京：中国物价出版社，2003.
7. 全国注册安全工程师职业资格考试辅导教材编审委员会. 全国注册安全工程师执业资格考试辅导教材——安全生产管理知识. 北京：中国大百科全书出版社，2008.
8. 全国注册安全工程师职业资格考试辅导教材编审委员会. 全国注册安全工程师执业资格考试辅导教材——安全生产法及相关法律知识. 北京：中国大百科全书出版社，2008.
9. 全国注册安全工程师职业资格考试辅导教材编审委员会. 全国注册安全工程师执业资格考试辅导教材——安全生产技术. 北京：中国大百科全书出版社，2008.
10. 应松年. 中华人民共和国安全生产法条文释义与理解运用. 北京：中国方正出版社，2002.
11. 皮纯协. 行政复议法论. 北京：中国法制出版社，1999.
12. 李石山，杨桦. 税务行政复议. 武汉：武汉大学出版社，2002.
13. 卞耀武. 中华人民共和国安全生产法释义. 北京：法律出版社，2002.
14. 杨解君. 行政许可研究. 北京：人民出版社，2001.
15. 刘金华. 司法文书写作方法与技巧. 北京：大众文艺出版社，2002.
16. 曹海晶. 行政法学与行政诉讼法学. 北京：高等教育出版社，2000.
17. 张穹. 安全生产许可证条例释义. 北京：中国物价出版社，2004.
18. 吴穹，许开立. 安全管理学. 北京：煤炭工业出版社，2002.
19. 国家安全生产管理总局. 安全评价（修订版）. 北京：煤炭工业出版社，2004.
20. 于殿宝. 事故管理与应急处置. 北京：化学工业出版社，2008.
21. 杨琼鹏. 行政处罚法新释与例解. 北京：同心出版社，2000.
22. 赵铁锤. 中国煤矿安全监察实务. 北京：中国劳动社会保障出版社，2003.
23. 国家安全生产监督管理局. 矿山安全法规汇编. 北京：煤炭工业出版社，2001.
24. 刘景良. 安全管理. 北京：化学工业出版社，2008.
25. 刘铁民. 注册安全工程师教程. 徐州：中国矿业大学出版社，2003.
26. 张广华. 我国化学品安全管理现状及政策. 北京：第二届中国国际安全生产论坛论文集，2004.
27. 王德学. 危险化学品安全管理条例释义. 北京：化学工业出版社，2002.
28. 李伟. 建筑消防安全管理. 北京：化学工业出版社，2006.
29. 国家安全生产监督管理局. 危险化学品经营单位安全管理培训教材. 北京：气象出版社，2002.
30. 《化学危险品消防与急救手册》编委会. 化学危险品消防与急救手册. 北京：化学工业出版社，2003.
31. 杨启明，马延霞，王维斌等. 石油化工设备安全管理. 北京：化学工业出版社，2008.

32. 中国认证人员与培训机构国家认可委员会．职业健康安全专业基础．北京：中国计量出版社，2003.
33. 左东红，贡凯青．安全系统工程．北京：化学工业出版社，2004.
34. 崔政斌，徐德蜀，邱成等．安全生产基础新编．北京：化学工业出版社，2004.
35. 张景林，崔国璋．安全系统工程．北京：煤炭工业出版社，2002.
36. 魏新利，李惠萍，王自健．工业生产过程安全评价．北京：化学工业出版社，2004.
37. 管仁林．特种设备安全监察条例问答．北京：中国民主法制出版社，2003.
38. 袁化临．起重与机械安全．北京：首都经济贸易大学出版社，2000.
39. 中国机械工业教育协会．机械制造基础．北京：机械工业出版社，2002.
40. 何际泽，张瑞明．安全生产技术．北京：化学工业出版社，2008.
41. 张景林．安全学．北京：化学工业出版社，2009.
42. 李树刚．安全科学原理．西安：西北工业大学出版社，2008.
43. 甄亮．事故调查分析与应急救援．北京：国防工业出版社，2007.
44. 蒋军成．事故调查与分析技术（二版）．北京：化学工业出版社，2009.
45. 姜明安．行政法与行政诉讼法．北京：北京大学出版社，2005.